量子理论的观念之争和认识论发展

李宏芳 著

科学出版社
北京

图书在版编目(CIP)数据

量子理论的观念之争和认识论发展 / 李宏芳著. —北京：科学出版社，2013.12

ISBN 978-7-03-039443-9

Ⅰ.①量… Ⅱ.①李… Ⅲ.①量子力学–研究 Ⅳ.①O413.1

中国版本图书馆 CIP 数据核字（2013）第 311408 号

责任编辑：樊 飞 侯俊琳 闵敬淞 / 责任校对：张怡君
责任印制：李 彤 / 封面设计：无极书装

编辑部电话：010-64035853
E-mail: houjunlin@mail.sciencep.com

科学出版社 出版
北京东黄城根北街 16 号
邮政编码：100717
http://www.sciencep.com

北京厚诚则铭印刷科技有限公司 印刷
科学出版社发行 各地新华书店经销

*

2013 年 12 月第 一 版　开本：720×1000　1/16
2022 年 2 月第六次印刷　印张：13
字数：310 000

定价：**88.00** 元
（如有印装质量问题，我社负责调换）

目 录

第一章　量子世界旅行 ……………………………………………… (1)
 一、初涉量子世界 ……………………………………………… (2)
 二、量子理论的历史发展 ……………………………………… (6)
 三、量子理论解释的争论史 …………………………………… (11)
 本章小结 ………………………………………………………… (19)

第二章　量子理论的观念之争 ……………………………………… (20)
 一、量子理论中的因果性之争 ………………………………… (20)
 二、从退相干的视角看量子世界的因果关系 ………………… (30)
 三、玻尔-爱因斯坦关于量子力学的完备性之争 ……………… (35)
 四、从新经验主义解释的视角看量子力学的完备性之争 …… (51)
 本章小结 ………………………………………………………… (61)

第三章　量子测量理论的认识论发展 ……………………………… (62)
 一、量子测量与时间之箭 ……………………………………… (63)
 二、量子测量理论的观念之演进 ……………………………… (72)
 三、量子测量理论研究的新方向 ……………………………… (95)
 四、客观性和量子达尔文主义 ………………………………… (103)
 本章小结 ………………………………………………………… (109)

第四章　量子理论引发的哲学思考 ………………………………… (110)
 一、量子理论对于哲学的挑战 ………………………………… (110)

二、量子理论对于物理实在的结构表征………………………………（118）
三、量子理论与反实在论的逻辑……………………………………（125）
四、量子整体论的延展与心智哲学…………………………………（133）
五、量子力学三种解释的哲学蕴涵…………………………………（142）
本章小结………………………………………………………………（146）

第五章 从量子信息理论的视角看量子力学……………………（147）
一、用量子信息理论重构量子力学…………………………………（147）
二、量子信息与经典信息的比较研究………………………………（153）
三、量子信息的两种哲学研究进路…………………………………（161）
四、从建构结构实在论的视角看信息理论范式……………………（169）
五、从兰道尔原理驱除麦克斯韦妖看信息与存在的结构关系……（176）
六、量子信息技术与第二次量子革命………………………………（183）
本章小结………………………………………………………………（188）

结束语 世界的本质是量子的……………………………………（189）

参考文献……………………………………………………………（192）

后记…………………………………………………………………（199）

第一章

量子世界旅行

20世纪量子理论的诞生是科学史上的大事件。量子理论向科学家和科学哲学家提出了一系列复杂问题。对许多人来说，任何理解量子理论所描述的世界的尝试，似乎都要求我们对事物性质的理解作出一个激进的修正，这一修正比由相对论要求的对空间和时间的性质的理解所作的修正更为激进。人们通常声称，为了理解量子理论，我们必须修正对如下事件或问题的正确理解，诸如实在的客观性、实在不依赖于我们的知觉而存在、一个复杂系统的性质及这个复杂系统与其组成部分之间的关系、世界上的因果性和各种决定论等。对于量子理论来说，究竟是什么迫使我们对自然的基本分类接受这样一个激进的修正？

为了理解这一问题，我们需要探究在这一理论的历史发展中最重要的或最有趣的一些细节或事件，一些最重要的观念之争和认识论发展。近年来，量子理论的解释和量子测量技术都有了研究新进展，因此我们需要对量子力学的基本问题进行与时俱进的哲学研究，这不仅涉及科学思想观念上的诸多革新，而且是对哲学理论的推进。具体来说，今天量子理论的研究进展已经对量子力学中的因果性、非定域性和测量问题等作出了更可接受的说明。扫描隧道显微术等量子测量技术已经先进到可以直接探测材料表面的原子结构，而不会对其造成不可控制的干扰。这无疑打破了量子测量会对被测微观客体造成不可控制的干扰的习见认识，对于我们认识微观世界的量子结构和性质具有重要的认识论意义。特别来说，扫描隧道显微术实现的量子世界的可视化，清楚地表明微观量子具有不同于经典粒子的行为。微观量子能以一定的概率同时存在于多个不同的状态，即所谓的量子叠加态。这就使得我们对于微观世界量子特性的认识有了实验依据，而不再停留在纯粹形而上的思辨层面。

本书基于量子理论和实验技术的研究新进展，结合当前科学哲学研究中颇具影响力的结构实在论，对围绕量子力学的基本问题，如测量问题、因果性问题、量子力学描述物理实在的完备性问题等展开的观念之争和认识论发展，作一些研究和探讨。本书的结构安排如下：第一章是对量子世界的一个巡游，总体陈述量子世界的特征、量子理论的历史发展，以及量子理论解释的争论史；第二章探究量子理论的观念之争；第三章阐明量子测量理论的认识论发展；第四章分析量子理论对于哲学的挑战；第五章从量子信息理论的视角审视量子力学；第六章归结全书，给出本书的基本观点。

一、初涉量子世界

你想躺在床上休息，同时又想坐着看书，这是不可能的吗？量子世界的确能使这一不可能成为现实！量子世界是如何实现这一不可能情形的？在量子世界，一个粒子能成为一束同时振荡在许多地方的波。当然，这与我们的日常经验相冲突，因为在日常经验世界中，我们绝不可能既在床上睡觉，同时又坐着看书，这样的尝试注定会失败。然而，物质波确实可以实现这一梦想。它们能同时在许多地方振荡。例如，一列水波原则上就不会局限在一个确定的位置，它能分开并且同时穿过两个通道。同样，在量子世界，一个单原子能以一定的概率处于多个状态，而不会仅仅待在某一个确定的位置。

如果完美的谋杀是可能的话，那么着迷于量子世界可能会实现秘密谋杀的任何人总会提出这样的问题：犯罪者能同时在场又不在场吗？当一个潜在的谋杀者出现在犯罪现场，同时又出现在无论哪儿的其他某个地方时，他实际上有一个难以辩驳的在他处而不在犯罪现场的托辞。幸运的是，甚至量子力学也不容许有完美的谋杀存在。即使一个犯了罪的量子力学粒子真能同时以一定概率处于两个地方，但是为了实施谋杀，它也不得不与在犯罪现场的受害者发生相互作用。实施犯罪的量子力学粒子这样做的结果，就暴露了它的行踪。因此，一个量子福尔摩斯能宽慰地舒口气。因为量子力学波在相互作用期间必定会发生改变，这种改变是契约式地变回到一个经典的、定域的粒子，于是不在犯罪现场的托辞就消失在了稀薄的空气中。

第一章 量子世界旅行

这个空间分布的非局域波，如何转换为一个有确定位置的粒子？量子力学世界和经典世界之间的过渡发生在何处？难道是谋杀行动暴露了罪犯本人？难道是受害者迫使罪犯处于一个确定的位置？抑或是周围世界通过观察这一谋杀建立了犯罪现场？这些都是需要阐释的问题。在此，纠缠的概念进入了讨论的范围。纠缠是一个每天都会出现的、无处不在的现象。不顾其深刻的量子力学精髓，纠缠解释了为什么经典现象对我们的日常经验产生了巨大的影响。因此，我们的世界自然地是一个纠缠的世界。

纠缠以如此丰富的形式存在于我们的周围，以至于最初似乎没有任何希望对它实施控制。然而，今天对于科学的这一挑战，我们可以在易操作的系统中确切地看到科学家如何可控制地创造和操作纠缠。凭借这一点，我们可以成功地找到探察量子世界的复杂性，甚至很好地利用其特殊性的道路。在这个方向上的范例是量子计算机、量子编码术和量子远程通信，而它们的经典对应物，倘若根本上存在，则一定在许多方面功效有限。

100年前，说物质在世界中的行为像波，或说一个物体可以同时出现在不同地方，是根本不可想象的。力学和电动力学所构成的物理学与可视的、每天都能体验到的自然极好地相符合。物理学的所有问题似乎都解决了。根据普遍的看法，对于一个依然是不可解释的现象来说，人们的期望是这个现象迟早会随着经典的自然定律的随后应用而得以破解。物理学的普遍法则似乎已确立完毕。

然而，仍然存在一些明显微小的问题不断受到物理学家的质疑。例如，出于对炽热的黑体辐射的色谱的理解，一个全新的研究方向进入了人们的视野。1900年普朗克（Max Planck）对于黑体辐射问题的解决，导致了量子理论的诞生。然而，这个理论直到今天仍然使人心神不宁，许多疑问仍然处于悬置状态。普朗克制定的光的发射条件：光不能以任意小的能量包发射，只能以一个有限大小的能量包，即后来爱因斯坦发展的光量子的形式发射。普朗克最初完全不满意他的方案，以至于他引入了一个参量 h，他最初把 h 命名为一个辅助参量。确切地说，这个参量 h 是用符号表示的一个单能量包，今天称之为普朗克常数。这就是量子理论的起源。

与此同时，原子模型得以发展，这一发展也不在经典物理学的框架之内。例如，氢原子的基本结构是由原子核和电子组成的，人们那时知道这一点已有时日，并且也能相当精确地确定原子核和电子的质量和电荷。由于电子和原子核之间的吸引力的数学形式精确地等价于太阳和地球之间的吸引力，因此，可以毫不困难地设想电子在椭圆轨道上绕核运动。人们把电动力学和牛顿力学接受为无懈可击的理论，但是它们不能用来解释氢原子的稳定性这一事实。一个在椭圆轨道上的电子只不过是一根持久发射能量的天线。结果，电子必定会在很短时间内坍缩到原子核上。然而，众所周知，氢原子是相当稳定的。面对这一困境，物理学家开始弥补漏洞，玻尔给出了氢原子的能级跃迁模型，虽然这一模型并不能很好地解释如氦原子等包含多个电子的原子，但是这一努力及随后的所有努力导致了量子力学的革命。

量子力学发展于20世纪的前50年。量子力学的发展推动了一场量子世界观的伟大变革。对于发现者来说，许多未解决的物理现象是量子力学得以发现的关键，但是反对者无视这一点，认为这纯属胡说八道。量子理论似乎晦涩难懂、令人费解，甚至是错误的，不但局外人这样看，而且当时一些世界公认的物理学家也持有类似的观点。量子力学的支持者试图用假想实验来阐释这一理论。今天，人们把这些假想实验称为虚拟实验。这些假想实验随着操作上的可行也变得著名起来。在那时由于可利用的实验技术是有限的，因此经常不能进行真实的实验。人们很难设想粒子可以同时处在两个位置，物质具有似波行为；相互分离得很远的两个粒子，对一个粒子的探测可以"知晓"另一个粒子的状态。今天，科学技术的发展已经使得在实验装置中建构这种神秘的理论建构物成为现实，这证明所有看似矛盾的令人惊异的预测实际上是真实的。这些真的是矛盾吗？某物如何同时处于两个位置？我们之所以认为量子力学的定律是矛盾的，是因为它们显现出与我们的习见经验不一致的特征。

我们凭借我们的感官体验着日常自然定律的效果，据此，我们建构着我们自己从经验上确立的世界图景的大厦。这是我们为何会立即接受牛顿的引力定律，认为它似乎是有道理的原因所在。当一个苹果从树上落下时，引力所产生的效果能通过肉眼直接看到。地球绕太阳旋转的事实更为复杂，但是经过一些考虑之后仍然是可以理解的。或者用一个旋转木马的例子有助于形象化这一情形：离心力和重力恰好相互平衡。我们在自然界观察到的这些效果，它们能用经典力学和电动力学来理解，在这个意义上我们把它们称为是经典的。为了能理解量子力学，我们必须离开经典世界。

在量子世界中，一个绕核"旋转"的电子能够同时处于几个不同的位置。在太阳和地球等宏观物体构成的经典世界中情形完全不同：卷入这一过程中的"粒子"（天体）在某时固定在某个地方。在量子世界中，一个束缚于原子核的电子由一个物质波描述，它的振荡扩散于整个原子核，因此可以同时出现在许多地方。这一属性作为一个抽象的图像不太容易理解。然而，在哥白尼革命之前，认为地球绕着太阳旋转,不也被认为是不可想象的吗?

如何使量子世界对我们来说变得可视?现在,在实验室把物质的波动特征拍摄为照片是可能的。图1.1是利用扫描隧道显微术实现的对实空间中原子内部结构的无损伤直接探测,显示一个电子作为一个波在某种微观澡盆中振荡。

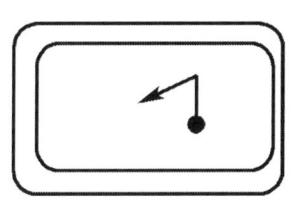 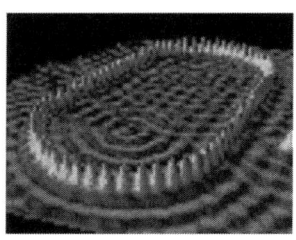

图1.1　在铁环中电子的波形结构

在图1.1左边我们能看到一个经典的粒子,如在一个圆形的台球桌上的一个台球。当给台球一个推力,并忽略摩擦力时,台球与台球桌弹性护边多次碰撞后,将立即滚向桌子的每一个地方。在任何一个时刻,台球将确定无疑地非常精确地处于桌上的一个确定的地方。在右边我们看到相同的系统,只不过这个台球桌制造得非常微小,比实际的台球桌小100万倍。"球桌弹性护边"由74个铁原子组成,它们在一个非常平坦的铜制平面上连接在一起。现在使用一个原子力显微镜,这个显微镜可以识别出单个原子,捕获它们并把它们再次存放在一个确定的地点。在这种情形下的台球是电子。这个图像让我们看到了电子处于一个确定位置的概率。正视图越高,电子的密度越大。在铁环中的波型结构表明电子不是确切地占有一个可能的位置,而是扩散于整个"桌面"。然而,它不是以相同的概率无处不在的。①

事实上,甚至原子、分子也有波动行为,一个原子干涉仪上能清楚地显示原子、分子的波动行为。波有相互干涉的典型能力。用一个原子干涉仪,可能看到物质波的干涉。为此,我们有必要理解干涉的意义。

干涉是一种叠加效应,至少需要有两个波的叠加,才能发生干涉效应。发生干涉的两个波能相互增强(相长干涉)或相互抵消(相消干涉)。形成的干涉条纹的清晰度和对比度是对原初单个波的波动性程度的一个度量。当试图观察实物粒子的干涉条纹时,首先必须产生两个能够干涉的波。在一个原子干涉仪中,向

---

①资料来源:www.almaden.ibm.com/vis/stm/

一个双缝发射原子，这个双缝把原子分裂成两个物质波。原则上，干涉仪由一个双孔径的光阑和一个用来探测原子的屏组成，光阑孔径非常小。一个单原子以一个平面波的形式到达双缝。因此，以和水波相同的方式，一个原子同时穿过了两个缝。在光阑后一个球面波在扩散，每条缝产生一个球面波。这样，就形成了两个可以相互干涉的球面波。

初看起来，这似乎有些不寻常，一个原子竟然能和它自己发生干涉，但是，量子力学确实使这成为了可能。然而，在屏上只记录到单个"点"原子。因此，粒子不是均匀地扩散，形成了一个干涉图像，而是必定有许多原子穿过双缝，形成了一个可识别的干涉图像。

自然，现在我们想知道是否原子真的同时穿过了双缝。为此，我们首先关闭一个缝以确保原子只能穿过另一个缝。现在看到，干涉图像消失了。这很容易理解，因为一条缝只产生一个球面波而不是两个。现在让原子穿过双缝，并在光阑后立即探测它穿过了哪一条缝。为此，我们在光阑后不远处放置一束激光束，使其与光阑成一线，这使得通过荧光观察原子的位置成为可能。再一次，干涉图像消失。起初有两个球面波，但是只要我们一看原子在哪儿，就会迫使我们承认原子处于一个位置。于是，原子再次变为一个局域的粒子，干涉不再显示。在量子力学中，这个过程叫做测量过程。一个量子系统能同时处于几个态，直到有人实际上试图认识它的状态。在这个时刻，波函数发生改变，结果系统只占据一个可获得的状态。这也是为什么完美的量子谋杀不可能的原因：当罪犯行动时，他与受害者相互作用，从而使他定格在犯罪现场（图1.2）。

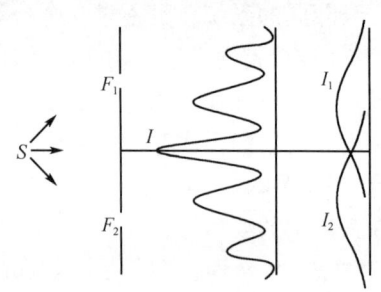

图1.2 双缝干涉图像（I）和单缝无干涉图像（I_1+I_2）

二、量子理论的历史发展

为了更好地理解量子世界的特征，以及围绕量子力学的解释展开的认识论纷争，我们需要考察量子理论的历史发展。首先，我们来回顾关于光的性质的理论发展史，因为量子理论的产生离不开对于光的波粒二象性的认识。在17世纪，有两种关于光的性质的模型。一种是牛顿所试探性地赞成的光的微粒说，即认为光是一束从一个光源发射出的粒子，并脱离发光物体而反射。另一种是由惠更斯还有其他人提出的光的波动说，认为光是一种在某种传播介质中的波动形式，非常像声音，是由一个声源产生并作为一个周期运动在空气中传播的波。

波动理论不得不克服一些困难。一列波如何从太阳传播到地球，假若在它们之间是一个物质真空的虚空？人们需要假设某种传播媒介——以太的存在，来支持从太阳传播到地球的波。后来，光可以发生偏振的事实表明，如果光是波，波的运动必将与波的传播方向垂直，这就使得这个以太介质的构造很成问题。同样，认为光波只是在刚性物体中可传播也是成问题的。在波动情形中，人们也期望有衍射现象。我们能听见在只有一个狭缝的一面墙后产生的声音，因为一旦声音进入狭缝，它将向四周扩散，即使它在障碍物之后。但是，当用一个障碍物把光挡住后，难道光就不投射严格的影像，就不显示出任何这种传播效应了吗？这是粒子理论引导人们所期望的事情。

但是，在 18 世纪和 19 世纪，波动理论似乎获得了一个明显的胜利。测量结果表明，光在有更高折射率的媒介中比在有更低折射率的媒介中传播得更慢，这与波动理论的期望值相一致，而与粒子理论的预测相冲突。而且，仔细观察发现，衍射效应要求一个能用光来观察的波。以前之所以忽略光的传播效应，是因为光的波长不像声音的波长，光的波长与宏观物体的尺寸相比相当短，这就使得与衍射相联系的传播效应难以察觉。

干涉效应的发现是支持光的波动理论最令人信服的证据。一列波在空间和时间中是一个周期现象。在任何一点，波的振幅周期地上下起伏，在一个时间上，波的振幅从一个地方上下起伏运动到另一个地方。波能相互叠加。如果一列波的波峰与波峰叠加，结果是提高了波的振幅。如果波峰与波谷叠加，结果复合波在其点和其时会有低的振幅。如果把一列单波分成部分，然后相互叠加，比如说，先让波穿过一个栅上的两个分离的狭缝，然后有作为结果的叠加束，并允许落在屏上，于是就产生一个"建设性"的叠加和"破坏性"的叠加交替出现的"干涉图像"（图 1.2）。人们把这样一个可以用光来获得的干涉图像看做是波现象的一个清楚说明。如果光由粒子组成而不是由波组成，那么我们将期望找到比振幅的两个重叠传播（每条缝产生一个振幅）更简单得多的图像，而不是期望从一列波发现振幅高低起伏的周期体系。

19 世纪末，麦克斯韦的研究让科学共同体确信，光是一种电磁波。随后，科学共同体逐渐抛弃以太作为波的传播媒介的思想，把电磁场本身看做是一种有所指称的实体，能通过一种真正的真空传播，这就解释了光的传播，如从太阳到地球的传播。

标准波动理论的第一个说明遇到了试图理解物质与光的相互作用的困难。一个物质体会发射和吸收光。具有固定温度的物体会辐射和吸收光。物体与光处于平衡状态，根据一个固定的分布定律，它的能量分布处在与每个波相联系的不同的可能频率之中。这个定律可以通过实验确定。频率随温度的改变而分布是人们所熟知的：我们能看到一个热的金属棒随着温度的升高而改变颜色。人们给出了几个尝试试图来理解这个重要的谱分布函数。一种方法是从麦克斯韦-玻尔兹曼关于热体的分子的分布规律出发，产生了维恩公式。这个公式在高频部分与观测到的频率分布很近似，但是在低频部分不成功。另一种方法是从统计力学理论的假定出发，但是把统计推理应用于辐射本身，这导致了瑞利-金斯公式。这个公式在低频时运行得很好，但是在高频时给出了能量趋于无穷大的发散困难，即所谓的紫外灾难。

普朗克试图寻求一个与实验事实更好地相符合的折中公式，他成功地找到了一个。但是，当反思这一公式的物理意义时，似乎导致了一个几乎不可避免的解释：能量的量子化。也就是说，根据标准的量子理论推理，如果假设能量只以分立的"波包"在物质和光之间相互交换，每个波包的能量等于光的发射或吸收的频率乘以一个固定的常数，普朗克定理就是可以理解的。但是，这与通常的波动理论的假设强烈地矛盾。通常的波动理论给出的假设是：能量能在光和物质之间以任何频率、任何数量交换。那么能量交换的这种特殊的不连续性的起因是什么？

在普朗克的能量子假说的基础上，爱因斯坦进一步指出，当高能光照射在金属上，就从金属上释放电子，这就是所谓的光电效应。光和物质的这种相互作用，似乎也表明光中的能量只能以分立的波包存在。光电效应的实验结果再一次表明，每个波包有与它描述的光的频率成比例的能量。从金属中释放的电子的能量依赖于所使用光的频率，而不是光的强度。只是被释放的电子的数量依赖于光的强度。每个电子似乎都通过与一个单光子能量包（"光子"）相互作用而释放，并且光的强度似乎表明在一个给定的频率有多少光子出现。光似乎再次有了粒子性。爱因斯坦在1905年时把单光子能量包称做"光量子"，在1926年后接受刘易斯的建议，改称"光子"。

受光这种已知的波现象显示出粒子性的启发，德布罗意（L. de Broglie）提出熟悉的粒子现象也可能显示波的性质。因此，组成原子的粒子部分，如电子、质子等，在适当的测试条件下将呈现某些波动现象的样态，如衍射或干涉。这个产生于类比的创造性论点允许德布罗意不但让一个粒子与一个频率相联系，像在高能波包的情形中频率与能量成正比，而且让粒子与一个波长联系起来，这个波长与粒子的动量成反比。

有趣的是，在德布罗意的论文变得著名之前，没有人承认实验证实所收集的数据的重要性，但是德布罗意的大胆猜想最终获得了实验证实。人们不但能通过使用一个配有双缝的装置获得波的干涉现象，而且能通过使用一个有衍射栅的散射源，让散射波形成一个有规律的图形而获得波的干涉现象。这个波发生散射离开散射源，并且与散射波组合，相互干涉并且产生一个熟悉的周期干涉图像，这是非常典型的一个多重相干波的相互作用。对于电子，有很小的波长，一个晶体原子提供这样一个衍射栅。如果散射一束电子使其离开一个晶体的表面，那么反射电子形成 γ 分布图的角分布刚好就是人们期望的：一个与德布罗意波长相联系的波产生的干涉图像。如果是光，光波将有粒子表现；如果是电子束，粒子束将表现出波动性。

接下来，薛定谔（E. Schrodinger）找到了描述粒子波动性的一个适当方程，方程的解不但描述与一个自由电子相联系的波，而且描述与束缚在各种力场中的电子相联系的波。把这个方程应用到一个绕核电子，暗示只有与波相对应的分立数量的电子能量，才可以在这种束缚粒子情形中存在。可以非常确信，其时原子理论已假定了与原子中电子的那些允许能量相对应的能量存在。

这个描述原子中的电子及其行为的旧理论——原子的玻尔模型，难以理解地导致了量子理论的一个发现，这个发现采用了一条相当不同于从普朗克到德布罗意再到薛定谔的线路。在原子中，电子的运动导致原子发射光。但是，发射光的频率图——所谓的原子光谱，与人们基于经典思维期望的东西完全不同。按照经典的思维方式，人们期望频率出现在一个基本频率的家族，并且以求积的方式成倍地增加。这源于一些非常基本的经典理论，一个带电粒子的运动能以何种方式分解成基本的、简单的部分，也源于对电荷运动与从电荷辐射的那种光的经典联系的期待。与这种经典思想相反，人们发现，可以把发射频率安排在以整数差标志的家族，而不是一个基本频率的简单相乘。

玻尔提供了产生这种结果的一个原子图像，尽管根据后来的标准理论，这个模型与应该可能的东西极为不一致。在玻尔的说明中，原子中电子能以分立的、确定的能量态存在，这与经典的观点相反，经典的观点允许一个连续态的所有态存在。在新的图像中，电子将从一个能态"跃迁"到另一个能态。每个跃迁将发射或吸收一个与两态的能量差相等的能量。与原子中的能量改变相联系，一定频率的光的发射和吸收与普朗克定理的能量相联系。这与经典的观点完全相反，在经典的观点中,电子将连续地发射或吸收能量。玻尔模型能通过一组简单的特设性的规则,为最简单的原子产生能态。但是这一模型证明不能提供一个普遍的方法来确定更复杂情形中的能态,也不能给出一条系统的路线来确定与原子的发射和吸收相联系的光的强度和频率。

海森伯(W. Heisenberg)通过寻找一个处理原子和光相互作用问题的系统的途径,着手解释这些问题。考虑到玻尔模型与现存的电子运动理论的不一致,他寻找完全避免给出原子中电子的一个动力学图像的方案。相反,这个方案试图直接计算希望得到的可观察量。难以理解的是,与最初的期望相反,这个理论最终是为电子的动力学图像提供了一个新的支柱。海森伯的程序依赖于把复杂运动化约为简单运动,并把发射的辐射与现有运动的每个简单部分量相联系的经典方法来解决问题。但是现在,他需要一种双重的分解,以与观察到的由两个数标志的频率相对应,与在能量态中的差相对应,而不是如在经典物理学中那样通过一个数量,与多重基本运动相对应。

在他的新形式中,海森伯通过类比复制用以计算能量、频率和强度的老规则的形式结构,得到了一个可以确定任何原子中电子的允许能量、发射光的相应频率和观察到的光强度的系统的程序。于是,海森伯、玻恩(Max Born)和约当(Jordan)在这一理论的基础上继续研究,最终提出了一个全新的动力学理论,即矩阵力学。这个动力学理论虽然数学上是清楚的,但是它的物理解释缺少明晰性。以前位置和动量的基本动力学量在数学上由函数表示,这赋予粒子作为一个时间的函数的动力学量。这些动力学量是在给定时间一个粒子的位置和动量。然而,现在,这些动力学量由被称做算符的数学实体描述。这些算符标记系统态这一抽象的数学实体和从一个态到另一个态的跃迁。给定系统的态,给定人们对系统态感兴趣的值的参量相对应的算符,然后建构规则以确定这个参量的可能观察值。因此,例如,能够计算在一个给定类型的原子中一个电子的可能能量值。另一些规则考虑计算在一个给定的物理情形中,从与一个参量的一个值相对应的态到另一个态的"跃迁幅度"。因此,即使当原子受到外部干涉的影响时,也能够计算原子中的电子从一个能量到另一能量的跃迁概率。这给出了一个特定频率的发射光的强度。

但是,与这种革新的数学相对应的是一种什么样的物理世界?相当新的东西出现在物理学中。因为现在虽然有一个可运作的数学结构与原有的物理模型相对应,然而它的物理解释似乎很成问题。关于海森伯理论的物理意义的探究,不久就提供了关于这些问题的一个解答。如果人们用薛定谔方法来计算原子中电子的可能能量态，把它们作为能量值，那么"固定的"电子波可能会把它们捕陷在原子核势阱中。如何解决这一困境？1926年玻恩提出了波函数的概率解释；1927年海森伯提出了微观量子的测不准关系，这些都是量子理论发展史上的重大步骤。量子世界是一个不确定的世界。上帝竟然投骰子？!围绕量子世界的新特征，展开了量子理论解释的争论史。

三、量子理论解释的争论史

在物理学家看来，对物理学作出解释是一项哲学任务，是他们面临的一项补遗任务。在某种程度上，试图重构物理学的统一本身就是在补遗。但是，这为完备性观念所指引，恰如一个闭合理论的观念所表达的。这样一个理论有一组在数学上无限、在经验上开放的可能结果，但是假定它的基础由一组数目有限的假设表达。然而，根植于这些假设之上的理论解释，我们称之为世界观，由理论来修正，这是一项物理学家最初甚至不知道其可能结果的任务。物理学家只能考虑对它所起的作用或说所产生的影响。

因此，关于量子理论解释的争论史，从发生于20世纪初对量子理论的解释的讨论这样一个既定的历史事实，实际上我们可以理解，量子理论为何激发了围绕其解释的理论探讨。因为这一理论不但与经典物理学的世界观不相容，而且与某些经典的形而上学观念也不相容。最初的问题是承认并准确地表达这种不相容。然后人们必须确定是否可以将这一不相容考虑为哲学上的进展，抑或是这一理论的一个弱点。本研究的基调是讨论量子理论基本的哲学进展。根据这一基调，不是量子理论必须在传统哲学的法庭面前进行自我辩护，而是哲学本身必须经受量子理论作为证据的检验，这完全是一个哲学程序。由于这个原因，我们有必要尽可能精确地从哲学上阐明量子理论的证据。

下面我们将分四步来实现这一任务。首先，我们简单描述这一争论的历史过程。其次，我们将尝试表明量子理论没有内在矛盾，即它在语义上是一致的。再次，我们将转向量子理论的数学形式完成后提出的一些令人困惑的佯谬和可供选择的解释。关于这些佯谬，在早些年已经清楚，它们并不意味着量子理论存在任何自相矛盾，爱因斯坦到1930年也承认了这一点。然而，把它们看做是超越量子理论的产物也是可以的。最后，我们来进一步探讨量子理论的扩展解释意味着什么。

粗略地讲，我们能把量子理论解释的争论史分为三个时期：1900~1924年。

未完成的量子理论的解释问题。1925～1932年。量子理论完成，哥本哈根解释产生。1935年至今。围绕量子理论和哥本哈根解释的后卫战斗。关于第二个时期的开始，我们以海森伯1927年关于测不准关系的论文为标志，其结束以1932年冯·诺依曼（John von Neumann）的著作《量子力学的数学基础》为标志。第三个时期的开端，我们以爱因斯坦、玻多尔斯基和罗森在1935年发表的EPR佯谬论文为标志。

关于这一解释的争论的史前史，发生在这三个时期的第一个阶段。我们知道，量子理论在描述量子现象上的诞生是对一个基本的经典理论不可能描述新现象所作出的积极反应。其后的解释是说，量子理论的诞生是试图考虑这个事实："量子世界一定以这种量子的方式发生。"同时代的人不可能如此看待这一事实。人们发现，爱因斯坦首先在1905年洞见了经典物理学的基本问题，然后是玻尔（Niels Bohr）在1913年对于原子稳定性的洞见。海森伯在1925年对量子乘法不遵守交换律的洞见也起着重要的作用。然而，作为一个基本理论，人们几乎不曾完全精确地对经典理论在描述量子现象上的不可行给予清晰的表达。毫无例外地，解释的问题都是用经典物理学的语言陈述的。这就造成对这一争论的规避，并且长期以来把它描述为"后卫战斗"，但是人们公认，解释对于我们理解量子理论是必要的。

随着1905年爱因斯坦的光量子假设的提出，波粒二象性逐步显现为量子理论的一个中心问题。在光量子假设中，仍然假定所有存在于空间的物质物体是自明的。一方面，粒子或实体是局域化的物体；另一方面，场，特别是波，是原则上在全空间扩展的态，那么粒子与波的这种两重性就是有待进一步解释的问题。根据经验上有事实依据的经典理论，电磁学的对象是电磁场和电磁波，尽管电磁场具有能量和动量，因而容易对其"物质性"有所认识，然而在经典电动力学阶段，人们并没有明确地把"场本身"作为"物质实体"来看待（直到后来，在爱因斯坦的引力场论中，才把"场本身"明确地作为"物质实体"来看待）。当时，人们只是借助于作为传递媒质的"以太"隐约地体会到"场"的物质性。相反，实物被认为是由粒子组成的，对这一点并没有什么疑问。1905年，爱因斯坦的光量子把粒子性赋予电磁波。与之相反，1924年，德布罗意的物质波则把波动性赋予实物粒子。于是，对波粒二象性疑难问题的完满解决，就成为量子理论（尤其是量子场论）的一个目标。

玻尔可能是认识到量子理论实际上要求与经典物理学彻底决裂的第一人。对他来说，量子理论与经验上很好确立的、概念上封闭的经典物理学的关系变成了一个中心问题，他用对应原理给予了阐述。量子理论仅当把经典物理学包含为一个极限情形时才是正确的。就此而论，经典物理学只意味着是电磁学的经典场论和物质的经典粒子理论。玻尔曾经开玩笑说："如果爱因斯坦最终证明了'光的粒子性'，于是发送一个无线电报告诉我，由于光是一种电磁波，因此我唯一能收到的只是这个电报。"

有时，人们考虑用一个统计理论来调和波—粒两种模型。爱因斯坦在 1917 年引入了光量子的发射与吸收的统计定律。由于玻尔的氢原子理论，因此在定态之间的"量子跃迁"已成为该理论的组成部分。对应原理把辐射的经典强度重新解释为"跃迁概率"。最终在 1924 年，玻尔、克莱默（Hendrik Kramers）和斯拉塔（John Slater）提出一种假说，后来以 BKS 理论而闻名，其中"概率波"假设是对一个统计理论给出一个详细阐述的尝试。作者们假定一个辐射场的客观存在，然而，他们只假定这个辐射场确定在发射和吸收期间能在物质中辐射出现统计频率。这与辐射场的单个过程能量时时刻刻都守恒的事实不相容。结果导致更激进的量子力学观念的产生。

为了过渡到量子力学，我们能总结这个二象性困难。光物质不仅展示粒子的一个可定域化的特征，而且展示波的干涉现象特征。用光和物质可利用的经典概念，人们能考虑三个可能解：①实际上只有粒子；②实际上只有场；③粒子和场两者都存在于相互作用中。第一种情形，必须说明场的意义。因此，可能就提不出另一种无论如何描述粒子的统计性的解释。这导致人们猜想概率密度不显示任何干涉的困难。玻尔等提出的著名的 BKS 理论旨在通过假定光量子不是粒子，而只是能量在发射和吸收上的一个类量子交换来避免这一问题。对他们来说，光是一个纯粹的场，然而，场的意义在于把它描述为纯粹粒子的物质中确定过程的概率。这其实是第三种类型的一个解，但是与玻尔的对应原理相符合，正如在经典物理学中，也在量子理论中，光是一个场，又是某种物质粒子。

第二种情形，必须说明粒子意味着什么。人们几乎不能把粒子理解为不同于波的特殊构成。爱因斯坦早期曾在一个"针辐射"上考虑麦克斯韦方程的解尖锐地定域在一个小的立体角上。他们还考虑了另一种可能性：希望对一个与广义相对论的例子相似的非线性波动方程求解。第三种情形的解决方案，不像玻尔、克莱默和斯拉塔的 BKS 理论，不把两种模型分配给光和物质，而是给同一个物体（如光），分配真实的粒子和一个真实场，由此看来，显然人们没有认真考虑这一解决方案。

量子力学提供了摆脱这一佯谬的一个意料之外的方法。但是可以理解，在哥本哈根解决方案发现之前，上述三种经典的解决方案也在量子力学中试用，我们将简要地讨论它们。然而不顾对于量子理论充分的数学阐明,量子理论的形而上理解存在着非常大的智力困难,以至于直到今天人们几乎不曾清楚地说明哥本哈根解决方案。

受德布罗意的启发,薛定谔在1926年找到了他的物质波方程。在找到物质波方程的几周内,他就证明他的波动理论与海森伯的矩阵力学数学上等价。他还可理解地假定他的波是在海森伯抽象的形式体系之后的真实实在。最初,他希望因此能在上面提到的第二种类型解的意义上最终解决二象性问题。通常假设只有场,给出一个单纯的融贯一致的物理学。例如,在康普顿效应中,他能把量子力学的能量关系解释为纯粹的频率关系。在一个真正的微观物理学中,他想用频率和波数的概念完全取代"宏观"的能量和动量概念。因此,不再需要"量子跃迁",而只需要波函数的连续过渡。因此,他希望物理学还可以是严格决定论的。

与这些希望相伴随,他遭到"哥本哈根成员"(主要是玻尔和海森伯)的猛烈批评。从他与玻尔和海森伯的谈话中,我们多少能知道这些讨论和争论的紧张气氛和内容。薛定谔不得不解释在原子中他描述为一个波的电子,为什么在原子外显现为一个粒子(一次闪烁、计数器的触发、在威尔逊云室中的径迹)。他说:"根据进入浴室和从浴室出来的人们完全穿着衣服,并不能推断他们在里面也穿着衣服。"但是,这一论据证明太微不足道。如果实际上只有一个电子场,他就必须说明允许电子以粒子的形式出现在原子外的"衣服"是什么。他把这个电子看做一个波包,证明在谐振子中一个波包不确定地待在一起。但是海森伯表明,这应当归于谐振子的均一空间能谱。波包通常不可逆地扩散。

所有这一切在1926年秋,薛定谔到哥本哈根的一次难忘的访问中提出。薛定谔在哥本哈根患上了流感,受到了玻尔和玻尔夫人的精心照顾。但是只要一推开薛定谔病房的门,就能看见玻尔坐在病床边,喋喋不休地对薛定谔说:"但是薛定谔,你必须承认……"当离开哥本哈根时,据说薛定谔懊恼地说:"如果那些该死的量子跃迁应该重新呈现,那么我遗憾曾经构造了整个理论。"薛定谔解释的不成功不仅仅在于"波包扩散"。薛定谔在抽象的位形空间中的波完全不同于德布罗意在通常的三维空间的波。德布罗意的波是一个经典场。因此,有科学史家调侃地说:"薛定谔方程比薛定谔更聪明",因为薛定谔方程本身是卓有成效的,但是薛定谔的解释却是错误的。

当我们详细描述一个经典力学或量子力学的系统态时,我们是在如下意义上尽可能认识这个系统的:能对这个系统的所有可能的测量结果作出预测。在量子力学中,这个预测完全是统计的,但是预期的平均值和(统计)方差的定义是令人满意的。我们已经看到，与经典测量过程相比，量子力学的测量过程改变了系统的态。对于同等制备的态，量子力学中的测量结果是非决定论的，这些测量结果是在对这些态的一个个特定的测量中获得的，它们不受严格因果规律的支配。量子概率是主要的和基本的，因此，存在真正的可能性。即使我们确信在实验装置内始终只有一个物体，然而，双缝实验的系综结果不同于两个单缝的叠加结果。人们可能过于简单化地说：单个物体"注意到"双缝的存在。在这个意义上，量子力学和量子物理学通常是非定域的。

根据经典物理学，我们知道飞行的网球穿过缝后的态应该是什么。但是，在量子力学中情形又将是如何？显然，这导致了量子理论的解释问题。首先，我们应该阐明我们是如何理解一个解释的，因为这个术语的使用并不总是一致的。一方面，一个物理学理论是一个数学符号体系，这些数学符号遵循一些运算规则，它们典型地用来从基本方程推导出结果，这叫做句法规则分析。对于一个物理学理论来说，一个数学句法规则分析的优点在于使追查错误和不一致变得容易。这种得出结论的方式虽然是主体间性的，但是却迫使各主体必须接受或同意，正是在这种意义上，物理知识的客观性得以产生。

当然，一个物理学理论绝不仅仅是一个数学理论，一个物理学理论应该对实在的要素作出陈述。因此，在一些数学符号和实际的物体之间存在映射。例如，r 表示一个经典物体的空间，m 表示它的质量，t 是一个钟表上的时间。作为一个物理学理论的一个本质的核心部分，我们需要一种映射规则或对应规则，把某些数学量和测量仪器的指针位置联结起来。至于我们能否说在物理学理论中出现的无数其他数学量与一些实在的事物相关，因此具有物理学意义，则保留为一个有待进一步探讨的开放的问题。

在经典物理学中，情形也是这样。在电动力学中，有一个数学量 $E(r,t)$，这个数学量叫做电磁场。这是一个理论术语，因为通常我们只观察电荷的力学行为。你有选择的自由把 $E(r,t)$ 和它的微分方程看做纯数学辅助量，以及允许我们推导与测量结果相关的纯数学关系陈述。例如，这些可能是电荷半球的动力学行为的陈述。因此，不必假定电场的物理"实在性"。把这种方法用于物理学理论，理论的仅有目标就是预测实验结果。选择这种观点的人否认有独立于观察者记录的客观实在的存在。但是，人们也可以把目标放在通过一个物理学理论来理解物理世界上。在这种情形下，人们会说 $E(r,t)$ 实际上描述了一些真实的事物。存在由 $E(r,t)$ 描述的叫做电场的实在要素。这种方法通常存在于物理学家中间，但是我们必须认识到，如果仅仅把一个物理学理论看做旨在预测测量结果，那么接受这种实在论观点就不是必需的。

考虑什么为真，明显依赖于如何解释一个理论。除了本质核心的对应规则外，经典物理学通常给出一个解释。这些解释超越了不可还原的核心陈述，直接把一些理论术语与测量结果联系在一起。然而，不同的解释能归因于相同的实验结果：这意味着这些解释在实验上不能区分。因此，不可能证伪它们。这种情况在量子力学中变得甚至更为复杂。

虽然允许有不同的解释不一定是错误的，这些解释作为对量子领域加以说明的理论，不同于量子理论本身，但是对所有实验来说都导致了相同的数据。因此，这并不是对于一个旧理论的新解释，而是一个真正与旧理论相竞争的理论。可以想象，存在这样的实验，能使这一理论预测的结果不同于量子理论。在这种情形下，实验能迫使我们在两个理论之间作出选择。然而，这些解释本身并不是哲学的组成部分。它们仍然属于物理学理论。物理学理论的一个目标就是要超越测量结果的预测，到达对物理世界的一个观念理解。在这个意义上，解释是物理学的而不是形而上学的。然而，它们又包含有哲学的或形而上学的含义。自然哲学典型地嵌入到这些解释中。

量子力学的解释也试图回答"何为真"的问题，即基于量子理论，超越测量结果的预测，我们能对实在说些什么？作为一个起点，人们可以问：态矢是什么？它描述一个态，还是其他什么？

哥本哈根解释的观念来源于量子力学的初创时期，人们吸收了其中的思想，但是今天看来，"哥本哈根"这一概念的使用只具有历史相关性，今天量子力学的解释随着历史的发展已经发生了显著变化。哥本哈根解释的核心思想中包括玻尔的一句所谓名言："没有量子世界，只有一个量子力学的描述。"通常对这句话的解读是：没有量子世界，也没有量子客体。只有现象是真实的。"在现象背后"什么也没有。量子世界是一个精神建构物。态矢纯粹是一个数学辅助量，与实在没有对应。它只服务于计算宏观事件的概率，如测量结果的概率。"量子客体"只是一种叫法，这种言说方式是为了便于计算程序的沟通。

因此，像"电子"这样的术语只是一个实用的缩略语，它指称一整套复杂的计算。测量仪器是经典装置，它们不用量子力学描述。这种计算最终仅仅提供了关于测量仪器的经典态的陈述。由不确定关系表明的位置和动量的互补性有其起源，事实上，根本不存在能够对位置和动量进行联合测量的测量仪器。对于这种极端的实用主义和最小解释（minimal interpretation）的支持者来说，"从一种动力学建立另一种动力学"和"把经典物体的行为追溯到量子力学"，这两个挑战是完全不相关的。这非常清楚地表明，解释肯定可以是科学家研究动机和研究项目设计的伟大结果。

与这个解释相对照，上面提出的两个问题，从系综解释的观点来看，绝对是有意义的。在这种情形中，量子世界存在。量子力学的陈述包括所有以相同的方式制备的态矢$|\psi\rangle$，指涉无穷多系统的一个统计系综。因此，陈述从来不是针对单个量子客体作出的。测量结果的相对频率能用态矢$|\psi\rangle$预测。由于实际上只可获取有限数量的系统，因此这表示一种近似。运用这种解释，人们完全保留在决定论的层面上。$|\psi\rangle$表示的实在精确地说是一个执行了一整套测量的事件。进一步说，对实验数据的陈述给予了一个很强的限制。因此，人们经常称之为最小解释。这一解释包括所有今天的物理学家都一致同意的东西。因此，对于上面讨论的例子，它指的就是屏上的干涉图像。例如，在双缝实验中，在实验仪器中的单个量子客体在这一理论中没有对应物。关于它的实在什么也没有说。在这个框架内，执行从量子客体到大分子、生物系统和经典物体的过渡是否有意义，是值得怀疑的。

今天，科学家能在存储装置中储存和操纵单个原子和离子。这些物体的实在性通常假定毫无疑问。因此，应该可以对它们进行表征。这是今天物理学家们的普遍观点。在单个系统的解释中，态矢$|\psi\rangle$现在直接指称真实的单个量子客体及其属性。而且，这些单个量子客体大多数是一个微观物理学属性。在这个解释中，测量结果不再表现为理论的主要参考，而是相反，它们仅仅是用来进行测量的单个物体。量子客体不仅在测量后存在，在测量前也真实存在。应该寻求对于这个解释的一个辩护，因为像质量、电荷和一个量子客体的自旋大小总有相同的值，不依赖于量子系统的制备和已执行的实验。量子客体本身有这些经典属性。它们不依赖于量子系统与制备或测量这个量子系统的仪器之间的关系。因此，可以把这些属性规定为客观的和真实的。量子系统在制备和测量之间获得一个"存在"。这个态涉及制备过程。同时，关于非经典属性的问题变得重要。

测量把物体转换为一个与被测值相对应的态。当立即重复相同的测量时，会导致相同的被测值。例如，对于一个位置的重复测量会发现物体处于相同的位置上。在测量了第一个位置后，物体的位置的不确定性等于零。对于一个量子态来说，当我们能对一个量（如位置）的测量结果作出可信赖的预测时，我们就说必须赋予处在那个态的物体这个属性（有一个位置）。

当一个物理量在一个给定态（例如，如果$\Delta x \neq 0$时的位置）是不确定时，该物体没有"有一个位置"的属性；在这种情形中这个属性完全不存在。在一个动量本征态（$\Delta p_x = 0$）的极端情况下，对动量的 p_x 分量的每一次测量给出一个很好确定的值，但是不可能来预测一个位置测量结果（$\Delta x = \infty$）。因此，人们将不得不说在动量本征态物体有一个动量的性质，但是不能赋予它们位置的性质。在位置的测量中，在测量仪器的参与下，在态变更的过程中，物体被赋予一个位置属性。一个随后的动量测量不但破坏了这个属性的值，而且破坏了这个属性本身。作为不确定关系的一个表达，物体通常会处于一个态，在这个意义上既不能把位置属性也不能把动量属性赋予这个态。位置和动量因此是潜在的属性。直到测量，它们才成为现实的属性。

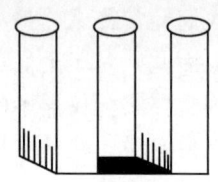

图1.3 既不是这也不是那的物体

在我们的日常生活中，没有这种"既不是这也不是那的物体"（neither-nor objects）。然而，可以绘制这种物体，如图1.3所示。图中的物体既不是由三根管子组成的，也不是由两个盒子组成的。事实上，当我们专心致志地注视图中的上半部分，我们能看到三根管子，当我们专心致志地注视下半部分，我们能看到两个盒子。仅仅作为一个特殊的测量（"看顶部"）结果，物体才能得到由三根管子组成的属性。这不可能提前赋予。这仅仅是内在于这个物体的一个潜在属性。这对于看到两个盒子的属性，情况相同。两种属性相互排斥。当进行"看中间"的测量时，我们能获得的既不是"管子"的属性也不是"盒子"的属性。

当与经典物理学进行比较时，我们意识到量子物理学不但削弱了"因果性"的概念，而且很大程度上也削弱了"属性"或"性质"的概念，量子理论中的因果性、属性或性质的概念，更一般且更灵活。这再次表明：量子理论是更普遍、更全面的理论。因此，与规定日常物理的普通言语相比，量子理论要求一种约化的话语。当谈论量子客体及其行为时，通常不考虑使用普通的话语表达，因此我们不必提议说，物体是粒子还是波，也不必说它们总同时拥有所有的属性。

最后，应该指出，与经典物理学相比较，"信息"的概念在量子物理学中起着一个全新的作用。在经典物理学中，测量获取的信息告诉我们在测量前存在什么，并且在测量后仍然存在在那儿，而在量子物理学中，单次测量只产生测量后获得态的信息。在这个意义上，量子理论是更一般的理论，但陈述也更弱。反过来，根据图1.3，一个量子态$|\Psi\rangle$明显能用来存储两个位以上的信息。当量子物理学的这两个特色与纠缠态的概念结合在一起时，一个全新的信息理论就呈现在

眼前，有丰富的新的信息处理和转换的可能性。这个量子信息理论也适用于用纠缠的量子系统建构的量子计算机。沿着这个方向，量子物理学的一个快速发展的分支在过去的几十年已出现。这就是量子信息理论。第五章将专门讨论量子信息理论。

本章小结

量子世界有截然不同于我们习见的经典世界的显著特征。因为在量子力学中，一个粒子的位置由一个满足薛定谔运动方程的波函数描述。这个波函数不代表真实的物质波，而是一个概率波，代表一个粒子的位置或动量在某点出现的概率。这就意味着量子世界是一个内禀不确定的世界，不满足经典决定论和严格的因果律。特别是微观量子具有不可分离性、非个体性和非定域性。围绕量子世界的特征和量子理论的解释，从量子理论一产生就展开了影响深远的持久争论。从这些争论和历史发展中我们不难看出，人类的认识是一个不断向上攀升的曲折过程。

下面我们就对量子理论发展过程中的观念之争、围绕量子测量问题提出的各种理论解决方案和相关的认识论发展、量子理论对于哲学提出的挑战，以及当代量子信息理论对于量子力学基本问题的重构予以说明，以给出量子理论的观念之争和认识论发展的一个较为清晰的认识论画面。

第二章

量子理论的观念之争

在量子理论的历史发展中,围绕量子理论的解释和概念基础引发了许多观念之争。例如,围绕量子世界的不确定性和非决定论展开的因果性之争。这场持续时间很长、涉及范围很广的争论,直接导致了人们对于量子世界因果性认识的革新。传统的因果决定论不适用于量子世界,量子世界遵循的是概率的或非充分决定论的因果关系。

1935年量子理论的观念之争发生了转向。玻尔-爱因斯坦由讨论量子理论的自洽性转向讨论量子力学描述物理实在的完备性。这场争论成为科学史上的一场最为著名的思想观念之争,涉及非常重要的非定域性、纠缠和对情境的依赖等观念的发展,不仅触发薛定谔提出了著名的"猫佯谬"思想实验,也有力地推动了实在论和反实在论的发展。

今天科学技术的发展已使得曾经引发争议的远距离的量子关联、薛定谔猫纠缠态成为了现实。这就使量子力学的观念之争不再仅仅停留在纯思辨的层面,而是通过概念的发展促进了实用技术的发展。今天,纠缠和纠缠态的成功制备已成为实现量子远程通信和量子计算的重要步骤。

一、量子理论中的因果性之争

在物理学词典中,因果性的定义如下:

物理学家认为因果性等同于决定论。也就是说，根据自然定律，现在的事件唯一地确定了未来的事件。　　　　　　　（Westphal，1952）

在经典物理学中，自然的基本方程是微分方程。因此，19世纪末表述的"决定论假设"是说：如果人们知道了给定时刻用以描述所考虑系统的所有参量的初始值，那么就能计算这些参量在所有未来时间的值。显然，这个假设在牛顿力学和麦克斯韦电动力学中应用得很好。正如希尔伯特所评论的，这个假设也能用来考虑相对论动力学和爱因斯坦在1915年的引力理论：

假定它们有物理意义，通过知道现在的（物理参量和它们的时间微商），就能够一劳永逸地确定这些参量未来的值。　　　（Hilbert，1917）

显然，经典统计力学也不影响"决定论假设"本身，可以把这一假设涉及的概率描述考虑为：以一种简单和安逸的方式计算大量粒子的总体性质的设置。聪明的"麦克斯韦妖"因此有可能分清楚遵循确定的经典定律的所有单个粒子的轨道（图2.1）。

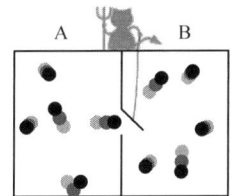 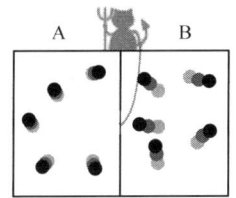

图2.1　麦克斯韦妖（Maxwell's demon）①

资料来源：维基百科

只是在1900年后随着对某些现象的研究，特别是普朗克对黑体辐射定律的

---

①1871年物理学家麦克斯韦为了说明违反热力学第二定律的可能性而设计的一个思想实验：一个密闭的容器，由一个没有摩擦力的隔板分成A、B两部分，隔板上有个小妖控制的阀门。起初两侧温度相同，当高速分子由A向B运动或慢速分子由B向A运动时，小妖就打开阀门让它们通过，反之，当高速分子由B向A运动或慢速分子由A向B运动时，小妖就关闭阀门。一段时间后，高速分子都跑到了B区，慢速分子都跑到了A区，于是这个封闭系统的有序性大大增加了，熵也就大大地减少了。这只假想的小妖打破了"封闭系统的熵只能增加"的热力学第二定律，使得我们可以利用温差对外做功，科学家把这种违背热力学第二定律的热机称为"第二类永动机"（关于麦克斯韦妖能否破坏热力学第二定律，详见第五章第五节的讨论）。

研究、爱因斯坦对辐射的发射和吸收过程的研究，情形才发生了改变。因此，老派物理学家兼新派的科学哲学家石里克（Moritz Schlick）试图赋予"因果性原则"一个更适当的表述：

> 因果性原则本身不是一个自然律，而是自然界中碰巧发生的每件事无一例外地遵循有效的定律这一事实的一般表达……首先，人们意识到在某一时刻发生的事件只是由前一时刻发生的事件所决定，即如果没有遥远时间上的媒介作用，就不会延伸这种依赖……进一步延展和日益提高的辩护经验非常可能使得空间上存在与时间上一样少的远距离作用；因此，自然过程只通过邻接的媒介作用依赖于由它的直接邻接处的作用完全决定的更远距离上的作用。媒介作用也能不连续地发生，因此有限的差分将取代微分。量子理论的经验警告我们不要忽略了这种可能性。
>
> （Schlick，1920）

在1920年左右，量子理论的进展在德国又触发了对于因果性意义的新探讨。肖特基（Walter Schottky）在1921年6月发表题为"作为现代科学的基本问题的量子理论的中心问题"一文，特别论证了物质和电磁辐射的相互作用。和普朗克、爱因斯坦及其他人的考虑一样，这一论证似乎使经典力学的严格因果律遭到了质疑。也就是说，当考虑量子跃迁时，人们不能问：这样一个跃迁如何从一个"轨道"跃迁到另一个"轨道"，在什么情况下发生，持续了多长时间等；相反，应该说：

> 通过因果性概念所能领悟的是一个确定类型的基本事件发生的频率条件。然而，由于这个目的，定律是那么严格，有效性是那么普遍，因此只要人们只是采取足够多的基本过程或采纳一种假定的过程"结构"不再明显的观点，人们就从来不能发现一个偏差。　　（Schottky，1921）

量子理论在接下来的几年中的迅猛发展，导致了对物理学定律的性质的一系列猜测。玻尔、克莱默和斯拉塔在1924年年初提议的辐射理论（BKS理论）的定律，表明了与经典因果性的最为激进的决裂。虽然在玻尔-克莱默-斯拉塔方法中遭受破坏的能量守恒定律在新的原子理论中重新赢得完全的有效性，但是玻恩的波函数的统计解释暗示所有原子过程的因果假设遭受破坏。玻恩用下面的陈述替代因果性假设："粒子的运动遵循概率定律，而概率本身依照因果律传播。"（Born，1926）量子力学形式体系的这一解释引发了基本的争论，特别是在哥本哈根导致了海森伯的不确定性关系和玻尔的互补性原理。因此，1927年3月海森伯得出了一个激进的结论：

> 由于所有实验遵循方程 $[p_1 q_1 \sim h]$（p_1 和 q_1 分别量子理论粒子的动量和位置的最小不精确度），因此，因果律不正确是量子力学本身明确建立的一个结果。
> （Heisenberg，1927）

特别需要指出，海森伯发现，因果性的古老陈述——"现在的精确知识允许计算未来"，不是结论，而是初始假设是虚假的。大约一年后，海森伯在他自己的研究结果的基础上，又接受了更广泛的结论，如玻尔在互补性原理中所阐述的思想。海森伯在公开的演讲中陈述了因果性原理的不足：

> 现代物理学表明因果律的经典表述不成立……为了获得对一个物体的一致陈述，人们必须观察它。这个观察意味着观察者（即主体）与客体之间的相互作用，这一相互作用改变了客体。对于极微小的粒子来说，相互作用变得那么强烈，以至于观察经常意味着破坏。玻尔创造了"互补性"概念来更适当地描述这一情形。对于粒子速度的精确知识排除对于它位置的精确知识：前者与后者是互补的。或者说，系统的因果描述与相同系统的时空描述互补。因为，为了获得一个时空描述，人们必须观察，这个观察干扰了系统。如果系统受到干扰，我们就不能再以一种纯粹的方式遵循它的因果联系……
>
> 因此，以前经典物理学存在的自然的简单的决定论概念不能再贯彻下去。观察者和物理之间的相互作用致使一种清晰的因果关系不再可能。当然，人们能再次思考因果性原则的构想，这些因果性原则的构想与现代物理学相容。最平凡的例子是说，"发生的每件事，必定发生"。然而，这个陈述是没有意义的，它没有告诉我们任何东西。或者说，"人们如果精确地知道一个系统的参数，就能描述未来"。这个陈述同样是无意义的。
> （Heisenberg，1984）

1928年9月16日在布拉格举行的第五届德国物理学和数学会议的开幕式上，两位发言人表达了新物理学理论的哲学结果，一位是当地的物理学家弗兰克（Philipp Frank），另一位是柏林的数学家冯·米塞斯（Richard von Mises）。弗兰克把相对论和量子论的结果根植于詹姆士（William James）、马赫（Ernst Mach），以及卡尔纳普（Rudolf Carnap）、石里克和莱欣巴赫（Hans Reichenbach）等的认识论思想上。他从量子力学的情形得出结论：因此我们从不能问这样的问题——严格的因果性支配自然吗？而是相反——由严格的（数学）定律联系的事件和态参量之间的关联性质是什么（Frank，1929）？他继续说：

> 当从老的哲学观点来看时，20世纪的物理学理论暗示着对理性思维的削弱，它们只是用来表示实验结果的处方，而不产生对实在的任何认识，对实在的认识留给了其他方法。然而，对于不接受非科学论据的那些人来说，现在的理论甚至在空间、时间和连续性这样的问题上强加了确信，认为仍然存在一种科学进展，随着我们经验上的进展而继续前进。因此，没有必要假定除了绿色的和增长的科学之树外，这些问题占据的灰色区域永远不会解决……相反，如果人们只是在马赫的意义上描述物理学的任务——正如卡尔纳普所表述的，系统地组织感知，从现存的感知推出未来感知的结论，那么没有限制会阻止物理学进入哲学。
>
> （Frank，1929）

因此，弗兰克努力论证20世纪的理论应该讨论"维也纳学派"的延展——马赫的实证主义。

1931年2月石里克发表了题为"现代物理学中的因果性"一文，他在导言中写道：

> 近年来物理学在因果性问题上发生的转变，无论如何也不能预见。同样对于决定论和非决定论，因果性原理的恒久不变性、有效性和检验，也进行了推理研究——还没人偶然发现，量子力学提供的可能性是认识一种因果有序实际上存在的关键。只是后来我们认识到新观念偏离了老观念……之前我们总是漫不经心地通过了这一交叉点。
>
> （Schlick，1931）

维也纳哲学家想要强调的是：重要的哲学新概念不是那么多地从以前的论证线路产生出来，而是由海森伯的不确定性关系触发。石里克宣称，"物理学家对因果性问题所作的新贡献，不在于从根本上挑战了因果定律的有效性，也不在于声称自然的微观结构必将由统计规律而不是因果规律来描述。所有这些思想已在早些时候，某种程度上是在很久以前就已表达过"。他进一步说：

> 相反，新观念存在于直到那时从未预期的发现，即自然定律本身已

在预言的精确性上确定了一个原则上的限制。这有时完全不同于明显的观念，即实事求是地讲在观察结果的精确性上确实存在一个限制，如果人们想要说明经验事实，无论如何会摒弃自然定律是绝对精确的假定。

(Schlick, 1931)

那么，作为对自然哲学中的这一急剧改变负责的物理学家，海森伯如何看待这种情形。在1930年9月6日的"因果律和量子力学"的演讲中（Heisenberg, 1931a），海森伯详细地讨论了他所考虑的旧物理学中的因果定律。他认为新的量子力学在某种程度上破坏了这个古老的因果律。但是，海森伯早在1927年所作的因果性阐述，受到了伯格曼的攻击。伯格曼特别论证说，"人们不能说因果律的明确陈述在量子力学中是无效的，最多只能说它在量子力学中不适用"（Bergmann, 1929）。

也就是说，海森伯的陈述"如果……那么"不足以证明因果性原理是无效的。海森伯更进一步地探究了这些概念，认为这些概念如果不能从形式上被驳斥，就是空洞的和没有趣味的。因此，他把因果律的最简单的形式表述为："发生的每件事，必定发生。"（Heisenberg, 1931a）另外，更严肃的表述是："如果通过所有参数知道了一个孤立系统的现在态，那么，假若观察主体和客体之间的相互作用能制造的任意小，就可以计算未来的态"，仍然保留有效。但是，"在新的量子理论中，原则上不可能决定一个孤立系统的所有参量"。海森伯强调并继续说：

因此，不证明刚刚提到的因果律表述是假的，而只是说它是空洞的；它不再拥有任何有效性或适用性范围，因此物理学家对它不感兴趣。

(Heisenberg, 1931a)

显然，海森伯想要表明，甚至康德（Immanuel Kant）关于因果性原理的著名表述——"如果我们发现某事发生了，我们总是假定之前存在某事，根据一个（严格定义的）规则，后来的事是根据之前发生的事得出的"，量子力学并没有证明这一规则是错误的，因为这位伟大的哲学家已假定这是"一个先天综合判断"，不能由经验来检验。现在，在量子物理学中，只是证明这个陈述是"不实用的"（Heisenberg, 1931a）。从原子系统的性质来看，在一定程度上能得出：

不确定性关系首先表明，不能在量子力学中获得在经典物理学中用来确定因果关联的参数的一个精确知识。不确定性的一个进一步的结果是这种不精确的已知系统的未来行为也只能不精确地，即统计地预测。显然，通过不确定性关系，物理学精确的因果律的基础丧失了，无论它应用于粒子图像还是波动图像。　　　　　　　　　　（Heisenberg, 1931a）

海森伯说，仅仅通过提及薛定谔方程在任何经典理论的意义上似乎是一个因果方程，人们不能恢复经典的因果律，因为波函数不唯一地决定时空中的系统态；为了获得时空中的系统态，人们不得不观察系统，但是这样做的结果是不确定性关系将破坏系统态。甚至单个波函数描述观察者和系统的思想也不会解决这一问题，因为在那种情形也不存在时空描述。

1930年12月9日，海森伯在维也纳进行了主题为"最近物理学中不确定性关系的作用"的演讲。在演讲中，海森伯详细地回顾了因果性问题。他这时对因果性作了下面的陈述：

在经典物理学中因果律被描述为："对于一个给定的系统，如果在某时所有数据已知，那么也就有可能无歧义地预测系统在未来的物理行为。"在量子理论中人们可能实际地把数据考虑为典型的（薛定谔）波函数。……于是，经典定律的处方当然是错误的，因为系统的物理行为通常只能根据薛定谔波函数统计地预测。　　（Heisenberg, 1931b）

也就是说，理论的数学形式体系"不会根据不确定性关系实现任何东西"，只是从薛定谔函数过渡到物理行为意味着统计假设。因此，"人们总能把测量装置对于系统的扰动考虑为简并的原因"（Heisenberg, 1931b）。最后海森伯得出结论：

如果自然是从有限大小的微小组分，即电子和质子，把宇宙建筑出来的，那么问题"在比这些组分还小的区域发生了什么"不可能有合理的意义。因此，为了能把微观自然考虑为一个封闭的系统，这些组分的行为应该不同于日常生活中物体的行为。现代物理学已第一次表明原则上可以想象微观世界存在这样一个闭合。导致这一目标的认识论讨论已阐明了我们的思想，使得语言精确，并且给我们提供了人类对自然的知识本质的一个深刻洞见。　　　　　　（Heisenberg, 1931b）

正如我们在前面提到的，维也纳哲学家石里克接受海森伯的因果性结果，并把它们根植于一个更专业化的哲学体系中。他也拒斥伯格曼等的批评，尽管论证稍微不同：

> 不存在先天综合判断。如果一个定理根本上对实在陈述了无论什么东西（只要它这样做，它当然就包含某些知识），那么通过观察实在，人们一定能表明它是正确的还是错误的。如果原则上不存在检验的可能性，即定理与任何可能的经验相容，那么这一定理不可能包含任何自然知识。如果通过假定这一定理是错误的，经验世界中的任何东西不同于这一定理是正确时的情形，那么检验将是可能的。因此经验检验的不可能性意味着：世界观根本上不依赖于这一定理正确与否，因此对自然什么也没有说。
> （Schilick，1931）

石里克认为，总体说来，对因果性原理可能有三种不同的看法：①因果性原理是同义反复。在这种情形下，因果性原理总是真的，但是没有实质内容。②因果性原理是一个经验定理。因此，它或者为真，或者为假，或者是知识，或者是谬误。③因果性原理构成进一步寻找原因的一个假设、一个要求。在这种情形下，因果性原理既不为真也不为假，而最多是有用的或没有用的（Schlick，1931）。

科学中当然不需要同义反复。另外，目前使用的因果性原理似乎没有物理定律的特征，因此，只留下第三种解释。的确，根据海森伯的不确定性关系，一个物理定律确切地遵循着这样的规则："拒斥决定论。"然而，石里克继续说，这种"拒斥不能认为是一个陈述不为真的证据，而是表明一个规则在此不再适宜"，并且"总是有希望，随着知识的进步，因果性原理会再次取得胜利"。他最后总结性地说：

> 现代物理学对于决定论的拒斥，既不意味着一个陈述是错误的，也不意味着它是空洞的。但是这一处方，作为显示每条归纳路径和每个自然律的"因果原理"，是不适宜的。这种不适宜只为一个严格定义的、有限的领域宣称。但是，今天物理学研究的自然经验表明，这种不适宜与每种确定性相关联。
> （Schlick，1931）

显然，石里克想要为未来物理学尽可能多地保留因果性原理。

可能海森伯在维也纳遇见过石里克，或者其间与这位哲学家有过直接的联系。无论如何，在1930年12月底，他写信给石里克，感谢他"关于因果律的有趣论文"，并说他"从中获益良多"：

> 你的文章的倾向特别让我感到愉悦。特别说来，对于（解释因果性原理的）三种可能性作出的清晰区分对我来说非常有教益。当我在哥尼斯堡演讲时，我已尽力在演讲中提出类似的东西，但是我不能清楚地阐述它们。
>
> （Heisenberg，1930）

虽然如此，海森伯仍然对石里克的观点存在一些异议。他不真正理解石里克所使用的"有序（order）、合法（lawful）和统计合法（statistical lawfulness）这些词之间的差异"，他特别批评玻恩的波函数的统计合法的解释是把波函数"分裂为两部分：波函数的严格合法的传播和在'概率'限度内一个粒子或一个量子绝对随机的存在，正如考虑位置波函数的值给出的那样"（Schlick，1931）。在提出一个原子物理学中的例子讨论了这个观点之后，海森伯写道：

> "在概率限度内的绝对偶然"意味着什么？我不能在你的"统计合法"和我从原子物理学中获悉的统计性之间看到任何差别。而且，我不理解在充分因果性和无序加概率定律之间还能发现什么中间的东西……
>
> 我也有点不高兴，人们总是援引我的陈述"因果无效"，似乎我反对玻恩的概率概念。那时，我相当仔细地考虑"无效性"一词旨在表达两件事：第一，因果性原理在物理学中已失去了它的适用性——这与断言"它是错误的"不同；第二，一个没有有效性范围的定理确实是无趣味的。"无效"一词似乎对我来说恰好位于"错误"和"不适用"之间，但不幸的是，人们总是把这个词等同于"错误"。
>
> （Heisenberg，1930）

不用说，海森伯赞同石里克对伯格曼观点的驳斥。他纠正了石里克关于玻尔把互补性思想应用于生物系统时的一些陈述，然后以"高度受人尊敬的同事"结束了信，并再次感谢石里克的"特别有教益的文章"。

在1931年11月2日的回信中，石里克表达了他对海森伯很快阅读完他的手稿的感激之情，特别阐明了玻尔的观点。然而，正如在他的手稿，以及在后来的论文（Schlick，1931）中所陈述的，他仍然希望能保留原子理论中严格合法性和纯偶然性之间的差异。一年多后，石里克寄给海森伯一篇题为"实证论和实在论"的新文章（Schlick，1932）。在这篇文章中，他尽力总结从19世纪上半叶由孔德（Auguste Comte）提出的"实证论的哲学方法"的原则，正如知觉所注意的，这一原则旨在去除由实在的"真正的"或"超验的存在"和"明显的存在"

第二章 量子理论的观念之争

之间的差异。特别说来，石里克一方面致力于"实在论者"所假定的不同看法，另一方面，致力于"实证论者"正在调查的两组问题："陈述的意义"和"实在的意义"是什么？"外在世界"意味着什么？海森伯对这种实证论倾向做何回应？

在 1932 年 11 月 21 日的信中，海森伯感谢石里克给他寄来文章的复印件。他在信中写道："我认为，你纲领的大多数主张是完全正确的，或者如你本人在第 8 页表明的是完全不重要的。质疑你认为是实证论的核心定理的这一陈述，似乎对我来说完全是荒谬的。"但是，另外，海森伯也直接指出他们对哲学的理解是不一致的：特别说来，海森伯不重视建立"人为定义"的体系，似乎对他来说，这压制了哲学的"重要价值"。因此，他特别写道：

> 请原谅我的冒昧，似乎对我来说，你在第 6 页对哲学的定义完全离题。一个哲学陈述是真或假的问题，在许多情形下是完全无趣味的，并且与哲学的价值不相关。对于许多深刻的真理陈述来说，如下事实适用（正如玻尔曾经说的），（一个深刻的真理陈述）的反面也是一个深刻真理……当然，人们可能说"这些真理因此只包含关于感觉经验的陈述"。但是，在我看来，这个借口似乎非常可疑。如果我们说，"这是一张桌子"，不用问这只是"表达了某种感觉存在，这种感觉存在诱导我们产生确定的言语反应或其他性质"。（Heisenberg，1932）

> 如果我们回答说，"我能向其他每个人显示这张桌子"，那么我会告诉你，"同样，也能在每个人心中创造由哲学陈述所意指的那些体验"。或许你会反对说，哲学在一定程度上是艺术，因此是有价值的，但是因此也是非"科学"。在这一点上，我会最大限度地承认哲学是一类"科学和艺术的化合物（不仅仅是一种混合物）"……至少，是一种传递知识的化合物。（Heisenberg，1932）

海森伯补充说，甚至在科学中，非分析发现的"突然灵光一闪的认识"，如牛顿发现所有物体的引力造成行星运动，都构成"有价值的知识"。

海森伯虽然根本不相信可能存在一种"真正'清晰'的语言"，但是他认为"最好能在细微之处创造清晰性，因为在那里矛盾把我们的注意力导向了模糊性"。例如，他引证了爱因斯坦的狭义相对论研究中提到的同时性概念。"请原谅我用语的不谨慎……我希望你宁愿聆听一种自然的意见，而不是读一篇学术论文。"海森伯就此结束了给石里克的哲学信件。海森伯还评论说："似乎对我来说,更不幸的事情是,弗兰克和赖欣巴赫的工作几乎没有提到量子理论的真正要点,即玻尔的互补性(原理),相反重现了玻恩的论文和我的论文中的许多肤浅的观点。"(Heisenberg,1932)。当海森伯这样说时,其实相当清楚地表明了他所考虑的量子力学哲学的核心内涵是什么,那就是互补性或者说不确定性。

发生在20世纪30年代前后的这场量子理论的因果性之争影响是深远的。随着量子理论的发展,特别是退相干解释的发展,量子世界的因果性又在退相干纲领下得以展现。

二、从退相干的视角看量子世界的因果关系

通常我们认为,我们所赖以生存的宏观经典世界是基本的,并且认为这一宏观经典世界中的物体和它们的属性在空间和时间上是定域的,所遵循的因果决定论是必然的。然而,科学理论的发展表明,经典概念和它们的历史在新的语境下变成了额外多余的东西。世界本质上是量子的,在这一量子世界中因果关系不再是充分决定论的,而是非充分决定论的,或者说是概率论的。这就是在20世纪七八十年代发展起来的量子力学的退相干解释纲领的部分要义。

根据退相干解释纲领,我们之所以会感受到经典的时空、经典的历史,是因为量子时空或量子历史由于与环境的相互作用退去了相干性,呈现为我们日常习见的经典性。并且根据退相干解释纲领,定域性的出现也只是近似的。下面我们就结合量子力学的退相干解释纲领,来具体阐释经典世界的定域性和量子世界中的非充分决定论的因果关系。

1. 退相干解释纲领

退相干解释纲领是随着现代物理学的发展而产生的,它不仅与经典的时空出现关系密切,而且与量子力学中波函数的坍缩,以及在现代量子通信和量子计算领域非常重要的纠缠概念有着极为紧密的联系。物理学家已把退相干的发现,欢呼为从贝尔不等式以来,在量子理论基础中最重要的进展。虽然有些物理学家认为退相干解释只是一个纲领,而不是一个已确立的理论,它仍有许多问题需要克服。由于干涉项的持续存在,退相干也没有给出测量问题一个解答。

但是,退相干确实已获得了实验上的检验。因此,对退相干的赞美绝不是一时的兴趣,而是基于一些令人耳目一新的理由:①退相干提供了理解量子力学的新方式,因为它对于诸如波函数"坍缩"、互补性这样一些已经确立的术语,

给予了具体的批评性的讨论；②由于退相干诉诸物理过程，因而是可检验的；③退相干提供了对于量子不确定性的一个更为基本的洞见。

一些研究者已把退相干定义为"相位关联的去定域化"，这表达了一个系统与其环境不可逆的量子关联的形成，这可以说是纠缠的另一种意义上的表述形式。但是，与在哪一条路径（which-way）实验中，由于量子消除器的存在，退相干是可逆的不同，这种与宏观环境的纠缠不可逆转，即量子态的退化要归因于退相干的动力学过程，它们受源自它们各自环境的无数多个散射过程的支配，其结果是新的属性和新的行为形式显现。

这一退相干解释纲领假定宇宙中的所有物体都要发生相互作用，只是相互作用的程度不等，有的强些，有的弱些。这表明宏观世界的经典特征不是物质所具有的基本特征，由于自然界通过量子关联普遍相互联系，因而经典粒子和它们的属性只是通过环境的一个"连续测量"过程而呈现出来。在最基本的水平上，自然界是由一个宇宙波函数——惠勒–德威特方程支配的，在这个方程中没有为经典概念留有任何空间。量子力学是描述自然界的普适的、逻辑一致的理论。

也就是说，在自然界的最基本的层次上，存在着关于所有量子客体的一个在运动学上是非定域的、在宇宙中是普遍的纠缠，这一纠缠使得宇宙成为唯一真正的封闭系统。经典世界只是作为量子关联渗漏到环境的一个结果而出现。然而，由于量子关联从不会真正消失，因此这种渗漏不意味着相干性的真正损失。哪一条路径实验阐明了这一量子关联潜在的有效性：如果哪一条路径的信息被存储在原子系统中，它们的量子关联就通过与原子运动的纠缠而"退去相干性"，这导致路径的可识别性。然而，一旦擦除了走哪一条路径的信息，干涉图像就又恢复，路径再次变得不可区分，这个系统"重新变得相干"。但是，在大多数情况下，退相干是一个不可逆的过程，因此我们从未观察到宏观量子叠加态，即发生在量子系统之间的纠缠态，如"薛定谔猫"态，可以转化为量子系统与环境的一个纠缠态。在这种呈现经典属性的情形中，量子关联在观察上变得不可获取，即它们与环境的纠缠使得经典系统看上去十分坚固，这一坚固性是环境对其实施"连续测量"的结果。

2. 经典世界中的定域性

在退相干的分析中，还涉及一些非常重要的相关性概念，如定域性。众所周知，在宏观世界中，物体和它们的属性在空间和时间上是定域的。我们不会说某人在某时既在这里又在那里，或者说某物在某时某地既是死的又是活的。哲学家和科学家已把定域性提升到一组因果性特征之列，这也使得人类深深地浸染在定域性经验的影响之中。然而，退相干解释纲领的出现，使人们认识到定域性的出现只是近似的。在自然界中，量子纠缠一直存在，只不过为了所有实用的目的，人们经常对其忽略而不予以重视。量子力学的正统解释就在退相干的分析中，也就是在对量子相干性如何消失的分析中，忽略掉了环境对于系统的纠缠影响，从而导致了一些令人困惑的"佯谬"的产生。

因此，如何通过环境的连续测量（这致使相位关联不可逆地消失）来说明某些量子神秘，并阐释非定域的量子纯态如何转化为定域的混合态，就成为量子力学解释中的一个重要问题。在薛定谔猫的案例中，由于猫态的宏观特征，即与猫集体态发生纠缠的内部环境自由度的数目庞大，量子关联退相干如此快，以至于在观察者打开钢盒之前，猫已处于死态或活态，而不是不死不活态，或者说死活叠加态。在双缝实验中，当电子的波函数与γ射线显微镜发生纠缠时，相干叠加立即消失。这时，电子走哪一条路径的信息实际上传递给了记录仪器。在最简单的情形中，对一个处于自旋单态 $S=|\uparrow\downarrow\rangle_{系统1}+|\uparrow\downarrow\rangle_{系统2}$ 的量子系统的测量产生一个混合态，在这个混合态中，系统1处于"自旋向上"的态，系统2处于"自旋向下"的态，这一结果的产生与它们之间的空间距离不相关。退相干说明了环境对于远距离系统的动力学作用和同时作用。这一环境作用导致了系统之间原初的量子关联退化进了环境自由度之中。环境充当一个普遍的起因，把态矢翻转到了相反的方向上。

但是，这并不意味着相干性的彻底消失，表现在宏观经典世界中的定域性只是近似的，那种使量子态呈现非定域性的相干性或量子关联，实际上是退化进了与系统发生纠缠的环境自由度中，而不是变得空无。通过比较经典描述和量子描述，干涉项实际上仍然存留在系统、仪器和环境组成的总的波函数中。考虑一个量子系统在与一个测量装置耦合后处于纯态中：$|\Psi\rangle=\sum_{n}\sqrt{p_{n}}|\varphi_{n}\rangle^{系统}|\Phi_{n}\rangle^{测量装置}$。尽管通常能把 Φ_{n} 看做测量装置上的"指针态"，但是在这里能看做是通常的环境态，它能区分系统态。在初步测量后，当分别考虑系统和仪器时，这导致"一个经典的系综关联态"，由密度矩阵 $\rho_{经典}=\sum_{n}p_{n}|\varphi_{n}\rangle\langle\varphi_{n}|\otimes|\Phi_{n}\rangle\langle\Phi_{n}|$ 描述。由于最初的纯态 $|\Psi\rangle$ 仍然包含着量子关联 $\rho=|\Psi\rangle\langle\Psi|$，因此这一系综的密度矩阵没有失掉它的量子关联：$\rho=\rho_{经典}+\sum_{n\neq m}\sqrt{p_{n}p_{m}}|\varphi_{n}\rangle\langle\varphi_{m}|\otimes|\Phi_{n}\rangle\langle\Phi_{m}|$。

由此可见，在系统和仪器（这里可看做环境）相互作用之后，干涉项不会完全消失，即使对于像薛定谔猫这样的宏观系统，干涉效应的消失也只是意味着干涉项转移到了环境态中,从而在对系统集体态的观察上,难以观察到干涉效应。也就是说,当一个观察者最后读取了测量结果,他就获得了关于测量结果的一个概率分布的信息。观察者对测量结果的记录不会造成波函数的坍缩,量子关联实际上以一个在现象上非常短暂的退相干时间渗漏进了环境。系统的干涉效应虽然由此变得无法观察,但是它们实际上仍然全域地存在于一个总的量子纯态中,即存在于包含整个环境的测量仪器与被测系统组成的纯态中。所以,我们通常在经典世界中看到的时空上的定域性是近似的,量子世界中显示远距离关联即纠缠的非定域性才是基本的。从非定域性到定域性的过渡只是因为量子关联渗漏进了环境,而不意味着量子关联的实质性消除。

3. 量子世界中非充分决定论的因果关系

显然,根据环境诱导量子退相干机制,波函数坍缩只是一个实用主义的用语描述。作为对量子测量的激进反应,波函数坍缩假设把测量过程的非充分决定论定位在了量子事态的突然转折上。这证明波函数坍缩只不过是一个用以解释量子测量的非充分决定论的人为设计。实际上,当测量结果不唯一,并且没有精确的初始条件时,就产生了量子非充分决定论。因此,如果退相干解释纲领是正确的,量子非充分决定论也应该是一个自然显现的属性。退相干本身是一个非充分决定论的且多半为不可逆的过程。环境通过非充分决定论的扰动实施着它的连续测量过程,这些非充分决定论扰动包括散射过程、振动发热模式和内部原子态的改变。这些物理扰动促成了量子非充分决定论,但也是一个因果关联的过程,即量子力学遵循的是非充分决定论的因果关系。

为了对量子力学中非充分决定论的因果关系给出一个适当的概念说明,选择支持这一论据的实验安排证明是极其重要的。玻尔和海森伯曾经诉诸双缝实验来支持他们对于量子力学中实验情形的激进反应。双缝实验当时虽然是一个假想实验,却阐明了波粒二象性,海森伯的非充分决定论关系,即测不准关系,给予波粒二象性一个数学上的表达。因此,似乎对于玻尔和海森伯来说,这一非充分决定论的关系表明,在量子力学的概念空间中不包含因果性的观念。这个非充分决定论的关系似乎表明,经典描述中极其重要的因果决定论事件在量子描述中不复存在。

玻尔、海森伯和泡利认为互补性关系是对经典的因果性观念的一个自然延续。与之形成对照,德布罗意运用原子撞击一个晶体的假想实验得出结论:量子力学能为非充分决定论的因果关系提供庇护。德布罗意倾向于质疑传统的拉普拉斯式的机械决定论的因果关系预设。20世纪70年代，物理学家通过思想实验调查了把环境包括进来将会对量子力学的测量过程产生何种影响，这也就是退相干观念的雏形，这种调查的结果是确证了量子力学遵循非充分决定论的因果关系。可见，在科学方法中概念预设不是没有用处的。概念预设具有指导、限制和误导的作用，然而它们是不可避免的。

现在我们知道，重要的量子力学实验，即有助于确立量子理论的有效性的实验，不但与概率因果性的观念相一致，而且要求概率因果性的观念。在量子力学的相互作用史上，从散射到哪一条路径的实验，无疑揭示了许多因果关系。在这些例子中，量子系统的行为是遵循因果规律的，即在量子系统的行为之间存在条件优先性和条件相关性。至少在某些情形中，有存在于定域性条件下的条件优先性和条件相关性。但是，在所有这些实验中，在原因和结果之间无疑缺少任何时空连续性和因果关联。不过，退相干可以为我们提供一个非充分决定论的因果关联。

那么，究竟是什么让许多人认为量子力学是非因果性的呢？这是由于量子理论保守和激进的反应，前者如爱因斯坦，后者如玻尔和海森伯，双方都暗中承诺了拉普拉斯式的因果性与充分决定论的同一，这就使得量子力学似乎是非因果性的。然而，大多数的量子力学实验满足有条件的因果关系特征。因此，如果我们坚决要求量子力学中因果关系的哲学模式满足传统上因果关系的观念，特别是属于定域的和机械因果论的观念特征，那么量子力学的证据将不得不按照非因果性来理解。在这种情形中，必须把概率因果性的哲学模式限制在量子力学基础的范围之内。在经典世界中，存在没有因果关系的时空确定性，也存在没有确定性的因果关系。现在我们知道，在量子世界中，我们可能有概率因果关系，甚至不希望有充分决定论。也就是说，自然界存在非充分决定论，也存在因果关系，量子世界遵循的是非充分决定论的因果关系。

以上是对量子理论的因果性之争的讨论，下面我们来谈量子力学的完备性之争。因为，如果说量子力学中的因果性之争最终阐明了量子世界遵循非决定论的概率因果性，那么在玻尔-爱因斯坦之争中，爱因斯坦虽然在1930年也认识到上帝确实在掷骰子，但是，爱因斯坦仍然反对量子力学给出了对于单个量子系统的完备描述，认为量子力学只是给出了系综的描述。特别说来，爱因斯坦相信有一个外在的真实世界的存在。他极不赞成哥本哈根解释，认为这是一种"绥靖"哲学，只是描述物理世界的一个舒适的软枕。由此，量子理论的观念之争从反对量子理论的自洽性，转向反对量子力学描述物理实在的完备性。用爱因斯坦的话说，这场争论实质上不再是决定论和非决定论之争，而是实在论与非实在论之争。

三、玻尔-爱因斯坦关于量子力学的完备性之争

20世纪初物理学的两次大发展：相对论和量子力学，革新了我们关于世界的科学图景。爱因斯坦通过发展相对论大胆地发动了第一次科学革命，这次科学革命从根本上改变了我们对于时间、空间和物质之间联系的看法。特别说来，宏观领域、宇宙整体的物理学，不仅证实了爱因斯坦的理论，而且今天倘若没有相对论，我们的生活是不可想象的。然而，爱因斯坦从一开始就质疑量子力学，最终甚至反对这个关于原子和基本粒子的微观领域的新理论。1927年量子理论的形式体系完全建立了起来。玻尔，量子力学的重要开拓者之一，在1927年布鲁塞尔召开的第五届索尔威会议的一次演讲中试图给出第一个量子力学的解释，互补性解释清楚地表明量子力学不是一个拼凑物，而是一个全面且基本的物质理论。在玻尔演讲后的讨论中，爱因斯坦公然反对玻尔。爱因斯坦说，量子力学毫无疑问不是最终的基本理论，至多可能是我们通往最终理解微观客体及其相互作用的一个过渡状态。作为量子力学的组成部分，"不可避免的或然性"不可能是物质结构的最后话语，因为这意味着"或然性"是我们努力理解和说明物质结构的一个不可避免的限制。如果我们想象世界由一个造物主构造，那么根据爱因斯坦的名言："上帝是微妙的，但是并不邪恶"，造物主原则上允许我们理解物质结构是或然性构造。

仍然是在布鲁塞尔召开的第五届索尔威会议上，为了获悉自然泄露给我们的关于微观客体的更多信息，爱因斯坦改进了假想实验，猜想这些假想实验可以表明如何能击败量子力学的自然限制。然而，玻尔在讨论中成功地驳斥了所有这些论证，玻尔后来在回顾中称之为"激动人心的"讨论。这是持续了数十年的玻尔-爱因斯坦之争的开始。人们经常持有这样一种观点：新量子力学的鼓吹者玻尔在与量子理论的批评者爱因斯坦的论争中赢得了胜利，但是这不完全正确。诚然，在讨论的最初阶段，爱因斯坦仍然试图规避海森伯的不确定性关系，玻尔能驳斥爱因斯坦的每一个假想实验。然而，在1930年后的讨论中，爱因斯坦改变了策略，其时他接受了不确定性关系，总体说来论证如下：尽管根据不确定关系，不能同时精确地测量一个量子客体的某些性质，但是一定能在物体中例示它们；量子力学不可能是对于物理实在的一个完备描述。这个新策略的结果是1935

年爱因斯坦与两位年轻物理学家玻多尔斯基（Boris Podolsky）和罗森（Nathan Rosen）共同发表的 EPR 论文。在该文中作者们在量子力学的完备性假设和物理系统只存在局域的因果相互作用假设之间，设计了一个冲突。玻尔对这个论证的回答是模棱两可的，因此不能看做是在某种程度上对于这些事实的一个可理解的解释（Bell，1987）。不过，这个回答包含了一个要点，这个要点有助于准确地展现量子力学的基本问题。这部分旨在表明玻尔-爱因斯坦之争正趋向一个单一的问题，这个问题事实上构成了理解量子力学的基本问题。

1. 爱因斯坦反对量子力学是一个完备描述的论证（1927 年）

埃伦费斯特（Paul Ehrenfest）在 1925 年给爱因斯坦的一封信中如此谈论爱因斯坦和玻尔：

> 据我所知，在活着的人当中，没有谁像你们俩如此深刻地瞥见量子理论的深邃之处。除了你们俩之外，也没有人真正明白，彻头彻尾的新观念是多么得必要。　　　　　　　（Ehrenfest，1925；Held，1998）

其时，埃伦费斯特还不知道玻尔行将成为那个发展"激进的新观念"的人，而爱因斯坦行将成为那个激进地拒斥这些新观念的人。爱因斯坦要求量子力学在经典科学的合理性基础上是可理解的。埃伦费斯特也出席了 1927 年在布鲁塞尔召开的第五届索尔威会议。在这次会议上，他亲历了激动人心的玻尔-爱因斯坦之争的序幕：两位物理学家之间带有攻击性的争论，以及他们"激进的新观念"的初次交锋。这种交锋部分发生在会议现场，部分发生在幕后。

在会议现场的讨论如下：玻尔对他的量子理论的新解释作了一次演讲。会议之前，玻尔对他的互补性概念作了强有力的研究。为了在这次会议上提出这个基本的新概念，玻尔在演讲的一开始首先讨论了复杂的认识论问题。这清楚地表明，玻尔的努力是特别想使爱因斯坦信服量子力学的新概念。然而，玻尔在演讲中也清楚地表明，他正在试图解决的问题是波粒二象性问题。某些亚原子物体，如光子或电子，怎么可能在某一时刻或某一场景向我们显现为波，而在另一时刻或另一场景却显现为粒子。这个问题本身是一个虚构的问题，将由互补性概念来解决。

听众一时不能理解玻尔所表达的互补性的意思，因为这个新概念太难懂了，甚至有些怪诞。互补性表达的意义似乎是：一个原子物体的两种描述是互补的，它们一方面相互排斥，另一方面，对于物体的一个完备描述来说，两者又都是必需的。然而，这个新概念根本上是令人费解的。这在以下方面变得非常显然，玻尔一方面使用互补性描述物理对象的经典图像——波动图像和粒子图像，另一方面又用来描述某些量子力学的测量参量，如位置和动量，在每种情形都有一种完全不同的意思。互补性不解释这些图像或参量的关系，而是相反，由这些图像或参量来解释互补性，并且实际上是以两种完全不同的方式来解释的。在经典物理学中，波动图像和粒子的图像相互排斥，而在量子力学中假定它们相互补充。然而，像位置和动量这些参量的值在经典物理学中相互补充，在量子力学中又假定它们相互排斥。

甚至更糟的是，对于波动图像和粒子图像，玻尔假定互补性表明经典排斥和量子力学互补两者同时都是正确的。然而，对于位置和动量的值，他又假定互补性表明只有量子力学排斥是唯一正确的，这就存在难以克服的思想混乱。此外，我们现在知道，波动图像和粒子图像的相互排斥不是一个经典物理学问题，而应理解为物理对象的动力学描述与时空描述两种图像在逻辑上相互排斥。然而根据玻尔的互补性观点，应该假定它们对于一个物体的整体描述相互补充（没有矛盾），于是最终怀疑产生：波和粒子的互补性是一个不能重构的奇异概念，因为互补性试图用佯谬的方式来解决矛盾。

而且，就量子力学的参量，像位置和动量的值，互补性没有任何成功。这些值根本不相互排斥，既不从逻辑上更不从经典上，更不从量子力学上相互排斥。只是由于海森伯的不确定性关系，才排斥同时测定一个量子客体的位置和动量。现在，我们知道，根据玻尔的互补性观点，在一个量子客体不能同时存在精确的值的意义上，这些值的确相互排斥。但是这样一来，互补性相互补充的观点意指什么？我们只能从玻尔1935年以来的文章中获得一个可理解的答案。在此，互补性概念只是指量子力学参量的值保持不确定性关系。这意味着这些性质过去在经典物理学的相互补充的意义上，最终刚好是互补的，但是根据量子力学的结果却相互排斥。然而，这一切在1927年玻尔创造互补性概念时并不清楚，通过与爱因斯坦的多年讨论，玻尔才逐渐明白了这一点。

1927年10月在布鲁塞尔召开的第五届索尔威会议上，爱因斯坦在全体与会代表出席的讨论中本来有机会直接回应玻尔的演讲，然而，爱因斯坦却什么也没说。他既没有发表对互补性新概念的看法，也没有发表对波粒二象性问题的看法。相反，他向自己和听众问了这样一个问题：能把新的量子理论看做是"对于单个原子过程的一个完备描述"吗？为了阐明这一质询的意图，他举了一个假想实验的例子，这个例子与玻尔的演讲一点关系也没有。玻尔本可以对爱因斯坦的这个贡献作出反应。然而，玻尔只是作了微乎其微的反应。相反，他试图重新把爱因斯坦的例子解释为一个波粒二象性的问题，一个互补性案例。简言之，在他们的首次公开对抗中，两位物理学家完全在相反的意图上谈论问题。

在对这一讨论的贡献中，爱因斯坦考虑了一个带有孔径的光阑，电子穿过这个孔径。在光阑后放置一个适当的屏，记录电子。把电子描述为穿过缝的波，作为球面波到达屏。它们在屏上的强度是对"在这个位置无论发生什么"的一个测量。这是玻恩的概率解释的思想：单个波（Ψ）决定在确定位置发现电子的概率（$|\Psi|^2$）。现在，爱因斯坦对这个波给出了两个相反的解释：一方面，单个波"不与单个电子相对应，而是与一个电子云相对应"；另一方面，所发生的每个单一波与一个单电子相对应。人们从下面的基础出发到达了最终的解释：这个理论是关于单个过程的一个完备理论。但是，现在爱因斯坦提出反对，在他看来，这一反对显然很重要：

> 朝向屏 P 移动的散射波 Ψ 不显示任何特定的方向。如果 $|\Psi|^2$ 只描述一个确定的粒子在一个确定时刻位于一个确定位置的概率，那么同一个基本过程将在屏上两个或更多的位置起作用。但是，根据 $|\Psi|^2$ 表达这个粒子位于某一位置的概率，这一解释预设了一个很特别的远距离作用的机制，这一机制防止空间中连续分布的波作用于屏上两个位置。
>
> （Bohr, Collected works 6，p. 101 f）

在此，爱因斯坦指出量子力学解释的一个基本困难：这一理论是对于物理系统的一个完备描述的思想导致一个似乎不合情理的，甚至神秘的远距离效应，即所谓的波函数坍缩。爱因斯坦的论据应该给予更详细的考察。如果量子力学对于单个过程给出了完备的描述，显然波给出了对一个单电子的完备描述。然而，由于下面的原因，缝后的这个电子必须分布或分散为一个半圆形：根据爱因斯坦的观点，散射波"不显示确定的方向"，这意味着在一个半圆形中，没有方向显示出与所有其他方向不同。然而，如果假定除了这个波函数所给定的东西外，真的不存在任何东西，电子也就不在某些方向移动，而是在所有方向一致地传播。波函数把电子的运动描述为一个波的运动，这明显只能有一个意思：电子是一个波，至少在它像一个波那样传播的意义上。当然，这仍然是当波击打在屏上，整个覆盖了屏时的情形：电子本身覆盖了整个屏。

电子的波动性假设似乎不是完全不合情理，爱因斯坦给人的印象是，他认为这个观点是荒谬的。现在根据先决条件，波函数也特指电子击打到屏上确定位置的概率。这些位置占据屏上很小的区域，即屏上的理想点，与波函数 Ψ 本身形成鲜明的对照，波函数覆盖了整个屏。因此，波函数的概率解释预设了电子能击打在确定的位置上。然而，这只能意味着电子当击打到屏上时是一个粒子，至少就它定域在某一位置而言。"完备性解释"甚至更精确地表明：波函数决定一个单粒子击打在屏上确定位置的概率。因此，至少一定可能的是，电子刚好只击中其中任何一个确定的位置。波函数概率解释的这个平凡结果只是反映了在这样一个实验中真正看到的东西：电子真的击打在屏的确定位置上。

因此，一方面，单个电子击打在屏上时位于一个确定的位置，这源于概率解释，如我们所说，这也是观察到的结果。另一方面，如上面所阐述的，单个电子不可能击打在一个确定的位置，而是同等分布于整个屏。显然，两个解释相互矛盾。如何避免矛盾，电子在屏上某一点如何能显现，整个屏上的分布如何能汇聚在一起？就此而言，爱因斯坦引入了一种"特殊的远距离作用机制"。这意味着：在整个屏上有波的效应，但是足够把两个任意的位置 A 和 B 看做是它所作用的地方（爱因斯坦说波"在屏上两个或多个位置上"产生行为）。

现在补充来自概率解释的假设——一个电子击打在屏上一个确定的位置——根据完备性解释，一个电子确切地由波函数描述，因此这能确切地表达为一个电子的作用。当测量到这个电子在 A 处时，它存在于 A 处，不像以前假设的那样存在于 A 处和 B 处。为了禁止在点 B 处波的任何同时性效应，在测量过程中一定会发生从屏的整个宽度到位置 A 的波的断裂，一个后来叫做"波函数坍缩"的过程。爱因斯坦通过指出所谓的"相对论假设的矛盾"，强调这个过程难以置信的方面。无论 A 和 B 相距得多么远，用相对论的语言说：无论它们是否是类空分离的，在 A 处的测量一定同时会造成在 B 处发生坍缩。简言之，玻恩的概率解释和量子力学给出了对单个过程的完备描述的思想，导致了与相对论的一个冲突。

然而，爱因斯坦批评的目的不是要表明：量子力学和相对论两个物理学理论存在一个逻辑矛盾。例如，相对论禁止比光速更快的传播效应，而量子理论要求超光速传播效应。相反，他的意图是表明，量子力学的某种解释把这个理论看做是对单个微观客体的完备描述是荒谬的，因为这导致一个波物理上似乎不合情理地"坍缩"为一点。通过与一个已接受的理论的明确矛盾，相对论只是用来展示这一解释似乎是不合情理的。爱因斯坦说，在详述了这一问题后，为了解决矛盾，人们必须假设一个"很特殊的远距离作用机制"，他继续说：

在我看来，人们只能以此方式反驳这一反对：人们不但用薛定谔波

描述这一过程，而且同时在传播期间局域化粒子。……如果人们只用薛定谔波工作，在我看来$|\Psi|^2$的第二种解释暗示了与相对论假设的一个矛盾。

(Bohr：Collected Works 6，p. 101f.)

这也就是说，爱因斯坦运用"特殊的远距离作用机制"，给予了重要的"反对"。爱因斯坦可能期望他的听众把这个模糊的机制本身看做是荒谬的，或者承认这是额外的"与相对论假设的矛盾"——但是这个远距离作用机制，进而这个"坍缩"的假设本身是成问题的。

这样，爱因斯坦说明了量子力学解释的整个困境。假定量子力学描述——在此由空间中一个单圆形波表示——是对单个电子的一个完备描述，那么在作用期间电子就会传播到整个屏，不局限在某一点。由于能证明电子击打在一个清晰可辨的位置，即存在"波函数坍缩"这一事实，因此不得不考虑一个调停过程。由于这个过程原则上瞬时发生，并且分布在一个很大的空间，因此物理上似乎是不太可能的。更似真的假设似乎是"过程不但由一个［波］描述，而且同时粒子定域在传播过程"。这实际上需要以超越波的方式来描述粒子。因此，量子力学的描述（作为一个波）是不完备的，仍然有一个隐参量——粒子未知的"局域化"，这实际上决定了粒子的行为。

基本的问题是：或者量子力学是不完备的，需要一个隐参量理论来使其完备，或者是完备的，因此必须让波函数坍缩成为一个物理上似真的过程。直到今天，这一困境也没有得到解决，而是相反，解决这一困境变得越来越关键。今天，我们拥有可靠的数学论证，表明不可能在某些完全似真的条件下用隐参量理论来补充量子力学。因此，坍缩问题仍然存在。坍缩是解决所谓的测量问题特别极端的尝试，是关键的并且仍然有争议的量子力学的解释问题。在隐参量理论中，这个问题则根本不会出现。

2. 爱因斯坦试图避免不确定性关系和玻尔的反驳

玻尔和爱因斯坦的第一次公开对抗是一个很表面的过程。然而，在这些公开对抗场景的背后，争论却以全力以赴的方式继续。埃伦费斯特也是那些场景的一个目击者。他在一封信中描述了这一激烈的争论：

> 对我来说，加入玻尔和爱因斯坦之间的对话是迷人的，就好像一场国际象棋赛。爱因斯坦一次又一次地构造新的例子，突破了不确定性原理。为了一个接一个地打破例子，玻尔总是从哲学的浓雾中挑选出他的

工具。爱因斯坦就像是在开启魔盒：每天早晨都会蹦出新的例子。例子非常精美。但是我几乎无条件地赞成玻尔，反对爱因斯坦。爱因斯坦反对玻尔的行为确切地说像绝对同时性的辩护者反对爱因斯坦本人的同时的相对性所表现出的行为一样。

(Ehrenfest，1927；Bohr：Collected Works 6，415f)

埃伦费斯特的报告表明这些讨论的内容是什么。爱因斯坦设计了一系列假想实验，意在避免海森伯的位置和动量的不确定关系，即一个量子客体的位置和动量在超出某个精确性限度外不能同时精确地测量。爱因斯坦把这个关系只理解为在一个单原子物体上能直接测量什么的一个限度。现在他想从这些物体间接获得更多信息，超出根据测不准关系可能获得的信息。出于这个目的，除了他感兴趣的量子客体外，他考虑之前与第一个物体相互作用的第二个物体，并能给出第二个物体的信息。这样，只是通过表明量子客体的某些属性在量子力学的描述中不存在，但是能通过第二个物体间接地测量，他想表明量子力学的描述是不完备的。

除了构造别的思想实验外，爱因斯坦再次分析了他的假想实验：一个粒子束击打屏后的一个狭缝。这次隔板配备了一个自由移动的滑板，这个滑板通过一个穿行的电子移动。以此方式，人们能确定粒子飞离的方向（除了这一点，实验像从前一样运行），因此，与半圆形波函数所允许的相比，此方式能更精确地预测粒子在隔板和屏之间的路径。我们能从这一提议清楚地看到，爱因斯坦不是在假定孔后的电子确实以半圆波传播，即它是一个波，而是假定这个电子不得不采取某一路径，波的图像不反映这样的描述，这条路径可以通过移动孔间接地探测到。

玻尔反驳说，爱因斯坦的结论，即电子在孔后运动的方向比波函数允许的能更精确地确定和实验能像从前一样确切地运行，是错误的。玻尔强调：移动的滑板是一个宏观物体，通常能够忽略不确定性关系。然而，在这一假想实验中，移动的滑板变成了第二个量子客体，因为它不得不与粒子相互作用，以赋予我们关于粒子的信息。因此，我们在此拥有的情形只是一个量子力学两体问题，可以与康普顿效应进行比较（Bohr，1949）。

玻尔后来在笔记中重构了这一回答。他的论证方式大体如下：在缝后运用某一波函数的实验描述首先要求，在缝的位置相对于屏是固定的意义上，缝是一个宏观物体。尽管原则上讲波函数完全覆盖屏，但是波函数在屏上各处没有相同的值。波函数在某一位置的值依赖于滑板上缝的位置。如果我们想通过穿行的电子测量滑板的位移，那么当然这个滑板必须可以自由地移动。如果在实验开始之前移动的滑板处于静止状态，那么这不再没有价值。特别说来，我们必须选择或者精确地定义移动滑板的位置（因此移动滑板的缝）或者它的动量（它的运动状态）。因为我们想确定电子的动量改变，所以如果我们测量电子穿过后滑板的动量，并知道它之前的动量，那么对我们来说，结果就是唯一的值。然而，我们对初始动量知道得越精确，对滑板得位置（因此对缝）就知道得越不准确。如果我们想以和从前一样精确的相同方式来进行实验，我们必须精确地知道滑行孔的位置，因此我们不能确定它的初始动量，我们也不能从穿过孔后测量到的动量推出任何结论。如果我们想推出结论，我们必须固定初始动量，代价是位置不确定。然后能一如既往地进行实验，因为已假定波函数的值有一个更宽更扁平的分布。以此方式获得的动量的精确信息越多，我们相应越少精确地知道动量矢量是从哪儿开始的。

考虑这个论证后，爱因斯坦的下一步是令人吃惊的。显然，我们必须假定玻尔刚刚在讨论中扼要地提到的，不得不把滑板看做第二个量子客体。这可以再次理解为玻尔似乎只是认为不可能精确控制滑动孔的位置和动量。因此，对于爱因斯坦来说，下面的思想似乎是显然的：我们只需要获取电子的最小信息，即如果位错上升或下降会发生什么。这只是给出了比波函数传递的更多的信息。最后，我们能改变实验，以至于我们保持孔的移动板，但是，现在我们在第一个隔板和屏之间放置了第二个隔板。这个新的隔板包含两个缝，波函数完全对称地穿过两个隔板。通过测量第一个缝向上或向下的位错，我们能探查电子穿过了哪条缝，尽管波函数不包含这个信息（Bohr, 1949）。

在此描述的实验是著名的双缝实验。就我们所知，这起源于爱因斯坦和玻尔的讨论，这一思想最可能来源于爱因斯坦。根据刚刚描述的玻尔的叙述，爱因斯坦把这一思想向前推进，通过测量隔栅的动量来控制电子动量。然而，需要提及，双缝实验对玻尔有一个副作用。运用这个实验，非常显然，波粒问题不是说量子客体有时表现为波，有时表现为粒子。我们来看玻尔在对实验及其过程的回顾中给出的描述：

> 运用强烈的辐射，当一个平行的电子（或光子）束……击打第一个隔板时，我们将观察到在正常的实验条件下的一个干涉图像……这个图像由单个过程累加建造而成，每个在感光片上产生一个小的斑点。这些点的分布遵循一个简单的定律，能从波的分析中推导出来。相同的分布也应该从对大量实验的统计学中找到，这能用一次曝光只有一个电子

（或光子）到达感光片，并击在一个点上这样一种弱辐射来进行。

(Bohr, 1949)

因此，玻尔独立阐明：（至少原则上）能以只有单个电子穿过双缝并击打在屏上这样一种方式来执行双缝实验。在多次重复这个过程后，在屏上所有的碰撞位置联合起来，形成干涉图像或波动图像。因此，通过一个波所描述的物理过程，单个电子的碰撞位置，即一个局域化的粒子，是明确的。这也特别意味着电子在同一个实验中，显示出来源于两种不同表征的实验属性——波动图像和粒子图像。因此，玻尔最初面临的波-粒问题根本不存在。量子力学的基本问题是一个非常不同的问题，即量子力学的描述（如粒子通过波动的描述）是否完备的问题。

对爱因斯坦的提议，一个可能的反对会是：毫无疑问，当孔先前静止不动时，只能确立向上或向下的偏离。因此，在此能重复上面的反对——必须知道孔的运动态，代价是对孔的位置一无所知。

总之，玻尔的回答是：当然我们能测量第一个孔的运动态，因此能得到电子的轨道信息。但是事实证明，这样做我们已改变了实验安排（因为现在孔不再固定，它一定是可移动的），因此屏上根本不会形成干涉图像。最初，我们试图证明单个电子的行为由双缝决定。如果我们能同时证明电子只穿过一个确定的缝，就会产生一个佯谬。我们将不得不假设"电子的行为……依赖于……屏上缝的存在，电子不像能够证明的那样穿过缝"。事实证明，我们实际上能证明一个单电子是穿过哪条缝过去的，但是只能通过修改实验。然而，我们一这样做，屏上就不再会出现双缝干涉图像。这意味着：由于我们知道电子是穿过哪条缝过去的，因此没有理由与相应的第二条缝发生任何联系。这可能是不令人满意的，但至少它不产生任何矛盾。

显然，爱因斯坦和玻尔没有清楚地意识到，从今天的视角来看，两个双缝实验有一个非常重要的方面。两位物理学家没有直接讨论爱因斯坦想要获得的信息的性质是否真的存在，因此玻尔也没有对此提出质疑。他们的讨论只是考虑这种属性是否能够确定。玻尔的总结性回答是：可以，但是只当实验决定性地发生了改变之时。人们可能会问玻尔，是否由于实验的安排而不可能确定的性质根本上就不存在，因此，就一个粒子参与波动图像的产生这一情形而言（因此不可能确定它穿过某一个缝），是否单电子穿过了一个确定的缝？玻尔的说法表明他不愿意考虑这个问题是否在根本上有科学意义，因为科学只是探讨"可探测的"的东西。然而，当我们决定让电子参与波动图像的产生时，在隔板平面上电子的位置是

"不可探测的"。

显然，爱因斯坦不满意这样一种回答。在此，玻尔把科学探讨无论原则上能够观察到什么的这一表观上似真的限制，推到了一个难以置信的极端。无论何时我们决定确定隔板面上电子的位置，我们都确信得到了一个答案。因此，关于孔平面上电子的位置问题原则上不是没有意义的，但是当我们决定不回答它时，理应把它看做是无意义的。因此，这个问题的科学辩护依赖于是否实验家决定回答它与否。这最终意味着只是一起回避了对问题的解答。

1930年，在这些讨论之后的三年，在布鲁塞尔召开了第六届索尔威会议。爱因斯坦仍然对量子力学的理论解释不满，他设计了一个新的假想实验。这个实验的特殊之处是爱因斯坦现在攻击第二种不确定性关系——能量和时间的不确定性关系：我们知道一个量子客体的能量越精确，不确定性关系说，我们对量子客体拥有这个能量的时间就知道得越不精确，反之亦然。爱因斯坦在此用相对论进行论证，玻尔在经过一晚的深思后，也应用相对论，目的是反驳运用一个辅助物体进行的一个间接测量能绕开不确定性关系。

在他的新的假想实验中，爱因斯坦考察的是一个有一个洞的盒子，在某一时间段能打开这个盒子，时间由盒内一个闹钟的机制控制。运用一束向盒内发射光子的光源，人们能实现对于每个开口，只有一个单光子在某一时刻确切地离开盒子，单光子离开盒子的时刻由闹钟决定。然而，光子的能量能通过测量逃逸前后盒子的重量确定，即根据相对论，运用方程 $E = mc^2$ 来确定。这样，应该可能（再次运用一个辅助物体，即盒子）确定在一个精确时间一个量子客体的确切能量。这与能量和时间的不确定性关系相矛盾。

对我们来说，毫不奇怪，玻尔通过考虑相对论，也知道如何使这个例子无效。当我们假设盒子的重量由一个弹簧秤测量时，这个重量的不确定性来自事实上我们不能以任何要求的精确性确定指针相对于刻度的位置。由于位置和动量的不确定性关系，当我们试图越精确地确定指针位置，进而是盒子的重量时，我们越少精确地知道指针的动量。然而，动量的不确定性直接联系整个权重过程所需要的时间周期：位置的不确定性越小，因此质量的不确定性越少，权重的时间间隔越长。根据广义相对论，时差由一个引力场中移动的闹钟产生。这意味着盒子的权重被确定得越精确，产生光子的时间就越不精确，与能量和时间的不确定性关系相一致。

3. EPR 论据作为量子力学不完备性的一个间接论据

爱因斯坦承认再次被击败了。只是在这之后，他才意识到需要区分盒子实验和以前双缝实验的特性。在光子从盒子逃逸之后,我们自由地选择是否测量它的重量,进而决定光子的能量,或打开盒子为的是读出闹钟的读数,进而决定光子离开的时间。因此,我们或者能预测光子到达确定远距离的位置的精确时间,或者能预测它到达时的能量。这意味着,尽管我们不能任意精确地决定远距离光子的两个属性,但是在不影响光子本身的前提下,我们仍然能自由地选择我们准备任意精确地确定两个属性的哪一个。这个实验无助于我们击败能量和时间的不确定性关系,但是允许我们随意地获得量子客体的两部分信息之一,同时确定二者将破坏不确定性关系。我们不能避免不确定性关系,但是增强的看法是:我们从不能同时在一个物体上具体确定的属性,却同时存在。

观察者能够选择他所确定的两个互补属性中的哪一个的思想,在 1930 年后为爱因斯坦试图直接证明量子力学是不完备的思想所取代。在移居美国后,爱因斯坦试图开发这一新思想。几年努力的结果就是产生了前面提到的 1935 年与两位年轻的物理学家玻多尔斯基和罗森联合撰写的 EPR 论文。文章的题目是"能认为量子力学对于物理实在的描述是完备的吗?"文章的主题是以三位作者的名字命名的 EPR 论证和 EPR 实验。作者们试图表明他们的问题的答案一定是"否"。在此,爱因斯坦的考虑,即观察者能从他所观察到的两个互补参量中选择哪一个,起着至关重要的作用。在盒子实验中,我们能后向决定对远距离光子之前已有的两个互补性之一进行测定。通过已测属性能确定地预测相应的其他属性。EPR 论文的作者们确切地遵循这一论证。

为了理解 EPR 论证,我们现在回顾不能同时执行两种测量,但是能在两种测量之间作出选择的可能性。对于一个量子力学客体,如果同时能确定一个适当类型的两个参量,将会破坏不确定性关系;如果量子力学是对于实在的完备描述,这些属性甚至不能同时存在。当利用自由选择来测量两种属性之一时,人们总能回答说:实验测量是对量子系统的一种干扰,因此被测属性可能只在它的过程中产生,同时删除了互补性。在这种情形自由选择的论据没有影响,一个性质产生或不复存在取决于观察者的实际测量方式。

因此,人们应该安排一种能在两种互补性的测量之间作出选择,而没有理由来影响物体的情形。这是盒子实验中的情形。甚至在盒子实验中,人们也不再能论证测量将破坏属性,或让属性成为存在,因为测量在一个辅助物体上间接地执行,在没有与其他远距离物体相互作用的情况下,这一测量给出了一些其他远距离物体的信息,除非人们假定两个物体仍能相互影响,而不顾它们的距离(即非定域性)。在盒子实验中设计的所有这一切,在 EPR 实验中明确地展示了出来。

我们能把这个实验翻译为一个现代的、更为简单的表述，即所谓的 EPR-玻姆实验。源发射了一对粒子，这对粒子处于一个特殊的纠缠态，即所谓的单态。粒子飞离，然后在相距遥远的装置 A 处和 B 处测量它们。每个测量装置能各自测量到达粒子的两个参量，A_1 和 A_2 或 B_1 和 B_2。在单态的纠缠粒子以下面的方式表达自己：在没有任何进一步的条件下，不能确定地预测任何一个参量 A_1 和 A_2、B_1 和 B_2 的测量值。但是当在装置 A 处测量一个粒子的参量 A_1 且发现值为 1 时，能确定地预测在装置 B 处将会测到另一个粒子的参量 B_1 的值为 -1；相反，当测量参量 A_1 的值为 -1 时，能确定地预测参量 B_1 的值为 1。然而，不能确定地预测 B_2 有确定的值。相同的联系存在于 A_2 和 B_2 之间。

因此，在装置 A 处有可能测量参量 A_1 或 A_2 的值，然后能确定地预测第二个远距离物体的参量 B_1 或 B_2 的值。如果我们假设在粒子和测量装置之间存在唯一的定域相互作用，那么在装置 A 处的一个测量不可能造成在装置 B 的附近的一个改变。因此，在没有影响物体的前提下，我们能确定地预测参量 B_1 和 B_2 的值，原则上能间接地测量这些参量的值。爱因斯坦、玻多尔斯基和罗森提出了一个非常重要的额外前提。三位作者从下面的原则出发：如果我们在不对物体产生任何影响的前提下，能确定地预测一个物体的属性（间接地测量它），那么物体就有这种属性。这条原则的使用方式如下：凭借在装置 A 处的测量，我们能决定如参量 A_1 的值，然后确定地预测参量 B_1 的值，而没有影响在测量装置 B 处的粒子，因此在这种情形下参量 B_1 的这个值存在。相反，我们也能测量参量 A_2，并确定地预测参量 B_2 的值，而没有影响在测量装置 B 处的粒子，因此，在这种情形下参量 B_2 存在一个确定的值。无论我们如何决定——这是作者们的论证方式——两种情形属于"相同的实在"，这意味着它们是相同的情形，因为在测量装置 A 处的一个测量决定不能直接影响远距离装置 B 处粒子的状态。量子力学禁止一个粒子的参量 B_1 和 B_2 的态同时有值。但是，既然事实已表明必须假定有同时存在这种值的情形，因此这一理论就是不完备的。

爱因斯坦及其同事对他们在测量装置 A 处选择测量前，还是测量后考虑这一情形保持开放。对于他们的论证来说，这基本上不相关。假定已执行了对参量 A_1 的测量，因此对参量 B_1 的实际可预测值是第二个粒子的一个真正的属性。A_2 可能已相反地选择，因此参量 B_2 的值是可预测的。因为这个选择没有对装置 B 处的粒子产生任何影响，因此在测量 A_1 的情形，参量 B_2 的值也是真实的。根据原则上讲有一个清晰预测的可能性，作者们总结说，甚至在排除这种可能性的情形下，也有可预测的实在，因为一个真正的选择反对与测量有关。现在我们来审视在装置 A 处还没有选择的一种可能性。在此，原则上存在对于参量 B_1 和 B_2 的一个清晰预测的可能性。因此，也是在这种情形下人们能得出结论，即参量 B_1 和 B_2 的两个确定值是所预测的实在。

玻尔立即作出反应，同样是在 1935 年，他在同一份杂志——《物理评论》上以相同的题目，写了一篇回应 EPR 论文的文章。他试图重新表明爱因斯坦及其合作者的论证是错误的，量子力学能够看做是对物理实在的一个完备描述。他的论证确切地说集中在 EPR 论证的基本原则上：

> 当我们在不影响物体的情况下，能够确定地预测一个属性（间接测量它）时，那么物体就有这个属性。

当正确理解时，玻尔考虑这个原则是可接受的，但是某种意义上爱因斯坦及其合作者对这一原则的使用是"含糊不清的"（Bohr，1935）。

玻尔论证说：一个物理问题只能以一种合理的方式考虑才是可回答的，其时一种允许找到答案的测量情形被极好地定义。然而，一种量子力学的测量情形只在我们确定了一个测量情境之后才能极好地定义。因此，在对测量情境作出决定之前，不允许我们考虑这种情形，于是就沉默地把两种不可能同时存在的场景混合了起来。确切地说，玻尔所说的预测的可能性是指，在某种意义上，不能把测量另一种属性的属性考虑为真。这可以极好地理解，因为对装置 B 处的一个属性可能作出的确定预言与在装置 A 处的一个实验选择相关联；没有这个选择，不可能预测任何东西。

因此，对玻尔来说，对一个参量的实际选择是极好定义一个物理测量情形的条件，对他来说，在装置 A 处选择一个参量之前的情形从一开始就不可接受。在选择之后，能清楚地预测在装置 B 处两个参量的某一个；对于这一个参量，在玻尔看来，上面提到的基本原则是适当的。但是，现在量子力学的描述是一种不同的描述，爱因斯坦、玻多尔斯基和罗森指出了这一事实，但没有推出任何结论。量子力学的态不再是单态，从这个态中不能确定地预测 A_1、A_2、B_1 和 B_2 的任何一个值。相反，在一个量子力学态，在装置 B 处能确定地预测参量，并且这个参量的值明确地出现。因此，按照现在定义的情形，量子力学的描述是完备的。

EPR 论文和玻尔的回应是玻尔-爱因斯坦之争的高潮和终结。两位物理学家现在都放弃试图让对方相信他们各自的观点，而是在进一步的文章中完善他们各自的观点。然而，由于 1935 年的这两篇论文几乎是之后所有作者们考虑量子力学的基础，因此，我们应该对这两篇论文多些说明。爱因斯坦、玻多尔斯基和罗森为他们的论证引入了一个两粒子系统的纠缠态,一个不能看做由亚系统的态组成的态。在测量了一个粒子之后,这个态变为一个非纠缠态,可以理解为一个复合态。三位作者把这个过渡中立地描述为"并缩"(reduction),如果我们把这个并缩考虑为一个物理过程,我们就有测量会使波函数坍缩(collapse of the function)的一个进一步的例子,在这种情形就会破坏纠缠态。

爱因斯坦、玻多尔斯基和罗森显然不假设有这样一个坍缩。他们明确地从所有相互作用是定域的想法开始,这意味着在 A 处的一个影响只能对 A 的周遭有一个直接的影响,而不对 B 有直接影响。然而,测量 A 的位置触发的坍缩将对 B 处的粒子态有一个直接的影响;作者们假定没有这种坍缩——与 12 年前爱因斯坦原初的反对完全一致。如下事实表达了 EPR 实验的独特性,坍缩现在关涉的不只是一个单个物体的波,而是把两个物体关联在一起的一个波。对单个物体的解释是不清楚的——波是单个物体本身,还是只是单个物体的概率分布?在波的坍缩处,两个粒子之间出现的非定域相互作用把它们从一个纠缠态掷入一个非纠缠态。因此,EPR 论据对量子力学的基本讨论是引出了非定域性问题。

玻尔的相反立场是接受定域性解释的限制,仍然把量子力学考虑为是完备的,因此是对物理情形的一个完备描述,而不接受波函数坍缩和非定域相互作用。不幸的是,他根本不清楚这如何成为可能。但是,我们必须公平地说,对于波函数如何并缩,玻尔只是拒绝回答问题:他不认为,与并缩后的态相比,并缩前的波函数也有确定的态。特别是对于纠缠态,物理上的测量参量和清晰可辨的测量情形存在,这让纠缠完好无损。

因此,我们不得不假设纠缠态并非完全不明确,而是对某些参量给出了极好的定义。然而,已提到的困难仍然保留。我们首先能产生两个粒子的某一量子态,如一个纠缠态,然后决定我们准备测量这个纠缠态的什么,如 A_1 还是 A_2,或是一些纠缠量。当这种决定成为确定参量的条件时,人们也就能谈论这个参量的值是一个真正的属性,即对于粒子而言,无论什么为真,都取决于实验者的决定。我们不清楚玻尔能以哪种方式逃脱这一困难。

相比而言,玻尔对非定域问题的回答保留开放。在量子力学是完备的情形中,在纠缠态中参量 A_1、A_2、B_1 和 B_2 没有确定。例如,对 A_1 进行测量,会形成一个非纠缠态;在这个态 A_1 和 B_1 有确定的值,另外它们总是相互对立的。在 A 处进行测量,为什么不但 A_1 而且 B_1 都能获得一个值?并且这个值总是与 A_1 的值相匹配?由于倡导完备性,似乎只有坍缩才是一个可能的说明。然而,如果猜想量子力学是不完备的,那么就必须说明反对粒子有属性的理由。这个说明似乎不可避免地需要求助于隐参量。

玻尔没有对这个问题发表看法。他把定域性条件只是看做一个辅助假设，这个辅助假设创造了额外的问题，但不是问题的核心。他的基本思想是试图指出物理参量只在某一情境中极好地定义。EPR 实验强加给他的是，这些情境在远距离装置处是实际存在的场景，但是这刚好是这个实验的一个特有困难。今天，我们知道对于量子客体来说，物理参量以一种新的方式相互关联。对于经典物体来说，以一种未知的方式相互关联：单个参量是依赖于情境的。当我们把量子力学看做是完备的时，关于物理参量是否根本上有值，如果有值究竟是哪些参量根本上有值的问题，这些参量是相互依赖的；当我们认为量子力学不完备时，至少就它们有值而言，这些参量也是相互依赖的。玻尔坚持只在某些情境中，即在测量情境中，才能把极好定义物理参量的方式理解为对这种情境依赖的一个直觉洞见。

甚至爱因斯坦也意识到，量子力学的完备性这一实际问题与定域性问题基本上无关。在 1935 年夏天与薛定谔的通信中，爱因斯坦再次考虑单个系统和量子力学的描述是否完备的问题。两位物体学家讨论了宏观的例子来进行说明，薛定谔设计了他著名的猫与一个量子客体相联系，猫自身也变成了一个量子客体。因为猫处在了死活叠加态，猫变得令人难忘地清晰，这意味着假定一个量子力学参量过去某时根本没有值，在测量过程中才有值。

4. 非定域、纠缠和对情境的依赖

后继物理学家试图解决量子力学的基本问题的努力原则上再现了玻尔-爱因斯坦之争的最后步骤。贝尔不等式表明，EPR 实验能够实现，相应的实验已执行，并且已证实了量子力学，反驳了隐参量理论（就它们不依赖情境而言）。然而，贝尔本人是根据把定域性要求的破坏推到幕后，代之以把参量或性质的情境依赖性推到前台来进行思考的。今天可以表明，对于一个单量子系统来说，不是所有的参量都可能有不依赖于情境的确定值。

当考虑由几个粒子组成的处于纠缠态的确定系统，并且假定粒子相互分离得很远时，非定域性问题确实证明是派生物，是从量子力学的结构中得出的一个问题。首先，在已说明的意义上，量子力学的量和性质是依赖情境的。这种情境的依赖能由一个单粒子说明。其次，需要的参量数目很大。更简单、更优雅地说明使用两个或三个粒子的量子系统，但是在此不必假定粒子相距很远。在这样一个系统，可能有纠缠态。在纠缠态，不能把整个系统拥有的性质简单地追溯到它

的任一部分。"纠缠的参量"有值，尽管它们的组分参量本身没有值。当把处于这样态的系统"分开"时，即把组分分开很大距离时，这些态的非定域纠缠（不可分离性）发生了，对于单个组分的测量来说，有关于结果的非定域耦合。

玻尔-爱因斯坦之争最初以 EPR 论据的形式导向非定域性问题，但是在更为仔细的察看之后，再次远离了非定域性问题。在非定域性和可能的纠缠态背后的基本问题是量子力学的参量和性质的情境依赖性。这一情境依赖性在量子力学的结构上有其根源，现在还没有完全阐述清楚量子力学的这一结构，但是因为它正确地描述了原子客体，因此过去假定它阐述了量子力学的结构。我们能接受这一结构，也能接受从这一结构得出的成问题的属性，但是这既不可能公平地讨论爱因斯坦的科学说明的标准，也不可能公平地讨论玻尔努力给出的量子力学的说明。这只能通过说明量子力学的结构及其情境依赖性得以实现。这就涉及我们如何看待量子理论中的整体和部分之间关系的问题。

5. 量子理论中的部分与整体

我们可以采取一种向后看的解释。对于一个处于纠缠态的复合量子系统来说，我们仍然能够谈论单个系统。例如，可能有两个沿着不同方向飞行的光子，我们对其偏振进行测量。测量可以在相距几千公里远的地方进行。尽管在亚系统之间完全没有相互作用，但是两系统证明是以非经典的方式关联的。量子世界是非定域的。例如，在纠缠的情形下，不能给亚系统赋予态矢，相反可以给直积态赋予态矢。

根据讨论可知，通常能给单系统赋予一个态矢，而不总是赋予属性。例如，只有对"位置"进行测量后，量子系统才有"位置"的属性，并且这个属性有一个特定的值。在纠缠系统的情形中，对于亚系统的态，同样可以这样说。只有对一个亚系统进行测量后，通常才能把一个态归于亚系统。在一个纠缠的复合系统中，亚系统甚至不再拥有自己的态属性。与经典物理学形成对比，在量子力学中，纠缠的复合系统中"亚系统的态"，已进入了变得消失的事物之列。

不应该在消极的意义上理解"变得消失"。在量子物理学中，这是一个相当积极的特征。量子理论是比经典理论更为一般的理论。量子理论超越了经典理论的限制框架。然而，现在一个凸显的问题是：如果以对应原理的眼光来看，经典物理学怎样才能重新赢得是量子物理学的一个极限情形？迄今为止，还没有找到这个问题的答案，但是有多种途径来寻求一个解决方案。例如，退相干解释就给出了量子向经典过渡的一个解决方案。显然，纠缠的可能性加剧了这一问题的复杂性：如为什么两个光子可以建立纠缠，而在两把椅子或其他的经典物体之间从不会产生纠缠？我们知道在量子世界纠缠是"常规情形"，即纠缠是量子力学的基本特征，它没有经典对应，然而这一现象的理论根源是什么？

在经典物理学中，亚系统的态可以决定具有可分离性的整个系统态。当一个复合系统不能分离时，可以说这个系统具有整体论特征。对于纠缠的量子系统来说，人们实际上能发现一个真正的整体论系统。在纠缠系统的情形下，即使在部分之间没有相互作用，整体也大于部分之和。关于纠缠和退相干，我们在第三章和第五章会给予更为详细的阐释。现在我们来看对于量子力学完备性之争的一种解读。

四、从新经验主义解释的视角看量子力学的完备性之争

根据德马尔凯（W. M. De Muynck）给出的量子力学的新经验主义解释，爱因斯坦和玻尔关于量子力学的完备性之争有"广义上的完备"和"狭义上的完备"之差异。此外，两位大物理学家对于量子力学描述物理实在的"客观性"和"情境性"也有不同的理解。量子力学的新经验主义解释是对量子力学的"哥本哈根解释"的修正与发展，这一新经验主义解释强调理论需要解释而不是非解释，不同于范·弗拉森（van Fraassen）的建构经验主义。这种新经验主义解释有助于我们理解量子力学的特征。

1. 量子力学的"哥本哈根解释"

量子力学描述的"仅仅是现象"还是"现象背后的实在"？20世纪四五十年代，在逻辑实证/经验主义的影响下，大多数物理学家对这一问题作了实证主义的回答。即使是今天，当"可观察量"一词用来指称一个厄密共轭算子表征的物理量时，仍能感觉到经验主义对于量子力学的数学形式的解释的影响。尽管我们既不能把玻尔也不能把海森伯看做逻辑实证论者，但他们的"哥本哈根解释"确实是用经验主义的语言"现象"来描述的。特别是，他们对于测量安排的本质作用的强调助长了这样的观念：量子力学只是处理在测量过程中观察到的现象，如照相底片上的斑点、威尔逊云室或气泡室中的径迹。

爱因斯坦对量子力学的实证主义解释持批评态度。在爱因斯坦看来，物理学试图在观念上理解独立于观察的实在，量子力学如果是完备的，就应该是对于微观实在的客观描述，这里，"客观性"意指"不依赖于观察者包括其测量仪器"。

除了这种"客观实在论"的批评外,经常用来反对"哥本哈根解释"的另一种做法是指向这一解释在描述测量时的不一致性:这一解释不是把测量过程看做一个由薛定谔方程描述的纯物理过程,而是作为一个额外的满足冯·诺依曼的投影假说的心理过程来处理。冯·诺依曼所要求的观察者的眼睛在测量过程的"最后一瞥",玷污了物理过程的客观性。"多世界解释"的特殊设计旨在试图从理论的形式中把测量的主观成分排除出去。然而需要指出的是,"多世界解释"的适当性也是可疑的,这种解释对于世界无数次劈裂的假设始终停留在形而上的层面而难以回到经验和实践层面。为此,发展一种量子力学的新解释似乎就成为一些物理学家的心愿,这种解释要求适当地考虑"哥本哈根解释"通过测量建立的微观客体和宏观世界之间的关联。

诚然,"哥本哈根解释"远非没有歧义。玻尔关于态矢的观点具有工具主义色彩,他把态矢看做"仅仅是用来计算测量结果的工具",因此反对把一个电子看做是一个在空间中飞行着的波包的实在论观点。但是,就量子力学的可观察量("物理量")而言,虽然玻尔通常避免作任何本体论的承诺,但是他的解释又表现为一个实在论的解释,尽管是一个"情境实在论"(contextualistic-realist)的解释。

在这种解释中,只有在测量安排用来测量一个物理量的情境中才能很好地定义这个物理量。海森伯也把一个"测量结果",即一个量子力学可观察量的值等同于微观客体的一个性质,尽管这一性质不是测量前或测量中物体所拥有的性质,而是测量后物体所拥有的性质。此外,由于冯·诺依曼的投影假说,人们也把这种可观测量的"情境实在论"的解释扩展到描述量子力学的态,冯·诺依曼的投影假说也因此成为扩展后的"哥本哈根解释"的一个重要组成部分,尽管有人可能认为由此获得的解释不属于本来意义上的"哥本哈根解释"。

因此,在物理学家和物理学哲学家圈内的一个共识是,应该对"哥本哈根解释"的许多特征作一个批评性的讨论,根据费耶阿本德(P. K. Feyerabend, 1963)的观点,这一解释不是一个单一的观念,而是一个有趣的臆测、独断的宣称和哲学谬论的混合体。所以,要想把"哥本哈根解释"转变为一个没有内在逻辑矛盾的统一体,就需要放弃或改变其中的一些基本原则,同时保留其中的一些基本原则。而且,由于玻尔的观点与海森伯的观点非常不同,因此不可能忽略玻尔的观点来讨论哥本哈根解释。特别说来,玻尔与爱因斯坦的讨论,对于物理学共同体接受"哥本哈根解释"产生了重大影响。

此外,虽然"哥本哈根解释"的倡导者之间存在观点上的差异,但是"哥本哈根解释"的所有倡导者都强调测量在理解量子力学意义上的基本作用。把"哥本哈根解释"关心测量的观点忽略为是不相关的，是没有根据的，也是不可信的。相反，我们关于量子世界的所有知识均由测量获得的事实支持"哥本哈根解释"的直觉：在我们的理论中所详细阐述的对于世界的看法，必定受物体和测量仪器的相互作用的影响。因此，必须认真考虑"哥本哈根解释"的这一基本原则。但是，这并不意味着必须接受在哥本哈根主义意义上的情境实在论解释。在德马尔凯所倡导的新经验主义的解释中，一个量子力学的可观察量意指测量仪器而不是微观客体。作为替代，在某种程度上能把这样一个经验主义解释考虑为一个类"哥本哈根解释"。

为了避免误解，需要指出，这里所提到的"测量仪器"总是指与一个微观客体进行物理相互作用的物质实体。人类观察者及其意识不在考虑的范围之内。我们可以假设他们的作用发生在测量安排建立之后，对于测量过程没有任何物理影响。实际上，在量子测量中，人类观察者与一个测量仪器的关系，和在经典物理学中人类观察者与测量仪器的关系并无不同：他看一个量子力学测量仪器的（宏观）指针，对于测量结果（指针位置）的影响，正如在经典测量中的一样小。今天，量子测量经常完全自动化，人类观察者的作用甚至可以限制在看他的打印机产生的图纸上。因此，新经验主义解释不涉及"心智"、"意识"、"自由意志"和"物理–心理平行主义"等内容。

2. 量子力学的完备性之争：区分两种完备性的观念

根据德马尔凯的新经验主义解释，在爱因斯坦和玻尔关于"量子力学的完备性"的讨论中，有必要区分两种不同的"完备性"观念："广义上的完备性"和"狭义上的完备性"。广义上的完备性观念与亚量子理论的不可能存在相关联，能表述为：不存在比量子力学更能详细地描述物理实在的亚量子理论。

相信"广义上的完备性"的一个原因，可能是一个实证主义者对于形而上学观念的恐惧，拒斥隐参量，因为它们不可观察，具有形而上的特征。按照费耶阿本德的说法，玻尔接受冯·诺依曼的不可能存在使量子形式完备的隐参量的"证明"，就有这种嫌疑。然而，这并不是爱因斯坦挑战玻尔的"完备性"观念时的争端，两种"完备性"观念相当不同。爱因斯坦批评量子力学所缺乏的是一种"狭义上的完备性"。这种"狭义上的完备性"可以表述为：一个粒子的量子力学描述不可能通过同时确定其位置和动量的精确值来完成，因为测量仪器的干扰不允许这样一个同时精确的测量值。

因此，玻尔把量子力学看做是一个完备的理论的原因，并不是对于形而上观念的恐惧，而是普朗克常数 h 表征的"作用量子"的存在，使得不可能同时精确地确定一个粒子的位置和动量。对玻尔来说，由于在微观客体和测量仪器之间有一个不可能消除的相互作用，从而在二者之间不可能作出一个严格的区分，因此构成一个不可分割的整体，自身显示为一个"量子现象"（这称为玻尔的量子公设）。由于这一事实，规定位置和动量都有一定的范围，它们满足海森伯的不确定关系。因此玻尔和爱因斯坦的争端是围绕量子力学自身的特征展开的，完全与隐参量的问题不相关（隐参量问题实际上超越了量子力学的范围）。而"狭义上的完备性"作为玻尔和爱因斯坦之争的根本所在，其高峰是 EPR "佯谬"的提出，EPR 提议可以看做是爱因斯坦一方为防止玻尔求助于测量相互作用来反驳其观点的最后尝试。

这样看来，爱因斯坦和玻尔对量子力学完备性的讨论，与量子力学是否是一个"万有理论"、是否不会为其他更复杂的理论所超越，一点也不相关。与之相关的问题是，量子力学的解释，即一个量子力学的可观察量的实在论解释，是一个客观的解释（爱因斯坦），还是一个情境的解释（玻尔）。爱因斯坦确信一个正确的物理理论必须产生一个客观实在论的描述，而不仅仅是一个与观察者甚至与一个测量仪器相互作用的实在论的描述。在他看来，"月亮在没人看它时确实存在"。物质的性质，像电的传导性、辐射性，等等，似乎不依赖于我们的观察，我们应该尽力设计理论，以把这种性质描述为独立于任何观察的性质。这种思想建立在这样一种观念基础之上，那就是 EPR 论文中引入的"物理实在的要素"：在不以任何方式干扰这个系统的前提下，能确定地预测（概率为 1）与一个物理量相对应的值。玻尔挑战这种观念的无歧义性，因为这一观念具有非情境性，忽略了整个实验安排，而这一点在讨论量子现象时是必须考虑的。

由于 EPR 文中的"物理实在的要素"是作为一个"量子力学的测量结果"而提出的，因此，它可能等同于玻尔提出的"量子现象"。因此，根据德马尔凯的研究，没有隐参量理论，没有卷入"广义上的完备性"。就认为可能卷入隐参量理论而言，问题恰恰是量子力学的可观察量本身能否充当隐参量。在这个意义上，一个可观察量的确定值能归因于一个在测量之前独立于测量的粒子。事实上，我们可以考虑这样的可能性：玻尔把一个情境意义加于量子力学是正确的，而当把爱因斯坦的"物理实在的要素"看做一个非量子力学的概念时，可能给出一个明确的无歧义的意义。然而，人们通常忽视后者的可能性，这样，人们通常把玻尔关于"在狭义上完备"的争端的胜利，误认为是"在广义上完备"的胜利，从而公然抨击爱因斯坦引入"物理实在要素"是一个形而上的尝试。

但是，我们有什么理由认为量子力学可能"在广义上完备"呢？无可否认，量子力学有一个很大的适用范围，并且不清楚在哪种物理情境下这一理论的边界可以呈现在我们面前。但是，这对于经典的力学理论也是真的，包括麦克斯韦的经典场论——这一理论实际上包含了100年前所有已知的物理学。也就是说，"在广义上完备"的观念并不适用于在过去发展的任何物理学理论。诚然，量子力学和相对论占据了20世纪的物理学的统治地位，仅当质量足够大、速度与光速相比足够小时，才可以认为经典理论是正确的。人们似乎不能很好地理解量子力学，人们不能期望一些与经典力学相似的事情发生在量子力学中。例如，对于量子测量过程可监控的时间非常短暂，这与经典测量完全不同。

事实上，爱因斯坦、玻尔和海森伯对于量子力学可能最终会为更高层级的理论所超越持开放的态度。按照德马尔凯的说法，如果能从根本上把量子力学"在广义上完备"的观念归于"哥本哈根解释"，那是因为哥本哈根解释不是一个一致的理论，而是起源于不同来源的一组观念的集合。其中一个来源是科学的经验主义哲学，这种哲学在20世纪前半叶居于统治地位。以某一种基础主义的形式（常常指称反实在论），经验主义哲学不但鼓吹应该警惕没有建立在观察基础上的理论概念，而且甚至宣称与这种概念相对应的物体（如原子）是不存在的。如果仔细考察，把这种建议应用于原子，假定它们的实验发现可能将是一个障碍。尽管假定我们能够想到的每个理论观念都有物理存在可能是不可取的，然而相反的态度似乎同样是徒然的。作为促进科学的一种方式，"形而上的恐惧"有它的边界。有时，一个假想的跳跃可能是有益的。

迄今，我们的经验是：在某种理论描述的现象背后，存在大量由更深层次的理论所描述的新物理学。正如一个弹球的行为虽然由刚体的经典理论适当地描述，然而我们需要固态物理学来考虑它的原子构成。用类推法，我们不难知道，把量子力学假设为"万有理论"，永远不为更具包容性的（亚量子）理论所超越是相当轻妄的。尽管在当前我们没有关于量子力学的适用范围的边界的任何实验暗示，但是量子力学"在广义上完备"的观念从一个方法论的观点来看是不恰当的。现在，众所周知，在量子力学教科书中所呈现的量子力学的标准形式，是不能在量子力学的范围内描述所有的测量可能的。由于这一原因，至少在教科书中，量子力学不可能是"广义上完备的"。因此，在发展一种量子力学的新的"哥本哈根解释"中将不需要"广义上完备"的观念。

3. 实在的两种描述：客观性对情境性

从弹球的比喻中，我们还将获悉另一种经验。众所周知，一种广泛的假设是：与量子力学形成对照，经典力学产生对实在的一个客观描述，丝毫不需要提及观察。然而，根据弹球的例子，我们知道通常说来这不是真的。刚性不是弹球的一个客观属性。由于它的原子构成，一个弹球只在某种情形下才表现为一个刚体。如果撞击足够猛烈，它可能开始振动，甚至可能破裂。因此，刚体理论只在一定实验范围内适用，因此只有一个情境的意义，非常相似于玻尔关于量子力学的可观察量具有情境意义的观点。至于爱因斯坦希望一个客观的描述可能在经典范式中有其起源的说法，似乎根据不足。而且，与玻尔关于量子力学的可观察量的论点相类似，对于一个弹球的刚体描述而言，情境显然由整个实验安排决定。这说明"一个弹球的刚性"是一个情境属性，即使根本不对它进行观察。而且，如果量子力学是"广义上完备的"，那么可以证明爱因斯坦的量子力学描述的客观性要求是正确的，尽管这似乎是一个太过强硬的要求。

然而，爱因斯坦的"客观性"要求与"在广义上完备"的争端不相关。如上所述，实际上，爱因斯坦与玻尔争论的是量子力学"在狭义上的完备性"。对爱因斯坦来说，独立于观察者存在的世界的性质有赖于对这些性质的观察的说法是不能接受的。当然，假定一个弹球的刚性有赖于观察到它，或假设月亮在没有观察者观看它时是不存在的，是荒谬的。但弹球的例子能告诉我们如何解决这个难题，既适用于经典力学也适用于量子力学。由于这个目的，假定这些理论"在广义上不完备"是有利的。

根据德马尔凯的研究，考虑一个弹球之所以是刚性的物理原因是重要的，即使它由振荡原子组成。这个原因当然是由于在球内原子间有紧密的约束力，因此振荡很小，以至于在刚体理论适用的宏观观察水平察觉不到它们。事实上，我们应该在"实在"和我们关于"实在的描述"之间作出区分。一个弹球不是一个"真的"刚性物体，但是我们能把它描述为一个刚性物体，只要它有像刚性物体一样的行为。因此就刚性是球的性质而言，它是一个情境性质。考虑原子振荡就可以使这一点变得清楚。而且，这也表明，对于这些振荡的一个描述而言，我们需要一个不同于刚体理论的理论。刚体理论的情境意义是明显的，因为当不能忽略这些原子振荡时，"刚性"的概念就失去了它的意义。实际上，我们应该区分两种"刚性"的概念，刚体理论的"刚性"的概念是完全不同于一个原子的固态理论的"刚性"概念的。

对于量子力学而言，情形可能相似。关于位置和动量的亚微观的（隐参量）概念，可能不同于相应的量子力学的概念。玻尔可能是正确的，如同刚性一样，量子力学的可观察量也只有一个情境意义。如果是这样，那么为了产生爱因斯坦所渴望的客观描述，一个亚量子理论将是必需的。爱因斯坦对于量子力学本身产生这样一个描述的要求，可能是一个徒然的过分要求。一些迹象表明，情形可能确实这样。因此，尽管在玻尔-爱因斯坦讨论之时，量子力学的可观察量的值，能否作为客观的属性赋予微观客体（"哥本哈根解释"在一个可疑的基础上否定了这种可能性），是一个开放性的问题，但是我们现在确信这样一种赋予是不可能的。

因此，在测量前通常不可能假定一个自由粒子有一个确定的量子力学的动量值。这是"哥本哈根解释"的一个基本原则，特别由其成员约当所倡导，但是通常认为这种解释具有决定论或说非决定论争端的意味。如前所述，爱因斯坦反对非决定论的观点。他的"上帝不掷骰子"的断言可解释为这样一种表达：确信在一个理想测量中能对一个量子力学的测量结果的观察作出解释，是因为这个可观察量在测量前有值，通常把这称为"可信测量"原则。看起来好像至少关于量子力学的测量结果的客观性争端，玻尔可能战胜了爱因斯坦，尽管能否把这种胜利延伸至决定论和非决定论的争端是可疑的。

4. 对理论的两种要求：解释或非解释

在"量子力学的测量结果"和"物理实在的亚量子要素"之间作出区分，在我们试图把"哥本哈根解释"从许多特征中解放出来，以还原它的可信度的努力中扮演着十分重要的作用。这些特征之一是"非决定论"，大意是：一个量子力学测量的测量结果不能通过假设它是微观客体在测量前所拥有的性质来解释。例如，根据约当，在对一个粒子的位置测量前，一个粒子"既不在这儿，也不在那儿"。约当的"突然创生"的哲学是一个有争论的主题。对那些赞同爱因斯坦，相信一个适当的物理学理论必定会告诉我们关于客观实在的一些东西的人来说，尤其是这样。在此，"哥本哈根解释"可能低估了量子力学解释实在的某些特征的能力。即使海森伯也没有始终地追随约当，他的"测量的干扰理论"是与"可信测量"原则相一致的。海森伯允许位置不为一个测量所干扰，干扰仅仅发生在同时测量这些相互干扰的位置可观测量和动量可观测量之时，由此表明，可观察量在测量前与测量后必定具有相同的值。

在一个量子力学的测量的确告诉了我们测量前实在的一些东西的意义上，海森伯的建议可能是正确的。当然，这与约当的论点相反。然而由于贝尔定理，这在爱因斯坦的意义上不可能为真。贝尔定理拒斥能把独立于测量、同时精确的值赋予互不相容的可观察量的观念。这表明至少冯·诺依曼关于"定域隐参量理论不可能成立"的观点是正确的。在这种所谓的隐参量理论中，实际上是量子力学的可观察量本身在扮演隐参量的角色。因此，把这种理论看做是一个"量子力学可观察量的客观实在论解释"，而不是一个隐参量理论，或许更可取。

显然，量子力学可观察量不能充当爱因斯坦的"物理实在的要素"的角色。然而，这并不表明可以排除未来可能会产生更精致的隐参量（亚量子）理论，也不意味着"物理实在的要素"完全不存在。很可能一个量子力学的测量产生了一个不可能由量子力学描述，然而却必须由一个亚量子理论来描述的先在的"物理实在的要素"的证据。因此，对一个位置进行测量之前，一个粒子可能有一个位置，只不过它不由量子力学的位置可观察量描述。

对于两个可观察量之间关联的测量，可能会为存在"物理实在的亚量子要素"提供甚至更为有力的论据。德马尔凯为我们举了一个例子，考虑一个自由粒子，其中动量可观察 $P(t)$ 和 $P(t')$ 对于时间 t 和 t' 的所有值都对易。因此，根据量子力学的数学形式，对于一个自由粒子的连续两次的动量测量，将产生相同的测量结果。连续两次的动量测量结果之间的极好关联，能通过动量守恒并结合由动量算符 $P(t)$ 和 $P(t')$ 对易，因此对这些可观察量的测量不相互干扰这样的事实，以一种自然的方式得以解释。

如果不把测量结果的这种极好的关联还原为测量现象背后微观实在的某些特征，就不会完全解释它们。正因如此，如果我们想要对 EPR 实验中两个不同粒子的量子力学可观察量的一个相似的极好关联作出解释，我们就需要承诺被测物理量是粒子在测量前所拥有的客观性质。否则，必将会引入远距离测量之间的非定域影响，而这与狭义相对论不相容。

在德马尔凯看来，尽管哈密顿算符的值（相似于刚体理论的刚性概念）不扮演"物理实在的要素"的角色，但这并不意味它们不指称实在的一些方面，这些方面实际上可以通过对相应的可观察量进行测量而探测到。因此，一个粒子的量子力学的动量可能指称某一亚量子"动量"的观念，在某种程度上以相似于原子的固态理论的"刚性"观念和刚体理论的"刚性"观念之间的关系的方式，而与量子力学的观念发生联系。动量守恒能比喻为一个弹球的表面球形守恒——由原子的相对位置的近似保持造成。鉴于在标准条件下，这些特征精确地与我们的观察结果相对应，因此，由更为详细的理论给出的一个描述，可能会阐明在非标准条件下这些特征与我们的观察结果所产生的那些重要的偏差。

众所周知，爱因斯坦不情愿把完备性赋予量子力学并不是他偏爱经典力学的决定论，而是因为他相信我们的物理学理论必须告诉我们一些关于世界的独立于测量的客观存在。尽管这一理想可能不适用于所有物理学理论（如刚体理论），特别不适用于量子力学，然而按照玻尔的假定，量子力学至少可以告诉我们一些关于与一个测量仪器相互作用的情境实在的东西，赞同这一点并不显得过于牵强。当然这也不意味着不能尝试其他解释。

如"哥本哈根解释"就通常援引冯·诺依曼的投影假说，即通过假设一个动量测量把量子态投影到被测可观量的一个本征态，试图来解释连续的被测动量值之间严格的关联。然而，对大多数测量过程而言，冯·诺依曼的投影假说并不适用。而且，作为一种解释，投影假说与"动量守恒"相比较，似乎不是非常合乎情理的，因为"动量守恒"可能告诉了我们物体在没有与测量仪器相互作用时的某些性质（"物理实在的要素"）。与之形成对照，似乎明显的是，如果量子力学的可观察量只有一个情境意义，那么爱因斯坦式的客观实在的性质如果存在，必定是一个非量子力学的性质。

当然，可以对上面讨论的连续的量子力学测量结果的关联（包括 EPR 关联）不作出任何解释。根据德马尔凯的研究，这将适宜于量子力学的一种严格的经验主义观点，这种观点为范·弗拉森所持有。根据这种观点，一个物理学理论只是用来描述现象，而没有解释它们的任何必要性。然而，从采纳了冯·诺依曼的投影假说这一点来看，"哥本哈根解释"显然不持有这种严格的经验论观点。"哥本哈根解释"不戒除解释，相反似乎钟情于解释，以至于愿意接受一个像冯·诺依曼的投影假说所要求的那种可疑的过程，作为对在连续测量或联合测量中的关联做出解释的一种方式。在设计量子力学的一种新的"哥本哈根解释"过程中，同样应该保持物理学理论提供解释的要求。

当然，像刚体理论一样，量子力学不可能解释所有事情。特别说来，它不解释为什么当测量一个量子力学可观察量时会获得某一个测量结果。如果存在可以解释这一测量结果何以出现的理论，那么它一定是一个更为复杂的（亚量子）理论。同样，要想解释何以弹球的刚性源于球中原子间紧密的约束力，必须求助于亚刚体理论来描述。因此，如果量子力学不是"广义上完备的"，我们可以希望有朝一日找到亚量子理论。这里，可能通过允许不同层次的论述来阐明亚量子（隐参量）理论，而完全没有方法论上的苦恼。

5. 一种误入歧途的区分：本体论解释对认识论解释

经常用波函数或态矢来说明量子力学是否"完备"。爱因斯坦对此非常清楚，他认为应该把 Ψ 函数理解为一个系综的描述，而不是单个系统的描述。他认为我们不能产生一个比统计描述更精确的描述，因为我们对于一个粒子的位置和动量的精确值无知。根据"哥本哈根解释"，这样一个系综解释不适合于量子力学，因为与"在狭义上完备"的观念不一致，这种观念不允许同时精确定义一个物体的位置和动量值。根据"哥本哈根解释"，考虑到本质上的非决定论是"在狭义上完备"的结果，因此必须把波函数看做是对单个量子客体的一个基本的概率描述（与统计描述相对应）。哥本哈根的单个量子客体的解释和爱因斯坦的系综解释之间的差异，标志着他们对量子力学的测量结果的解释持有根本不同的态度。

有时，人们按照认识论解释和本体论解释的区分，来描述系综解释和单个量子客体解释之间的差异，并把它们与"关于我们的知识的描述"和"关于实在的描述"的区分相提并论。然而，根据德马尔凯的观点，这是一种潜在的误入歧途的区分，首先可能把一个认识论的解释怀疑为心理学的部分，而不是物理学的部分。应该强调，独立于其解释，一个物理学理论是我们知识的一个表征，因此总是认识论的，它总结了实在的某些部分的一定信息量。这对于波函数也保持为真，不依赖于是否把它看做是对单个量子客体还是对系综的描述。与一个本体论解释所宣布的相反，一个电子不是一个在空间中飞来飞去的波函数。电子属于物理实在，波函数出现在量子力学教科书中。为此，避免"认识论对本体论"的区分，而代之以"单个量子客体对系综"的区分，似乎更为可取。

总之，量子力学的新经验主义解释同样认为微观客体和测量仪器之间的相互作用对于我们认识微观客体起本质作用。所以，可以把这种经验主义解释看做是一个新的"哥本哈根解释"。在这个新的"哥本哈根解释"中，尽管有些观念并不一定完全正确，但是有些观念对于我们理解量子力学的特征不无启发。

首先，"相互排斥的测量安排"的观念保留为新经验主义解释的基石，并且放弃测量的经典描述的要求，标志着至少与玻尔版本的"哥本哈根解释"（这一解释鼓励可观察量的一个实在论的解释）有一个根本区分。

其次，尽管这一解释认真地对待经验主义的倾向，然而把人类观察者及其感觉意识排除在考虑之外。把何为一个"现象"的问题还原为是否一个"测量现象"（与一个量子力学可观察量的值相对应）是"微观客体的一个性质"或"测量仪器的一个性质"的问题。并且在新的"哥本哈根解释"中,一种选择促成另一种选择。

最后,运用相同的表示,不把量子力学的波函数或密度算符解释为是对一个微观客体(甚或这种物体的一个系综)的实在描述,而是作为一个制备过程的符号表征。对此,我们可以持保留态度。

然而,通过采纳这种新的"哥本哈根解释"——在这种解释中,数学形式指制备和测量过程,而不是微观客体的属性——可能解决萦绕于量子力学中的佯谬。特别说来,在玻尔-爱因斯坦之争中,两位大物理学家讨论EPR实验导致的非定域性问题,是玻尔没有遵守对于可观察量的经验主义解释的结果。也就是说,在新的经验主义解释中,玻尔对EPR提议的分析所强调的量子力学的情境意义得以巩固,但同时也通过在测量和制备之间作出区分而得以修正,在"哥本哈根解释"中大大忽略了这种区分。可以说,在新的经验主义解释中,玻尔的波函数的工具主义解释和爱因斯坦的实在论的系综解释一样,均表明是不合格的。

本章小结

20世纪量子力学的诞生是人类科学史上的一场重大革命。量子力学的诞生不仅带来了人类崭新的科技文明,引发了高新科技的迅猛发展,导致了今天我们用到的许多高新科技产品,如手机、计算机、激光器等的开发应用,而且带来了继牛顿力学、相对论之后一场思想观念的大变革,触及了对人类知识与物理实在之间的关系这个古老的哲学问题的新探讨。然而,这场思想观念变革并非源于量子力学本身的形式体系。量子力学的形式体系是非常精密完美的,没有什么可争议的。争议来自对量子力学的概念基础所作的解释。

上述量子理论的因果性之争、完备性之争,都是量子理论发展过程中影响深远的思想观念之争。这些思想观念之争的结果不仅深化了当事者对于量子理论概念基础的理解,而且也深化了后继者对于量子理论概念基础的理解,澄清了许多认识上的模糊。因此,在科学史上,这些争论占据着重要的历史地位。特别说来,这些争论的思想洞见有力地推进了量子测量理论的认识论发展。

第三章

量子测量理论的认识论发展

在量子力学的基本问题的讨论中,量子力学中的测量问题,即在量子测量中"量子如何向经典过渡"的问题,是备受关注的焦点。根据量子力学标准的坍缩形式,运动定律由两部分组成。其一是线性动力学:如果没有测量物理系统,物理系统则按照薛定谔方程以一种确定的、线性的方式演化;其二是非线性的坍缩动力学:如果测量了系统,系统立即非线性地、随机地从初始的叠加态跃迁到被测可观察量的一个本征态,这时系统的自然演化中断,实验者会感知到一个确定的观察值,即本征态相应的本征值。这样一来,就在薛定谔方程的普遍有效性、实验者知觉的可靠性和本征态-本征值关联之间,产生了一个被称作测量问题的逻辑矛盾。

如何解决这一逻辑矛盾?根据玻尔的观点,测量的经典仪器必不可少。因此,只要坚持量子-经典"分割",保持测量仪器在宏观经典一边,就可以避免量子测量的逻辑矛盾。另外,冯·诺依曼理想地假设测量仪器是只有一个自由度的量子指针,从而开了用一致量子力学对量子测量的动力学机制进行理论探索的先河,然而却导致了无限回归的仪器链。为了切断仪器链,冯·诺依曼最终求助于人的意识,结果导致了物理-心理平行主义的哲学困境。

出于不满"哥本哈根解释"的量子-经典二元分割,只关注测量现象而不问中间状态的缄默宣言,以及冯·诺依曼的物理-心理平行主义的哲学困境,从20世纪50年代起,物理学家开始了新的理论探索。这些理论探索从不同视角对量子力学的概念基础给予了说明。有的是对标准的量子力学形式体系作出的可供选择的阐释，如埃弗雷特的相关态解释；有的试图对联系量子力学的形式与实际的物理性质的规则加以修改，如模态解释；有的假设了新的物理机制，如吉拉尔迪-里米尼-韦伯（GRW）类型的物理坍缩理论；有的引入了额外的描述量子运动的主导方程，如德布罗意-玻姆的非定域的隐参量解释等。我们首先来阐述量子测量问题和时间之箭，然后来具体阐述量子测量理论的认识论发展及其新方向。

一、量子测量与时间之箭

根据薛定谔方程，时间反演是可逆的，量子力学描述的世界是可逆的。然而，量子力学的测量过程基本上是不可逆的。在冯·诺依曼的测量假说中，测量通常被一个称为"波函数坍缩"的不可逆过程描述，这导致与薛定谔方程和整个量子力学的可逆特征的一个明显矛盾。这个矛盾实际上是量子力学中测量问题的起源。如何解决这一矛盾，也关系到一些哲学观念的理解，特别是对古老的时间之箭的理解。

1. 测量假说和测量的不可逆

根据冯·诺依曼的测量假说：量子力学系统是用薛定谔方程表示的，薛定谔方程是时间可逆的或者说等熵的。如果把系统Ⅰ看做是由薛定谔方程表示的一个量子系统，把测量系统Ⅱ看做是由薛定谔方程表示的另一个量子系统，那么它们都满足量子力学的可逆或等熵特征。这种假设可以一直延续下去，所有的测量仪器都用可逆的薛定谔方程表示，包括最终的测量仪器都是等熵的。这就导致整个量子系统的相干性一直存在，难以消除。这也就是所谓的冯·诺依曼的无限回归的仪器链。但是，量子测量过程是不等熵的或说不可逆的，即量子测量必然会破坏系统原初的状态，使得系统原初具有相干性的量子纯态转变为没有相干性的混合态。

这一纯态向混合态的转变是如何发生的？冯·诺依曼经过严格的数学证明得出结论：要实现量子测量中"干涉项"的消失，必须有"抽象的自我"参与整个测量过程，做"最后的一瞥"。确切地说，冯·诺依曼经过严密的数学"证明"得出：当人不看月亮时，月亮的波函数永远不会坍缩，月亮将处于多个相干状态的叠加之中，而不是我们在经验世界中所看到的确定状态。只当人眼去看月亮时，月亮才处于一个确定的状态。这就使问题变得荒谬。为此，爱因斯坦曾问陪他散步回家的物理学家派斯（A. Pais）：难道"月亮当你不看时，真的不存在？"1935年薛定谔设计的猫佯谬同样是在质疑量子力学的正统解释对于物理实在描述的完备性。

冯·诺依曼是大数学家，他的数学推理是严密的，没有逻辑矛盾。佯谬的产生是建立在他推理的前提上。冯·诺依曼希望单纯地从量子力学"推导"出这一"测量假说"，而不引进任何其他的要求。然而，薛定谔方程作为描述微观粒子运动的基本方程，它的一个特点是具有时间反演变换下的不变性，从而是时间反演对称的，而在量子力学的测量过程中从纯态向混态的"跃迁"却是时间反演不可逆的，即量子测量过程本质上是一个熵增加的过程。

薛定谔方程满足时间反演"可逆性"，是一个熵守恒的过程，从原则上讲，就不可能"推导"出时间反演不可逆的结果，即不能从熵守恒的方程推导出熵增加的过程来，要想从薛定谔方程推导出量子测量过程的"波包坍缩"假说，或者说要想使薛定谔方程一致地描述量子测量过程，而不引入其他特设性假设，就必须对仪器的宏观或经典特征加以强调，而不可以单纯地由薛定谔方程得到。事实上，任何测量仪器既是一个量子系统又必须具有相应的宏观变量，如果仪器不具有这种双重特性，就无法用某种宏观变量来反映微观粒子系统的本征值。因此测量系统不可以单纯用薛定谔方程表示。

关于量子力学测量问题的争论，长期以来处于纯思辨的状态。然而，纯哲学的论争是很难说服人的，最好的解决办法是求助于科学实验。1996年巴黎的一个研究小组利用微腔量子电动力学实现的腔中辐射场相干态的叠加实验表明，量子测量的"干涉项"消失是一个与人类观察者是否在场不相干的动力学的退相干过程，纯粹由光子场与外部环境的不可避免的纠缠所致。即使是一个孤立系统也不可能把光子排除在外，因为自然界中始终存在着热辐射。这就有必要对"观察"和"测量"作出区分。观察通常离不开人，对一张图纸或一个仪表盘上的读数的观察需要"主观介入"，这种"主观介入"的目的是记录图样或读取记数。但是，测量可以在电脑控制下自动进行，也可以在没有人之前的自然状态下进行，自然界也许能够演化出类似测量仪器的装置，导致量子现象发生。

因此，测量可以是纯客观的，可以是系统与其环境不可避免的相互作用导致系统集体态自动退相干。诚然，自然状态下的测量或者说纯客观的测量信息并没有为人所利用，但是"波函数坍缩"同测量信息有无被人利用无关。因此，对于量子测量，我们可以去掉"当有测量参预时"这样的话，直接说，量子力学

第三章 量子测量理论的认识论发展

的测量即波函数的坍缩是自然界一直存在并发生着的事件，是很难消除的。

近年来量子退相干的理论和实验研究进展表明，在量子测量中，一致演化的薛定谔方程会导致测量结果的不连续性，表现为测量结果的不可逆特征，这其实是与物体的内部自由度相关的一个问题。由于造成被测物体的相干性消失也可以由一个微观自由度数目的测量装置提供，而在这种情形中发生的退相干是可逆的。因此，就量子测量过程中被测物体的退相干来说，不可逆性实际上不是必需的。

也就是说，对于量子测量过程中被测物体或系统的退相干来说，环境的宏观特征或者说测量装置的宏观特征不是必需的，唯有环境态（如$|E_1$和$|E_2$）的正交（$E_1|E_2=0$）才是必需的。如果在环境缺乏宏观性质的前提下就能实现环境态的正交，这对干涉的消失已足够。事实上，甚至在一个没有宏观自由度数的微观环境中，有时就可能提供这种正交性。在这种情形中，系统的退相干作为纠缠的一个结果而发生，在这种情形中发生的退相干是可逆的。

因此，如果退相干是系统与微观环境（如一个自由度的仪表）的纠缠所致，那么这个退相干实际上是可逆的。如果退相干是系统与一个宏观环境（如有庞大自由度的热库或仪表+热库）的纠缠所致，那么原则上可以考虑退相干是可逆的，但是，从实际的观点来看是不可逆的，因为宏观热库庞大的自由度数目是难以控制的，只要其中一对自由度正交就会使得系统的相干性消失在这个无规则运动的热库中。这种情形刚好与在经典力学中一个破碎的茶杯的情形相同：把茶杯所有碎片放在一起的运动。因此复原破碎的茶杯，理论上是可能的，但实际上这一运动是不可能实现的。这就从退相干的视角阐明了为什么我们看到的宏观世界是一个不可逆的世界，虽然量子力学与薛定谔方程是可逆的。

2. 时间之箭和时间旅行的可能性

退相干若是系统与宏观环境的纠缠所致，就是一种有时间指向的效应，如同伴随它一同出现的耗散效应一样，指向熵增加的方向，即从一个有序的纯态演化为一个无序的混合态。虽然可逆过程是数学上有意义的：我们总可以把在形式上时间反演变换不变的密度算符看做一个初态，让它遵循薛定谔方程。结果，这一初态经时间 t 演化到末态，在时间反演变换不变下具有相同的形式。然而，值得注意的是，作为原则问题，通常不可能制备这种时间反演密度算符。因为这将使得制备这种时间反演态的仪器太大以至于无法正常运转。这种不可能性可能使我们获得对于热力学第二定律的一种新理解。

根据普里高津（I. Prigogine）的耗散结构理论，热力学第二定律所传达出来的深刻的信息是：自然界存在时间箭头，时间对称性破缺、不可逆性是自然界的一种建设性因素。时间对称破缺意味着存在着一个熵垒，即存在不允许时间反演不变的态。如同相对论中光垒限制了信号的传播速度一样。无限大的熵垒保证了时间方向的单一性，保证了生命与自然的一致性，同时也使认识成为可能。

因此，在现在的情境中，最重要的是时间的逻辑方向必须与热力学的方向相一致。在热力学中，如果一个独一无二的投影描述初始状态，那么必须用几个投影来描述可能的终了状态。热力学的不可逆性来源于初态的一个有序制备，产生了无序的末态。量子测量的不可逆性同样来源于仪器或者说是环境自由度无序的宏观特征。然而，当我们说从量子力学测量的观点看，自然界本质上是不可逆的时候，马上在哲学上就遇到热寂说的问题。所谓热寂说，是指宇宙的能量是一个定值，若宇宙的熵趋于极大，宇宙将会变得失去活力，最终热死。

对热寂说的批判单从哲学的角度是难以解决问题的，一种批判是借助于膨胀的宇宙这个实验观察结果，认为只要膨胀就不会导致热寂。但是，有人认为，如果宇宙的能量（质量）是一个定值，膨胀的宇宙将会使能量密度变小，这和热寂说的结果大同小异。因此，需要解决热寂说的新思路。一种思考是既然在量子测量中熵是增加的，而熵增加的本质是测量造成的失去位相信息，失去关联，因此，是否存在一个逆过程可以增加关联，使混乱的位相同步，就显得至关重要。

关于黑洞的研究表明，黑洞中存在着熵减小的过程，即在黑洞中，时间之箭可能逆向，朝着熵减小的方向发展。如果黑洞中熵减小，就意味着宇宙中有的部分是朝有序方向发展的，这与我们赖以生存的自然界发生着许多熵增过程，即走向无序混乱过程形成鲜明对比。在人类赖以生存的自然界，我们看到时间之箭一去不复返，看到熵增加，看到万物的沧桑巨变，看到"宇宙"的灭亡。但是，黑洞中可能的熵减小过程所产生的有序最终会引起爆炸，导致宇宙有生、有死、又有生……宇宙的这种生生死死的变化表明，宇宙此时此刻就可能在某一局部发生着生与死的变化，但宇宙整体是充满着生机与活力的。

对于黑洞中存在熵减少的逆向时间箭头的说法，牛津大学数学家彭罗斯（R. Penrose）予以反驳。彭罗斯认为，即使在大坍缩的过程中，熵也是不断增加的，时间箭头依然不变。对于大爆炸和大坍缩，时空在奇点附近的几何结构是完全不同的。观测表明，大爆炸奇点是各向同性的、具有高序的低熵状态。但是在走向大坍缩的过程中，却会产生像黑洞那样的时空缺陷，在大坍缩中凝聚成质量巨大的杂乱无序的一团，它必然也具有相应的高熵。彭罗斯的看法虽然还只是一种有价值的猜想，但对于我们理解时间演化和时空几何的本质具有一定的启发。

时间之箭客观存在，而不仅仅是人的心灵感知，但这并不意味着时间是绝对不可逆的。在量子领域，不可逆性对退相干来说就不具有绝对性。时间旅行的确发生在微观尺度上，但是我们觉察不到。如果有人将费曼的历史求和思想应用于一个粒子上，他就必须包含粒子旅行得比光还快甚至向时间过去旅行的历史。因此，量子理论看来允许在微观尺度上的时间旅行。然而，这对于科学幻想，如你回到过去实现某一目标没有多大用处，因为时间旅行不是到处发生的。

根据霍金（Stephen Hawking）的"时序防卫猜测"：物理定理协同防止宏观物体的时间旅行。虽然历史求和允许时间圈环，但是其概率极为微小。因此，所谓的祖父佯谬：如果你回到过去在你父亲被怀胎之前将你祖父杀死，将会发生什么？只有你相信当你回到时间的过去时，你具有自由意志为所欲为，这才成为佯谬。基于霍金的对偶性论证，某人回到过去并杀死其祖父的概率趋近于无穷小。这也就是说，某个恶棍从未来回来并杀死其祖父的可能性极其微小。所以，量子粒子发生的可逆事件或时间旅行不会发生在宏观世界，时间之箭和我们的宏观感知一致，总体上是指向未来的。

早在1959年以前，加拿大科学哲学家马里奥·本格（Mario Bunge）就认为，我们需要寻求取代目的论机制的关于实在的自组织相互作用机制，这一机制有可能会自然地取消量子力学中破坏因果性的封闭时空圈环。本格指出，费曼的"未来"和"过去"的相互作用机制可能是这样的：在一系列相似事件中，如同类粒子在给定的散射器上的连续散射，结果是反作用于原因的，即结果不是由同一原因造成的（除非允许瞬时的超距作用）。

因此，如果一束电子撞击靶，在散射区域产生的场将反过来修正电子枪的场。所以，在初始跃迁阶段完成后，整个过程将表现为一个反馈系统，其中结果（散射电子）修正了初始条件，以这种方式形成了一个平稳系统。在这种情况下，不能简单地把变量 t 看成是对一个与个体事件过程紧密相连的时间定义：这正如在量子论中，时间 t 是 c 数，作为一个坐标，并不属于所涉及的量子系统，它不像空间坐标对应着一个希尔伯特空间中的厄米算符。本格认为，正是量子力学中没有澄清的能量-时间不确定关系及时间 t 是否存在算符的问题，引发了量子场论费曼图中带有目的论色彩的"过去"与"未来"的相互作用问题。

进一步分析量子力学中的时间箭头，本格说，受激态原子的自发辐射是一个不可逆过程，而且是热力学不可逆过程的微观机制。一般说来，量子测量的不可逆因素深深地卷入到了热力学中。但是，即使测量仪器没有不可逆的记录过程，在负测量结果中发生的量子纯态向混合态的转变，也是典型的微观不可逆过程。但是，多数学者又认为薛定谔方程是时间对称的，从而认为存在可逆性问题。

实际上，薛定谔方程只有在势能 U 是保守势时才可以写成定态形式，并满足关系式 $\psi^*(-t) = \psi(t)$，这时候量子过程的正向过程和时间反演过程的概率一样，从而过程对时间反演不变。只有在这个条件下，我们才可以认为薛定谔方程时间反演不变，是可逆的。但在一般情况下，如在一个处于非平衡态的孤立系统中，U 与粒子的动量有关；对于处于非定态的系统，如原子的自发辐射过程，就有 $\psi^*(-t) \neq \psi(t)$，这时正向过程与反演过程的概率不相等，过程是不可逆的，薛定谔方程就不能时间反演不变。薛定谔方程不能提供相互作用能 U 的具体形式，目前在量子力学中 U 的形式实际上是按经典力学方式确定的。

在有关量子引力是否可逆的争论中，霍金忽视引力势可能会影响量子过程的可逆性；彭罗斯在涉及这个问题时没有彻底澄清引力势对量子过程的影响最后是如何通向宏观不可逆性的。我们认为，魏尔曲率假设的本质就是引力势在过去和未来两个时间方向的不对称性。霍金以为 CPT 对称自然导致量子过程，特别是量子引力过程具有时间反演对称性，量子测量的不可逆性来自于热力学，黑洞和宇宙事件视界呈现出信息不完备性，就像玻恩所说的"不可逆性是把无知引入物理学基本定律的结果"；而实际上在不同的引力场中，特别是不同大小的黑洞附近，物质或辐射被吸收或发射的概率不相等。

但是，引力场中物质或辐射被吸收或发射的概率不相等，以及量子测量中 R 过程的不可逆性，并不像彭罗斯设想的那样要求微观物理定律破坏 CPT 对称，只要求某种非保守势（不论是引力势还是电磁势）导致量子过程在时间的两个方向的演化概率不同。非保守势导致的量子过程的演化概率不同，与非保守势在时间两端的稳定性分布不同有关。概率与信息不完备性有关，但是无论是概率的差异还是信息的不完备程度都有客观的原因；只有在与人的干预有关的过程中，主观性才作为一种条件差异，导致概率和信息的差异。

3. 量子测量不可逆性的经典根源

在量子测量问题上，哥本哈根学派坚持薛定谔方程并非普适的哲学立场，他们认为把量子力学应用到由大量原子组成的宏观集合体——实验仪器是无效的，量子测量中的"波包坍缩"是测量仪器介入量子体系导致干涉项消失的过程。哥本哈根解释求助于互补原理来论证量子测量必须求助于量子概念与经典概念的二元并存，经典概念的互斥又互补的使用尽管不会自相矛盾，但量子力学对于经典概念的逻辑依赖必然导致量子力学不可能是一个彻底更新经典概念的逻辑自主体系。

为此，有人认为，在哥本哈根解释的框架中，自我吹嘘的量子革命其实不能与相对论彻底更新牛顿力学的时空概念的物理学革命同日而语。彼得·阿特金斯就认为，哥本哈根学派的这种态度看起来好像是失败者的垂死挣扎，因为很难看出当系统中原子的数量不断增加时量子力学是如何混合或者截然转换为另一种理论的（阿特金斯，2007）。冯·诺依曼试图坚持"薛定谔方程的普适立场"，但对于量子测量过程的热力学统计力学机制缺乏分析，陷入了主观主义的陷阱。非定域隐变量理论采用量子势的牛顿力学类比来理解空间变量的厄米算符引发的量子非定域性，但把量子测量的热力学性质在概念上模糊化了。

埃弗雷特等提出的多世界解释把量子波函数表达出来的量子态的各种概率分布都看做是真实存在的物理状态，但是一旦测量发生并被察觉，宇宙就会被分裂成无数个平行宇宙。从本质上说，是测量仪器和观测者大脑的相互作用选择了我们接下来存在的宇宙的一个分支。每一个观测者都在分裂宇宙，由于大脑要跟随不同的路径，所以会有越来越多的不断增加的平行宇宙。退相干认为经典状态就是最坚决抵制退相干的那些内稳定的本征态。退相干在各种情况下都能被实验测量到，既然退相干实际上能起到波函数坍缩的效果，那么人们就失去了研究非幺正量子力学的动机，这就使得埃弗雷特的多世界解释日益流行。

如果波函数的时间演化是幺正的，那么就存在量子平行宇宙，物理学家都在非常努力地检验这个关键假设。目前还没有发现对幺正性的偏离。在理论方面，一个反对幺正性的重要争论涉及黑洞蒸发时可能的信息丢失，这意味着量子引力效应是非幺正的，从而使波函数坍缩。但是最近弦理论上的一个突破指出，量子引力也是幺正的，在数学上等价于一个低维的无引力量子场论。温伯格认为，多世界理论就像无线电，在我们的宇宙中我们已调到与宇宙相应的频率，但是有无限多个平行的宇宙与我们共存于同一个房间，尽管我们不能调到它们的频率。其他平行宇宙的频率已经退相干了，不再与我们宇宙的频率彼此同相，是不可观察的。玻尔的波函数"消失"在数学上等价于环境的干扰，环境干扰在量子测量中就是退相干。

退相干理论认为，普通的量子力学只适用于封闭系统，但是拥有无数自由度的外界环境不可避免地会通过噪声或者测量与系统耦合，从而在系统和外界环境间建立纠缠。如果我们探测外界环境的自由度，那么系统的相干性就会降低，或者说封闭系统的纯态会逐渐演变成混合态。在环境耦合强度已知的情况下，退相干理论可以有效地计算量子系统的耗散，但是这一理论显然没有解决量子测量问题。说退相干解决了测量问题，就相当于认为牛顿的万有引力定律解释了引力的来源。

在退相干理论中，测量仪器的本质特点是一个嵌入所在环境中的宏观量子装置。量子力学让人觉得奇怪的地方是微观与宏观之间的结合，因为我们测量的结果似乎表明量子力学完全是一种概率理论，并且与决定论相去甚远。然而，波函数完全按照薛定谔方程作决定论演化，决定论不起作用之处在于对测量结果的预言。退相干理论认为，薛定谔方程是普适的，但是测量过程必须考虑环境的参与所引起的细微影响，对于量子纯态中各种本征态的随机选择，这种选择在环境态正交的时候导致量子纯态向混合态的不可逆转化。

当波函数的某个本征态进入现实世界后，其他世界中的本征态矢量与之正交，变得不可观察，转化为现实的一种可能态，并导致其他可能态不可逆转地消逝，量子力学中的退相干机制对应于普里高津所说的开放热力学体系中从内在随机性向内在不可逆性的转变的耗散机制。退相干理论从不可逆过程的动力学考虑重新回到不可逆过程的热力学考虑，试图从不可逆过程的热力学源头上解决量子测量问题，微观体系有可能被明确赋予热力学特征。而在多世界解释中，这些在测量过程中因为退相干过程而无法实现的可能状态，被抽象地设定为存在于在不可观察与不可交流的其他宇宙中，以确保量子信息的永存来达到波函数的幺正演化。

其实，讨论量子测量的不可逆性问题，相对于讨论量子非定域性问题，有着一个更简单深刻的经典类比机制。这是因为时间 t 在量子力学中并不像空间坐标那样具有厄米算符，涉及时间是可逆还是不可逆的物理争论，其结果一定不会因为牛顿力学通过力学量的厄米算符转变为量子力学而改变，因为时间坐标无论在牛顿力学还是量子力学中，都保持连续可微的拓扑同胚变换。相反，当牛顿力学中的空间坐标转变为量子力学中位置变量的厄米算符时，量子非定域性就因为空间厄米算符的特殊性质，随着位置动量的不确定性涌现出来，不可能完全求助于经典机制来理解。

关于可逆与不可逆的经典区分，当然是在热力学中首次明朗化，而玻尔兹曼的分子运动论把可逆现象与不可逆现象转移到微观层次：在分子运动论中，速度分布的变化中由于自由运动而引起的那一部分与可逆部分相对应，由于碰撞而引起的那一部分则与不可逆部分相对应。玻尔兹曼对于 H 定理的证明所需要的分子混沌假设，本质上要求体系受到环境的作用，这些作用具有以下特征：宏观上表现为宏观平衡条件（对称性）和微观上表现为与体系的相互作用引起体系运动的随机性。没有环境的作用而仅有体系自身的相互碰撞并不必然使体系达到平衡态，如同彭加勒与洛希米特揭示的那样。退相干理论对于波包坍缩的理解其实也是求助于环境因素对于量子叠加态中的某一本征态的随机选择，而多数学者却把这种随机性当做了波函数的内在随机性。

退相干理论在量子力学层面再现了分子运动论的动力学可逆性与热力学不可逆性的经典冲突，那么这种冲突能否通过揭露动力学系统的可逆性是个假象来解决呢？即认为"动力学过程可逆"的根据是动力学方程的时间反演不变性，也即反演过程的存在性。但是，反演过程和逆过程是两个根本不同的概念，互为反演的过程不一定是互逆的过程。

首先，由于一般情况下反演过程和原过程分属于不同轨道的自发运动，由终态的反演态只能回到初态的反演态而不能回到初态，所以反演过程不构成原过程的逆过程。时间反演不变性并不意味着一个过程的逆过程的存在性，时间反演不变性的证明不能作为动力学体系可逆性的证明；普里高津也注意到引起 K 介子衰变的超弱相互作用是违反时间反演不变性的，但它并不导致第二定律，因为仍然能把它纳入哈密顿模式或幺正的动力学系统中去。

其次，时间反演相当于从一个运动状态转变到与它的所有运动方向矢量完全反向的运动状态，这就要求环境对体系施加一个精确的作用，并同时引起外部变化。因此，动力学上互为反演的两个过程不可能自发转化。

再次，动力学过程和其反演过程都是动力学确定过程，动力学自发过程并不一定是某些物理量的均匀化过程（即不一定是平衡过程），同样动力学反演过程也不意味着热力学反平衡过程。

所以，动力学反演过程和热力学的逆向过程具有不同的含义，动力学过程及其反演过程与热力学中的均匀化平衡过程及其非均匀化的逆平衡过程都没有必然联系。李政道在《对称与不对称》中就指出，与时间反演有关的微观可逆与类似热力学可逆过程的宏观可逆有着本质差别，微观可逆不可能保证宏观可逆，因为确保宏观可逆的微观信息在随机碰撞中耗散了。

热力学中所有平衡问题中被研究的系统都受到环境作用，它们的运动都是非自发的，于是热力学定律也只能看做是准平衡环境对一个体系施加约束作用时，从经验中总结归纳出来的过程演化定律，对于高度非平衡态的动力学体系及没有外部环境的整个宇宙是否适用，是需要进一步探讨的，所谓热力学过程的不可逆性并没有绝对普遍的意义。在广义相对论框架中探讨热力学问题，出现了在时轴非正交的体系中时钟速度同步性无法传递，最后导致黑体辐射谱的频率决定的热平衡温度无法传递，得到破缺热力学第零定律的困境。

要解决这种困境，目前看来有两种哲学立场：一是追随普利高津，把热力学定律看做是现实物理世界的基本规律，承认不可逆性在所有层次上都是真实的，动力学的可逆性只是一种尚未考虑初始条件的时间定向极化的理想化描述，从热力学出发把广义相对论的时空限制在"钟速同步"的参照系中，并结合量子引力的研究修改广义相对论；二是追随爱因斯坦，宣布"过去、现在和未来的差别只是我们顽固坚持的一种幻觉"（爱因斯坦后来似乎放弃这一想法），承认存在着热平衡不具有传递性的时空，通过发展热力学来突破现有热力学定律的框架，并最终修改基于普朗克黑体辐射的热平衡定律的量子力学。正如霍金的黑洞辐射原则上能够检验弯曲时空量子场论一样，我们也可以在时轴非正交的转动圆盘参照系上检验热平衡的可传递性，对普里高津与爱因斯坦的哲学立场进行实验检验。

总之，哥本哈根学派是通过互补性原理来包容量子测量中的可逆/不可逆矛盾，冯·诺依曼的测量假说与埃弗雷特的多世界解释都坚持"薛定谔方程的普适立场"，但是因为脱离量子测量过程的热力学机制分析，在本体论上陷入主观主义或可能状态实体化的困境。退相干理论是耗散结构理论在量子力学中的自然延伸，有助于结合统计力学中可逆性与不可逆性的经典转换机制的研究来解决量子测量问题。由于时间箭头问题在经典力学与量子力学中具有共同的统计力学根源，退相干理论也不能看成是彻底贯彻"薛定谔方程的普适立场"的测量理论，量子力学中的很多矛盾也许有待经典物理中的各种矛盾的巧妙解决。

二、量子测量理论的观念之演进

根据玻尔、海森伯、泡利（W. Pauli）、狄拉克（P. Dirac）等发展起来的量子力学的"哥本哈根解释"，量子力学所要回答的问题是：在某一实验中对于某一测量来说获得某一值的概率是多少。例如，在某一时刻从位置 a 释放一个粒子，在稍后的某时在位置 b 可以探测到这个粒子的一个概率。可以说，这是一个相当限制性的观点。对于没有作为实验部分给予测量的参量而言，诸如从 a 到 b 中间时刻的位置，我们只能对其保持沉默，因为离开了实验，离开了测量，我们不知道它们是什么。玻尔在"哥本哈根解释"中的一句名言是："量子力学不告诉我们世界是什么，而是告诉我们，我们能对世界说些什么。"这就使得量子力学似乎符合维特根斯坦（Ludwig Wittgenstein）在《逻辑哲学》的结尾所表述的警句："对于我们不能说的，我们必须保持沉默。"

也就是说，量子力学的"哥本哈根解释"对测量不易达到的看似真实的物理过程，如很久以前或在很远处发生的事件，采取的姿态是保持沉默。根据"哥本哈根解释"，最终是测量行为迫使一个系统呈现为它的若干个可能态之一，这样一来就中断了系统的自然演化。这种多少有些简单化的说法引起了诸多理解上的误解。特别说来，一次测量究竟是什么，是观察者人眼"最后的一瞥"，还是盖革计数器"咔哒"的一声，抑或是其他什么机制促使一个多重、不确定的量子叠加态转化为一个单一、确定的经典态？围绕这个"量子如何向经典"过渡的问题，进行了持久的论说，直到今天仍然是一个持续讨论的主题。

1. 从玻尔对测量问题的消解谈起

根据玻尔的研究，测量问题的产生源于人们用被测物体和测量仪器组成的复合物体的态的一个幺正变换来描述测量过程。用这种方式处理测量过程，实际上是通过把仪器看做一个更大的物体的一个组成部分，而取消了被测物体和测量仪器之间的差别。但是，把仪器看做一个更大的物体的组成部分，就排除了我们把被测物体和仪器之间的相互作用看做一个测量过程。因此，我们不应该把仪器看做一个更大物体的一个组成部分，这样就不会有测量问题产生。但是，即便我们只关注被测物体，测量过程也不能完全用量子力学的术语来描述。对于被测物体的态的演化，我们可以通过描述与被测物体的能量相联系的哈密顿算符的一个微扰来单独处理，但是这样我们必须有关于微扰的知识，但是，我们实际上不可能有关于微扰的知识。因此，毫不奇怪，测量过程不能用幺正变换来适当地描述。如果我们把仪器看做一个物体，并用量子力学描述物体——仪器之间的相互作用，那么测量是不可能的。

玻尔坚持成功测量的一个条件是：在被测物体和测量仪器之间的相互作用不可观察，并且不用量子力学的术语描述。这点已为量子理论的形式所证实：如果测量相互作用由描述联合系统的态矢的一个幺正变换描述，那么在变换后通常既不能单独赋予被测物体一个确定的态矢，也不能单独赋予测量仪器一个确定的态矢，因为描述联合系统的态矢通常不能分解为两个截然不同的、分别属于被测物体的态矢和测量仪器的态矢。根据量子力学，一旦它们相互作用，被测物体和仪器就形成一个不可分离的整体。因此，玻尔的理论通过禁止在处理测量过程时会导致问题的处理方式的抬头，而从根部切断了测量问题的产生。由于这一原因，玻尔在他的著作中从未对测量过程给出一个正式的说明。可以说，测量问题的玻尔式的解决方案无疑睿智得简单，但是这样做的结果却在量子-经典"分而自治"的解决方案的内部产生了一个尖锐的困惑：为何当用经典物理学的术语描述时（如当我们仅仅看它时），一个宏观仪器的指针可以显示一个确定的位置，而当我们把它看做一个量子力学的物体时，却没有确定的位置。如果玻尔的理论是成功的，就要求对这个困惑给出一个令人满意的解答。

解决这个困惑之关键在于玻尔的论题：观察者用来看或听的最终的测量仪器必须是一个用日常物理术语描述的相当大而重的宏观物体。这样，玻尔的测量理论就逃脱了困扰冯·诺依曼的测量理论的问题：玻尔的理论不需要投影假说，玻尔也从未提到投影假说。而且，玻尔强调测量总的说来是非理想的，而不是如冯·诺依曼所设想的理想测量：仪器是只有一个微观自由度的量子指针，从而招致无限回归的仪器链。在玻尔看来，实施一个测量的一个必要条件是：仪器应该相当大而且重，否则，没有可观察的结果。但是，仪器相当大而且重的必要条件不单是确保一个确定的结果是可观察的必要条件，仪器相当大而且重也确保了实际上可以忽略包含在叠加态中的"干涉"项，因为一个足够大而且重的物体的叠加态实际上与一个混合态不可区分，因而没有可观察的效应。

玻尔的测量理论对于仪器的宏观特征的强调无疑是深刻的，但是，玻尔的这种让量子和经典"分而自治"，使得宏观物体和测量仪器保持在经典的一面，并"通过颁布法令"让量子叠加原则在经典领域中暂停使用的做法，在似乎去掉了量子测量中遇到的"波包坍缩"困难的同时，也立即产生了许多进一步的问题：一个物体足够大到何种程度才是经典的而不是量子的？在量子领域和经典领域的过渡区，由物理学中的哪种定律——量子的还是经典的来描述这种过渡？人们能期望建立在两种不同类型的规律上的一种物理形式会逻辑一致吗？

2. 隐参量理论：挑战量子力学解释的完备性

1952年玻姆（M. Bohm）提出隐参量理论。隐参量理论是作为不满量子力学的"哥本哈根解释"对于物理实在的描述而提出的一种替代方案。其宗旨是在量子力学的描述中引入了新的参量，以使量子概率的一个认识论解释合法化。根据隐参量理论，在量子测量中，概率问题是作为我们对于额外参量无知的结果产生的，就像在经典的统计力学中一样。为了消除量子测量中存在的随机性，把确定的性质赋予物理系统，除了波函数外，必须考虑引入进一步的参量，即"隐参量"，否则理论对于系统的态的详细描述是不充分的，因而也就是不完备的。这

第三章 量子测量理论的认识论发展

些假定的"隐参量"与一个物理系统的性质相关，它们不由态矢规定，提供了实在的真实的描述，可以使量子概率的一个认识论解释合法化。

具体而言，在玻姆最初在 1952 年提出的隐参量理论——玻姆力学（Bohm, 1952）和 1989 年与海利（Hiley）共同发展的隐参量理论（Bohm and Hiley, 1989）中，新的参量是粒子的位置。基本的规则如下：①在一个初始时刻，一个物理系统的态由波函数和系统所有粒子的位置给出。②波函数按照薛定谔方程演化，波函数作为一个"引导场"不代表概率幅，而是一个"真实的"、"客观的"场，就像麦克斯韦的经典场一样；粒子的位置由时间对位置求导的运动方程给出，它反映了波函数在位形空间中的演化。③描述系统态演化的薛定谔方程能用给定的初始条件求解。一旦求得这一方程的解，就能用它来对描述位置隐参量的运动方程求解。

除了上述规则外，玻姆力学还有两个基本特征：①这一理论总是赋予所有的粒子在空间中一个确定的位置。特别是，宏观物体有确定的性质，它们位于我们所见的位置。这是玻姆力学如何解决量子力学的测量问题的基本方案。②考虑一个由相同波函数 $\Psi(q_1, q_2, \cdots, q_n; t)$ 描述的物理系统组成的系综，每个系统包含 n 个粒子，其位置分别为 $x_1, x_2, \cdots, x_n$。再假设在一个给定的初始时间 t_0，这一系综中粒子的位置的概率分布为：$\rho(x_1, x_2, \cdots, x_n; t_0) = |\Psi(x_1, x_2, \cdots, x_n; t_0)|^2$。那么在后来任何给定的时刻 t，这个系综中系统的粒子的轨道也遵循这一概率分布：$\rho(x_1, x_2, \cdots, x_n; t) = |\Psi(x_1, x_2, \cdots, x_n; t)|^2$。这意味着，就宇宙的所有粒子的位置而言，这一隐参量理论与标准的量子力学具有同等的预言力。

然而，人们不得不注意玻姆力学的一个特殊方面，即它的情境性，这其实是所有隐参量理论所共有的。许多一般性的证据已表明，正是量子形式体系的代数结构暗示，一个系统态的任何完备的详细描述，通常只在一个特定情境下，才能对系统性质的大多数命题赋予一个确定的真值。这意味着在这一框架中，对于大多数可观察量而言，仅仅给出对单个物理系统的态的最完备的详细描述，不足以确定一个测量过程的结果，这样一个结果依赖于全部的实际情形。例如，在玻姆力学中，当测量一个有精确的波函数和一个精确的位置的系统的动量时，可能会给出与它的波函数相容的一个或另一个结果，这依赖于进行这一测量所选择的特定仪器。

初看起来，可能会认为这种情形是令人困惑的，实际上这给出了适合于这一理论的本体论的极其重要的暗示。这种摆脱测量困境的办法源于采取了这样的态度：这一理论的唯一物理实体是非情境实体。在玻姆力学中，粒子的位置扮演着一个有特权的角色：它们是这一理论唯一非情境的、客观的、真实的参量，即粒子的位置属性是唯一真实的属性。那么如何看待其他可观察量？这就成了问题，难道它们都是情境的，因而是不真实的？根据道末尔（Daumer）等的观点，"仅仅是情境的性质无论如何不是性质，不存在这样的性质，在最强的意义上，这样做是可能失败的"（Daumer et al.，1997）。

在鲍希（A. Bassi）和吉拉尔迪（G. C. Ghirardi）看来，隐参量理论的一个弱点是：人们能展示不同于玻姆力学的无穷多个不等价的隐参量理论，这些理论的隐参量是宇宙中粒子的位置。这些隐参量理论相互之间极好地相符合，在它们之间仅有的不同是它们赋予粒子的轨道不同。当然，这不是玻姆力学的一个数学缺陷。但是，这一弱点无疑在这一理论的基本本体论立场上：粒子总有确定的位置，并遵循精确的轨道，投下了某种阴影。如果许多不等价的类玻姆理论给粒子赋予不同的轨道是可能的，那么哪一个轨道是正确的？有从它们之中选择唯一的一个正确轨道的标准吗（Bassi and Ghirardi，2003）？

如此看来，以玻姆力学为代表的隐参量理论，在对测量问题的解决上存在困难。但是，不顾这一困难，玻姆力学无疑是解决量子力学的测量问题的少数几个有希望的、逻辑一致的理论之一。事实上，隐参量理论的最大挑战是需要阐明它的一种相对不变的版本。这一版本现在仍然处于发展之中。事实上，现在人们已把玻姆的力学解释，包括1993年玻姆和海利在"量子势"思想的基础上建立的量子力学的非定域理论，看做是量子力学的"模态解释"的一支。

3. 模态解释：区分理论态和物理态，拒绝"坍缩假设"

"模态解释"的名称最早源于范·弗拉森1972年的工作。范·弗拉森为了解释量子力学，用模态逻辑的语义分析代替量子逻辑的分析。结果，人们就把这一解释称为"量子逻辑的模态解释"。从此以后，"模态解释"一词获得了更为普遍的意义，并且失去了与模态逻辑的嫡亲关系。特别是在20世纪80年代以来，由科亨（Kochen，1985）、克瑞普（Krips，1987）、迪科（Dieks，1988）、黑利（Healey，1989）和巴布（Bub，1992）发展的量子力学的新解释，以及包括玻姆与海利的量子势的非定域理论都被称为"模态解释"。

模态解释有以下特征。

第一，模态解释与量子力学的标准形式保持有密切的关系。它们都接受一个系统的量子力学描述，在一个希尔伯特空间之上被定义。

第二，在模态解释中，系统态只按照薛定谔方程演化，坍缩假说被抛弃为不必要的形而上学假说。

第三，模态解释把量子力学看做是描述自然的一个普遍的理论。量子力学因此不仅适用于基本粒子，而且也适用于像测量仪器、行星、猫和大象这样的宏观系统。

第四，模态解释总是给出把性质归因于系统的规则。这个性质归因取决于系统的态和应用，而不管是否进行测量。系统的态因此是根据系统所拥有的性质，而不仅仅根据测量的结果而具有一个意义。

第五，这些把性质归因于系统的规则是随机的。因此，一个系统不仅仅被归因于一组性质（就像本征值-本征态关联的情形），而是被归因于相应概率的许多组性质。每一组包含可能为系统所拥有的性质，并且相应的概率给出为系统实际拥有这些性质的概率。

第六，模态解释把归因于系统的性质的概率，只看做是代表关于一个系统的实际性质的无知，而不是关于这个系统的实际态的无知，即模态解释的一个共同特征是：排除态的无知这样的规则。这一特征是模态解释区别于量子力学的其他解释的通常特征。在量子力学的哥本哈根解释中，玻恩概率不仅代表对系统的实际性质的无知，也代表对系统的实际态的无知。

以上特征其实告诉我们，模态解释为了解决测量问题，在理论态和物理态之间作出了区分。物理态特指一个系统所有正在发生和尚未发生的事件，或特指一个系统的可观察量的值；理论态由量子力学确定，用来计算可能物理态的概率分布。也可以说，理论态特指对现在正在发生的事件和未来将要发生的事件产生概率预测的态。然而，理论态单独不提供正在发生事件如何随时间演化的一个动力学图像。通过作出这一区分，模态解释保持概率悬而未决：虽然理论态不可能对一个概率为 1 的给定事件 P 赋值，理论态仅仅提供对可能物理态的一个概率测量，但是，物理态规定了事件 P 的发生。模态解释似乎想用这一区分来否定"坍缩假说"，声称坍缩只发生在一个人从讨论理论态（保留没有坍缩）改变为讨论物理态（一直存在坍缩）之时。理论态自身在整个测量进程中始终没有发生坍缩。

由于模态解释的大多数鼓吹者竭力废除坍缩假说，他们普遍认为"模态解释"是一个没有"坍缩"的量子力学理论，它强调量子力学描述自然的普适性，因而系统的态，不论是基本粒子的还是宏观测量仪器的，都按照薛定谔方程演化；测量作为一种模态演化。理论态的演化与测量无关，永远遵循薛定谔方程，而且符合模态逻辑规则。这样一来，模态解释就消解了冯·诺伊曼的解释规则和坍缩假说，对量子测量作出了逻辑一致性的解释。所谓在这个解释中，一个物理性质的出现不与依靠叠加的一个理论描述相冲突。……测量后的情形通常由一个叠加描述……因此不需要投影假说，或波函数坍缩。因此，我们现在假定数学态（即理论态）一直是一致演化的（时间可逆），与薛定谔方程一致（Dieks，1994）。同样，范·弗拉森也写道："在这个方案（范·弗拉森的模态解释）中，我们能说，IN 和 OUT 是可观察量的初值和终值（物理态），而 W 和 W' 是动力学态（理论态）。W 演化为 W' 是决定论的，与薛定谔方程一致……没有非因果的跃迁或坍缩。"（van Fraassen，1991）

因此，有人可能会猜测，模态解释有极好的方式来避免坍缩假说。通过否定理论态与物理态相同，模态解释不需要面对解释一个非连续的坍缩过程可能是一个物理过程的问题。然而，实际的情形是，不同版本的模态解释也还存在着观点上的对立和各自需要完善的地方。根据克里夫顿（Rob Clifton）的观点，巴布（1996）的模态理论可以理解为是对玻姆理论（1952）的一个拓展和推广，而范·弗拉森（van Fraassen，1991）、科亨（Kochen，1985）、黑利（Healey，1989）和狄克（Dieks，1994）的解释则是与玻姆和巴布的理论相对立的竞争纲领。这两种线路的模态解释都有需要弥补的地方，但相比之下，克里夫顿更偏爱沿着玻姆和巴布的拒绝本征态—本征值关联的线路发展的一致演化方案，而认为范·夫拉森等四人的密度算符的解释并不能实现这一点，因而应该作出修正（Clifton，1996）。

同样，迪克森（W. Michael Dickson）也认为，模态解释的两种策略都希望避免坍缩假说，玻姆式的策略假设理论描述一个真实的物理量，虽然这一策略保留有未回答的难题，但是这一策略在这些问题上取得的最新进展，使人有理由猜想沿着这一线路可能会获得丰硕的成果。而范·弗拉森等的第二种策略的模态解释应该在理论态层面上采纳坍缩假说。因为"如果一个人把由理论态产生的概率解释为客观的或然性或相对频率，那么为了使理论态产生正确的概率，要求理论态在测量后坍缩"（Dickson，1995）。但是究竟如何在理论态层面上采纳坍缩假说，他也并没有给出清楚的说明。如此看来，模态解释对于量子测量问题的解决也悬而未决。

4. 多世界解释：预设实在的多重性

1957 年，休·埃弗雷特（Hugh Everett）同样出于对量子力学的"哥本哈根解释"中关于测量讨论的不满，提出了一种没有"坍缩"、只有"分裂"的量子力学"相对态解释",即后来的"多世界解释"。在埃弗雷特看来,"多世界解释"完全包含了"哥本哈根解释"及其实际含义,给我们提供了一种客观的描述,在这一客观的框架中,许多疑问(如经典现象、测量过程本身、观察者之间的内在联系、可逆与不可逆问题等)都可以逻辑一致地被详细调查。因此,放弃量子力学的"哥本哈根解释",运用宇宙劈裂的观点,就能切断冯·诺依曼的无限回归链,解决量子测量中令人困惑的"波包坍缩"及"主观介入"的问题。

"多世界解释"的基本要义为:不存在一个分离的经典世界,观察者和被测系统一致受量子力学的规律支配,宇宙的所有尺度都由量子力学描述。整个宇宙状态由一个极其复杂的波函数决定,宇宙波函数从不坍缩,永远按照薛定谔方程以确定性的方式演化下去。它作为一个整体,实在性是严格的决定论。宇宙中任意两个量子亚系统之间每发生的一次适当的相互作用,宇宙波函数就分裂一次,就如同测量一次给出一个确定的结果一样。这样,宇宙就连续分裂成大量相互不可观察但却同等真实的世界,它们各自独立存在,就如同我们的世界一样。分支波函数描述每个宇宙,所有宇宙在宇宙态矢的决定论演化中得以实现。而宇宙每分裂一次都使它的居民也分裂成自身的两个拷贝,处于两个平行的宇宙分支之中。结果,就产生了无数个"自我",而这些"自我"只能察觉到他们自己所在的宇宙(Everett,1957)。

由于"多世界解释"重申量子理论是寻求它自己解释的关键,拒绝在量子和经典之间划出一条边界,通过说微观的叠加没有因测量的作用而发生坍缩,却很快地放大成极为复杂的宏观叠加,这些叠加态在处于叠加态的观测者看来似乎是一些备选的平行世界。这样,"多世界解释"就取消了量子测量中从"量子态向经典态过渡"的必要,即通过说在一个所有"分支"的叠加中,所有要素都是"真实的",没有任何一个比其余的更"真实";也没有必要去猜测所有其他要素如何被破坏,因为处在一个叠加态中的所有不同要素各自服从波动方程,完全不管其他要素出现与否("真实"与否),这也意味着没有观察者曾意识到任何"分裂"过程。从而,"多世界解释"在不损伤量子力学的前提下,提供了一种解决实在性问题的方案。

但是,"多世界解释"把波函数的坍缩过程归为观察者态的一个分支过程,是对测量问题的一种回避,并没有给出实质性的回答。换言之,虽然"多世界解释"没有遭受"哥本哈根解释"的二元论性质的折磨,但是"多世界解释"和"哥本哈根解释"一样,是揭示而不是解释了内在于量子形式中的问题。如果真的要分裂世界,"多世界解释"必须解决何时发生一次测量,何时量子态呈现某种形式。实际上,"多世界解释"强调无限分裂的世界和自我,以及分支之间的不可知,不仅使其带有浓郁的神秘主义色彩,而且违反了美学的简约性和思维经济原则。因此,欧内斯(Roland Omnés)认为"多世界解释"虽然有其特殊的重要性,给出了实在性的一个描述,使得问题的实质变得清楚,但是"多世界解释"不是科学,因为没有实验能证实它是错的;它也不是理论真理,因为没有能证明它是真理的证据;它也不是胡说,因为没有人能证明它不一致。这意味着,尽管许多人对实在性问题表现出浓厚的兴趣,但是它可能不属于物理学而是属于我们关于物理学的思维方式,毕竟那是一种哲学方式。"多世界解释"试图解释的问题不是物理问题(Omnés,1994)。

对于批评,"多世界解释"的支持者大卫·多奇(David Deutsch),在1996年的一篇文章中说,相信不同的宇宙实际上以我们看到的唯一宇宙的存在方式存在,这不是一个解释的问题,而是量子理论的一个逻辑结果(Deutsch,1996)。可见,如何看待"多世界解释"对于测量问题的形上解决,仍然值得探讨。为此,20世纪80年代在"多世界解释"基础之上又发展出一种"多心解释"。

5. 多心解释:承认心智是物理系统的形上解释

在20世纪80年代中期,在"多世界解释"基础上又发展出了一种量子力学的"多心解释"。特别是洛克伍德(Michael Lockwood)对"多心解释"的量子力学基础进行了深入探讨(Lockwood,1996),不仅给我们提供了一个最新的形而上学研究,讨论了量子理论的一些基本的哲学概念,如实在,自我和因果性的推论,而且使得这种也强调意识和精神的多重"分裂",以及对于我们看到什么起着决定作用的形而上学解释,引起了广泛的讨论。

根据洛克伍德的多心解释,首先,我们的心智是我们的大脑(或至少是我们的身体)的一个亚系统,也就是说,在我们的大脑的大量自由度数目的子集中,有一些是基本的,而不仅仅是随机地包含在我们有意识的智力中。他称这一点使他承诺了心智的唯物主义的观点。其次,他声称存在一组相互正交的纯态组成我们的心智的一个基,我们可以把这个基叫做意识基。这些基态的每一个是这样的:如果我们的心智在 t 时处于某个态,那么我们在 t 时拥有的最大限度的感受将是主观同一的。而且,对于每一个我们的心智能够产生的最大限度的感受来说,有一个属于我们的心智的意识基相关态。用这种方式,两种最大限制的感受分别对应于两个不同的基态,洛克伍德认为这两种感受本身是截然不同的,即使它们碰巧是主观同一的。因此,在他的用法中,对于最大限度的感受来说,主观的不同包含简单的不同，而不是为简单的不同所包含（Lockwood，1996）。

对于洛克伍德的多心解释，巴特费尔德（Jeremy Butterfield）的评价是它非常激进，因为这一解释允许未被观察的宏观世界处于很不确定的状态，即使是在一个分支中。也就是说，根据这一解释，没有理由认为由 N 个意识态定义的剩余宇宙的相对态会是任何常量的一个本征态，如没有理由认为未被观察的岩石有一个确定的位置，即使是在一个分支中（Butterfield，1996）。然而，大卫·多奇认为，洛克伍德是少数敢于公然违反传统哲学智慧的哲学家之一，这种传统的哲学智慧阻碍我们取得重要的理论进展和我们对于它们的正确理解。表面看来，洛克伍德故意避免使用"多世界"或"平行宇宙"的术语，代之以"多心"，冒险给人以印象："除了心是多重的，其他实在都不是多重的"，实际上，洛克伍德的形而上学的实质是：心智是物理系统，心智在物理学的普适定律中没有优越地位（Deutsch，1996）。

可以说，"多心解释"企图提供一个一致的量子力学解释，但是由于存在着许多版本，其内部观点并不完全一致。一方面，强调心智完全附随于物理态的洛克伍德认为，"多心解释"的两个版本："连续心观点（continuing minds view）"和"瞬时心观点（instantaneous minds view）"在"经验上等价"，因此没有经验理由选择前者而舍弃后者。另一方面，多心解释的随机版本的代表人物阿尔伯特（Albert）和勒韦尔（B. Loewer）则强调心智不附随于物理态。他们主张，如果接受"多心解释"，"连续心观点"要优于"瞬时心观点"。

其理由如下。"连续心观点"满足以下三点：①一个系统的量子态是它的完备物理态；②量子态的演化遵循薛定谔方程；③量子力学的概率被理解为观察者的心智演化到占据各种精神态的动力学的可能性，因此提供了量子理论的一个一致解释，而"瞬时心观点"虽然也是量子理论的一个一致解释，但由于只满足①和②，否定有短暂持续的心存在，因而并没有给出一个令人满意的量子力学的概率解释，因而不是足够的。然而，他们也承认，"瞬时心观点"的形而上学的承诺要比"连续心观点"的问题更少，"连续心观点"确实还存在着一些不安稳的、古怪的特征（Loewer，1996）。因此，如何认识心智在量子测量中的作用和如何解决量子测量中的概率问题，仍然是量子力学的多心解释需要面对的一个问题。

6. D-L-P 量子各态历经理论：强调仪器的宏观特征

为了解决测量难题，避免冯·诺依曼的坍缩假设导致的物理-心理平行主义的哲学困境，1962年意大利三位物理学家丹尼耳（A. Daneri）、朗格（A. Loinger）和珀罗斯拜里（G. Prosperi），吸收了1958年澳大利亚物理学家格林（H. S. Green）提出的量子探测体系是宏观的、热力学的、亚稳体系的思想，试图从量子各态历经的角度给出量子测量问题的一个解答，此即D-L-P理论。

根据D-L-P理论，冯·诺依曼的测量理论建立在一个彻底的主观主义哲学基础之上。从一个客观的观点来看，量子力学的目的是将描述微观客体的行为，这种描述只通过微观客体与宏观世界的关系而实现。因此，为了明显一致的原因，建构一个大体系的量子理论是必需的，这一理论可以解释仪器的宏观属性的客观性质和微观客体导致的测量仪器的宏观属性的改变，即一个满意的测量过程理论必须先从一个大体系的宏观属性的特征开始。这些属性必须有一个客观特征，即必须在它们的关系中没有干涉项出现。由于所考虑系统的复杂性，这些系统一定在本质上缺乏干涉项。考虑到在测量过程中仪器的能量比微观客体的能量大得多，微观客体在测量过程中应该遭受最小可能的微扰。因此，仪器必须是热力学亚稳态中一个宏观系统，以致一个非常微小的扰动就能使它依靠微观客体的态，朝着一个热力学稳态转化。因此很清楚，测量过程与一个趋向它的热力学平衡态的大体系的进化问题密切相关，因此，与各态历经问题密切相关（Daneri et al., 1962）。

也就是说，D-L-P量子各态历经理论表明，对于测量仪器这个宏观系统而言，宏观态能在正常的量子理论的框架内以某种方式定义。恰如在经典统计力学中一样，这些宏观态与系统的"量子微观态"的概率分布相关。这样，仪器的终了叠加态变换为一个与混合态不可区分的态，而且，这种变换被归为一个真实的物理过程，一个各态历经过程只发生在仪器与物体相互作用停止以后。在此，"坍缩假说"就成为不必要，因为变换不是一个瞬时的、不连续的过程。相反，测量相互作用触发一个放大的过程，这导致在仪器中一个亚稳态向平衡态的演化。在这个平衡态中，叠加态的耦合效应之间的相位关联实际上消失了。这个结果只在仪器是一个足够大的宏观物体的条件下才能获得。考虑到这一条件，对于仪器来说，即使不假定热力学的亚稳态，也能获得这个结果。这个源自各态历经过程的态，实际上与一个混合态不可区分，尽管严格地讲，它仍然是一个叠加态。

可见，D-L-P理论对于仪器的宏观特征的强调，使得玻尔对于测量仪器的宏观特征的强调的重要性变得更为清晰：如果仪器是一个大而重的宏观物体，就能忽略对于它的量子力学的特征的描述，而用经典术语来描述。当然，严格地讲，在仪器的态矢中包含的"干涉项"从不完全消失，测量并不产生一个绝对确定的结果。但是，如果测量将产生一个类确定的、"单值的"结果，那么在仪器的终态中的任何不确定性实际上一定不可探测。D-L-P 理论通过详细地阐释为什么测量结果会出现确定值，而根据量子力学的观点事实上并非如此，在一定程度上支持了玻尔的测量理论。或者说，D-L-P 理论通过解释为什么测量仪器的宏观特征和经典的可描述的特征确保了测量过程的结果的可观察性和确定性，而在一定程度上支持了玻尔的测量理论。

基于此，D-L-P 理论曾经获得了哥本哈根学派的重要成员罗森菲尔德（L. Rosenfeld）的强有力支持。1965 年罗森菲尔德在的《量子力学中的测量过程》一文中声称："D-L-P 理论与玻尔的观点完全一致。"并说，由于 D-L-P "对测量过程所作的非常彻底而优美的讨论，（这些）意大利物理学家已决定性地建立起（量子力学）算法规则的完全的逻辑一致性，不留下任何漏洞使人陷入过头的玄想"。"现在，毫无悬念的是，原子系统的初态坍缩与这个系统和测量装置之间的相互作用毫无关系。"（Rosenfeld，1965）不过，在他后来的文章中，罗森菲尔德表现出对于普利高津建立在宏观物理系统的一个量子统计理论基础之上，而不是建立在各态历经理论基础之上的理论的偏爱（Rosenfeld，1979）。

对于 D-L-P 理论，巴布、维格纳等持批评态度。根据巴布的观点，D-L-P 测量理论是在理解冯·诺依曼的测量理论的意义上提出的测量问题的一个解决方案。如果 D-L-P 测量理论是可接受的，那么就说明冯·诺依曼的基本方法是正确的，量子理论也可以立足——所有已被冯·诺依曼确切地阐述的量子理论中的明显疑惑都可以解决。但是，D-L-P 理论还不足以作为量子理论的测量问题的一个解决方案，它没有精巧的辅助条件或详尽的说明可以解决量子测量问题。在巴布看来，根据 D-L-P 的宏观系统的量子各态历经理论，人们能够在第一个宏观仪器处切断冯·诺依曼链的无限回归，因为宏观仪器纯粹遵循量子理论来行动，这个系统的宏观量子态是"客观的"。但是说一个宏观仪器（系统Ⅱ）的宏观态是"客观的"，只在下面的意义上才成立，即可表达为与不同宏观态相对应的矢量的线性组合的微观态不可能是混合系统Ⅱ+Ⅲ的物理态。其中，系统Ⅲ是一种特殊的宏观仪器，能够测量相应系统Ⅱ的宏观态的宏观可观测量。以此类推，声称系统Ⅲ是一个有特殊结构和功能的宏观仪器（即与系统Ⅲ相关的某一组宏观态集）意味着，可表达为相应不同宏观态的矢量的线性组合的微观态不可能是复合系统Ⅲ+Ⅳ的物理态，其中系统Ⅳ是一种特殊的宏观仪器，能测量与系统Ⅲ的宏观态相对应的宏观可观察量，等等。这又是一个冯·诺依曼的无限回归。因此，巴布指出，不在量子理论中增加一些新的原则，不可能定义相似于经典的宏观态那样的"客观的"宏观态。这就是量子理论的测量问题。不过，巴布接受 D-L-P 理论的整个观点避免了以特设的方式引入观察者的优点（Bastin，1971）。

由此可见，D-L-P 理论作为试图在冯·诺依曼的量子力学一致演化的测量理论和玻尔的强调仪器的宏观特征的测量理论之间寻求结合点的一个理论尝试，在对测量问题的解决上仍然不能十分令人满意。根据近年来对于量子概率产生的根源的研究，D-L-P 理论从各态历经的角度对于仪器宏观特征的强调属于前瞻性的研究工作，其各态历经的等概率思想基础已为后来的量子统计力学基础所超越。

7. 退相干解释：强调环境与仪器的纠缠作用

面对量子力学解释的困境，在 20 世纪 80 年代，在量子力学的文献中出现了一个备受关注的术语：退相干。蓬勃发展的量子计算领域和对于介观和宏观量子叠加态的研究，已使退相干成为一个前所未有的广泛研究的领域。许多研究者都投入到这一排除"坍缩假设"的可供选择的研究线路上，诸如 Zurek（1981；1991）、Caldeire 和 Leggett（1983）、Joos 和 Zeh（1985）、Gell-Mann 和 Hartle（1993；1994）、Omnés（1994；1999）等。虽然退相干本质上不会为标准的量子力学的形式引入任何特殊新的东西，但是当我们对它加以适当的解释时，它仍能产生令人惊讶的结果，这些结果对于我们正确理解量子力学的形式和我们知觉世界之间的联系起着至关重要的作用。因而人们甚至给退相干理论在理解量子力学方面贯以"新的正统"解释之名。今天，在量子力学领域工作的任何人似乎都需要知道退相干的基础和它的概念内涵。

退相干提出的核心思想其实相当简单，尽管它的影响意味深远。这一核心思想是：为了给出一个物理系统的行为和性质的一个正确的量子力学的说明，我们必须把这个系统和它的无所不在的环境的相互作用包括在内，这个无所不在的环境通常包含大量的自由度。系统和它的环境之间的相互作用，在系统和环境之间导致一个迅速且强烈的纠缠，对于我们能在系统集体态水平上观察到什么有决定性的影响。例如，甚至微波背景辐射也能在一个灰尘粒子大小的系统上产生重要的影响。退相干纲领旨在描述这种环境相互作用，并评估它们对物理系统的量子力学描述在形式上、实验上和观念上所产生的结果。

通常认为，经典物理学是研究与环境相分离的系统。在经典物理学中，人们通常把环境看做是对系统的一个"扰动"或"噪声"。在许多情形中，依照系统和环境的相对大小，人们把环境对系统的影响忽略不计。例如，当研究乒乓球的运动时，我们忽略了空气分子在一个乒乓球上的散射，虽然在布朗运动中周围的分子在一个微粒的路径上有一个决定性的影响。与之相对照，在量子力学中，不能把环境对系统的影响仅仅看做是对系统反冲力的一个简单的传递。环境对系统的影响实际上导致系统-环境联合体形成一个非定域的纠缠态。因此，再不能把单个量子纯态归属于系统本身。这种纠缠相应地建立了一种关联，这种关联显示系统-环境联合体的性质不产生于联合体的任一部分，我们需要改变我们能"赋予"单个系统的性质。因此，如果我们想用量子力学的术语适当地描述一个给定系统，那么一定不能忽略系统和它的巨大的、无所不在的环境之间的相互作用。

因此，退相干解释强调环境与仪器的纠缠作用，认为不能把自然环境简单地忽略或者看做一个经典的背景，由于它有大量的内部自由度，它的实际功效是充当一个"测量仪器"，通过与宏观集体亚系统不可避免的相互作用，来对宏观物体的量子相干性实施不间断的"监控"，允许其具体的经典行为从量子理论允许的许多同时存在的可能态中以一定的概率出现。因此，在一个一致的量子力学框架内讨论宏观物体的量子现象就不能不考虑它周围的环境因素。只有把自然环境包括在内，宏观物体所形成的一个更大的封闭系统的演化才能由量子力学描述。这里再没有坍缩，有的只是外部环境引发的量子退相干的出现。

具体说来，退相干理论包含有两个不同的步骤：一个是动力学的步骤，即系统与它的环境相互作用并最终形成纠缠；另一个是粗粒化的步骤，这是对于仅仅是系统的观察结果的一个限制形式，这一步骤由一种重要的经验洞见促成，即所有观察者、测量装置和相互作用是内在定域的。因为在对于系统的任何现实的测量中，实际上在某种程度上不可能包含系统的所有自由度，也不可能包含与系统相互作用的环境的所有自由度。换言之，为了对于系统的时间演化作出一个完全的描述，我们需要把环境包括进来。但是，我们随后通过不观察它，至少"忽略"了一部分环境。这就是所谓的粗粒化。例如，一个为光散射的粒子，其行为受到光的影响，但是我们的视觉器官通常只截取即观察一小部分散射光子，其余部分将逃出我们的观察。这就产生了一个问题：对于定域的测量来说，非定域的环境纠缠会产生什么样的结果。

对于这个问题，粗略地讲，退相干研究的回答是：对于定域的测量来说，非定域的环境与系统纠缠的结果是消除系统的相干性，使宏观干涉难以见到。为了形式化问题，让我们假定系统 S 由态矢 $|s_k\rangle$ 描述，它与环境 ε 相互作用导致一个直积态 $|s_k\rangle \otimes |e_k(t)\rangle$ 的形成，其中 $|e_k(t)\rangle$ 是环境的相关态（表示一个典型的数目很大的环境自由度）。如果系统在 $t=0$ 时的初态由纯态的叠加 $|\Psi_S\rangle = \sum_k \lambda_k |s_k\rangle$

给出，环境的初态由$|e_0\rangle$给出，那么系统-环境联合体的初态有可分离的形式：

$$|\Psi\rangle=|\Psi_S\rangle\otimes|e_0\rangle=(\sum_k \lambda_k|s_k\rangle)\otimes|e_0\rangle \qquad (3.1)$$

这里，系统有定义明确的分离量子态$|\Psi_S\rangle$。然而，系统和环境之间的相互作用把$|\Psi\rangle$演化为不可分离的纠缠态：

$$|\Psi(t)\rangle=(\sum_k \lambda_k(t)|s_k\rangle)\otimes|e_k(t)\rangle \qquad (3.2)$$

动力学演化$|\Psi\rangle\rightarrow|\Psi(t)\rangle$在本质上相应于冯·诺依曼关于量子测量的说明，它在幺正的（非坍缩）量子力学中把测量过程模拟为系统和测量仪器（这里由环境描述）之间适当的量子关联的形成。因此，退相干最初只被称做"由环境实施的连续测量"。

由于$|\Psi(t)\rangle$态通常不能再用一个分离的直积形式$|\Psi_S(t)\rangle\otimes|\Psi_E(t)\rangle$表示，因此再没有单独的态矢能被归属于系统$S$。由于描述初态中系统态$|s_k\rangle$的相干叠加的相位关系$\lambda_k$通过相互作用已"去定域化"为联合态$|\Psi(t)\rangle$，即相互作用已把相干性"散布"给系统-环境联合体的许多自由度上，因而相干性在系统水平上变得不可观察。或者说，叠加仍然存在于环境中，但是不存在于单独的系统中。在这个意义上，我们能说退相干过程描述干涉的一个局域消除，或更确切地说，描述干涉为何难以实现。

然而，这里经常会碰到的一个质疑是：退相干是否真的会消除干涉？因为环境与系统之间的相互作用严格来讲是幺正的，所以原则上退相干效应总能逆转，即消去的相干性原则上总可以恢复。如何解决这一质疑？在退相干理论的基本思想中，充分考虑了环境的宏观和经典特征。由于环境中包含大量的自由度数——这典型地不可控制，因此实际上能考虑退相干一旦发生是不可逆的，所谓宏观不可逆。如同一只茶杯打碎后很难复原，我们也可以说在众多的环境自由度中，只要其中一对正交，环境自由度中的干涉项就消失，从而导致与之纠缠的系统的相干项消失。因此，退相干似乎能说明一个潜在的测量结果的定域化系综何以会以确定的概率存在。也就是说，似乎能说明为何我们会看到在分离测量中单个结果的依次出现。

具体说来，由于环境存在大量不可控制的微观自由度，因此环境态$|e_k(t)\rangle$随着t的增加迅速地接近正交（即宏观上不可区分）：

$$\langle e_k(t)|e_{k'}(t)\rangle\rightarrow 0,\ k\neq k' \qquad (3.3)$$

为了更直接地理解迄今在真实的测量情境中所描述的这一过程的现象学结果，让我们考虑与态$|\Psi(t)\rangle$相对应的密度矩阵$\rho_S\varepsilon(t)$:

$$\rho_{s\varepsilon}(t)=|\Psi(t)\rangle\langle\Psi(t)|=\sum_{kk'}\lambda_k(t)\lambda_{k'}^*(t)|s_k\rangle|e_k(t)\rangle\langle s_{k'}|\langle e_{k'}(t)| \quad (3.4)$$

$k\neq k'$项的存在描述了在系统-环境联合体的不同直积态$|s_k\rangle|e_k(t)\rangle$之间的干涉（量子相干性）。相反，如果我们考虑这些态的一个经典系综，那么我们的密度矩阵将写为

$$\rho_{s\varepsilon}^{\text{class}}(t)=\sum_k|\lambda_k(t)|^2|s_k\rangle|e_k(t)\rangle\langle s_k|\langle e_k(t)| \quad (3.5)$$

这样一个系综被解释为描述一个事态，在这个事态中系统-环境联合体以概率$|\lambda_k(t)|^2$处在态$|s_k\rangle|e_k(t)\rangle$的一个态之中。

现在让我们包括粗粒化部分，即假定我们没有充分的观察手段来获取与系统相互作用的数目非常庞大的全部环境自由度。对于系统的这一限制能通过求迹操作对环境的自由度取平均值，然后形成所谓的约化密度矩阵来表示这一限制，所谓粗粒化的部分：

$$\begin{aligned}\rho_s(t)&=Tr_\varepsilon[\rho_{s\varepsilon}(t)]\\&=\sum_l\langle e_l|\rho_{s\varepsilon}(t)|e_l\rangle\\&=\sum_{kk'}\lambda_k(t)\lambda_{k'}^*(t)\langle e_{k'}(t)|e_k(t)\rangle|s_k\rangle\langle s_{k'}|\end{aligned} \quad (3.6)$$

式中，$\{|e_l\rangle\}$形成环境希尔伯特空间的一个基。对于只考虑系统自由度的所有定域观察量$\hat{O}_S$来说，密度矩阵ρ_s满足计算其概率和期望值。在这个意义上，密度矩阵ρ_s包含关于系统"态"的所有相关信息，我们通过测量系统S也能找到这些态。当然，不能赋予S单独的量子态矢。

现在，由于退相干过程使得环境态$|e_k(t)\rangle$近似地相互正交，如在式（3.3）中的情形，因此约化密度矩阵接近于对角化极限值：

$$\rho_s(t)\to\sum_k|\lambda_k(t)|^2|s_k\rangle\langle s_k| \quad (3.7)$$

由于这个密度矩阵看上去像系统态$|s_k\rangle$的一个经典系综的密度矩阵，因此人们经常把它认作描述一个"表观系综"。结果，通过求迹规则$\langle\hat{O}_S|=Tr_s[\rho_s(t)\hat{O}_S]$计算的可观察量$\hat{O}_S=\sum_{kk'}O_{kk'}|s_k\rangle\langle s_{k'}|$的期望值接近一个经典平均的期望值，即来源于干涉项$k\neq k'$的贡献变得非常小，几乎难以察觉。

这也就是说，虽然相位的去定域化能用幺正演化的相互作用波函数充分地描述，然而约化密度矩阵由一个非幺正的求迹算符获得。求迹的形式体系和解释预设了波函数的概率解释，并最终依赖于假定在某一阶段波函数的一个"坍缩"的出现。因此，我们必须小心地解释约化密度矩阵的精确意义，特别是如果我们想评估测量问题和量子力学的非坍缩解释的退相干含义的话。在这个问题上，我

们或许可以公平地说，早期的错误观念对于过去十多年围绕退相干纲领产生的混淆和批评起了促进作用。

但是，这能否说退相干彻底解决了令人困扰的测量问题。测量问题涉及说明测量结束时我们对于确定结果的感知困难。如上所述，这源于薛定谔方程的线性特征，当通常是微观的系统 S 由宏观的仪器 A（相应的态为$|a_k\rangle$）设计测量的一个叠加态$|s_k\rangle$来描述时，系统-仪器联合体 SA 的最终混合态将是直积态$|s_k\rangle|a_k\rangle$的一个叠加态。这基本上是由式（3.1）和式（3.2）描述的事态，意指冯·诺依曼类型的测量框架，只不过环境 E 现在由测量装置 A 替代。

因而，量子力学的通常规则暗示不能把单独的确定态归属于仪器，通常我们有大量的可能结果，而不只有一个，并且在这些多重结果之间存在着干涉。我们不应当把一个叠加解释为一个系综，许多实验也已广泛确证了这一点，这些实验把叠加看做分离的物理态，在这些分离物理态中，叠加态的所有分量同时呈现。

那么，为什么在一个测量完结时我们总是观察到仪器的指针处于一个确定的位置，而从不处于一个位置的叠加态？这就是所谓的"测量问题"。这个"测量问题"实际上包含了两个分离的问题：①为什么总是一个特殊的量（通常是位置）被遴选为确定的变量？这是"优化基问题"。优化基问题的一个最直观和最直接的说明是：我们观察到周围的事物似乎总是处于一个确定的空间位置，而量子力学形式的线性特征原则上允许位置处于任意的叠加态。何以确定的位置参量会被择优选择出来？②为什么对于确定的变量我们只感知到一个"值"或说一个测量结果？这是"结果问题"。我们将在下面讨论这些问题及其与退相干的联系。

1）优化基问题

作为优化基问题的一个简单的例子，考虑一个由一个自旋为 1/2 的粒子组成的系统 S，其自旋态$|\uparrow_z\rangle_S$和$|\downarrow_z\rangle_S$与测量沿 Z 轴自旋向上还是向下的一个可观察量σ_z的本征态相对应。现在，让仪器 A 以下面的方式来测量 S：如果系统处于$|\uparrow_z\rangle_S$态，那么在测量结束时仪器将处于$|\uparrow_z\rangle_A$态，即最终的系统-仪器联合体能由直积态$|\uparrow_z\rangle_S|\uparrow_z\rangle_A$描述。同样的情形适用于$|\downarrow_z\rangle_S$态。由于我们可以把$|\uparrow_z\rangle_A$和$|\downarrow_z\rangle_A$看做是表示一个仪表的标度盘上不同的指针位置（比如说"指针向上"和"指针向下"），因此$|\uparrow_z\rangle_A$和$|\downarrow_z\rangle_A$经常被当做仪器的"指针态"。

现在假设在测量前 S 的态由叠加态$\frac{1}{\sqrt{2}}(|\uparrow_z\rangle_S-|\downarrow_z\rangle_S)$给出。那么，在测量结束时，S 和 A 的联合态（即纠缠态）为

$$|\Psi\rangle_{SA} = \frac{1}{\sqrt{2}}(|\uparrow_z\rangle_S|\uparrow_z\rangle_A - |\downarrow_z\rangle_S|\downarrow_z\rangle_A) \tag{3.8}$$

我们注意到这再次表示一个典型的冯·诺依曼测量的末态［参照式（3.1）和式（3.2）］。考虑态$|\Psi\rangle_{SA}$，对问题"仪器 A 测量了什么可观察量？"的回答似乎是显然的：当然是测量了σ_z，即在z方向的自旋。但正如读者可能容易核实的，事实上$|\Psi\rangle_{SA}$能用 S 的任何其他基矢$|\uparrow_{\hat{n}}\rangle_S$和$|\downarrow_{\hat{n}}\rangle_S$来重写，其中$\hat{n}$是可以指向空间任意方向的一个单位矢量，而$|\Psi\rangle_{SA}$仍然保持它的初始形式。例如，如果我们选择$\hat{n}$指向$x$轴方向，那么式（3.8）变为

$$|\Psi\rangle_{SA} = \frac{1}{\sqrt{2}}(|\uparrow_x\rangle_S|\uparrow_x\rangle_A - |\downarrow_x\rangle_S|\downarrow_x\rangle_A) \tag{3.9}$$

现在从$|\Psi\rangle_{SA}$的这一形式出发，我们将推导出什么作为被测可观察量。显然是σ_x，即对于在x方向上自旋的一个测量。因此，似乎一旦我们已测得一个方向上的自旋（我们再次把 S 和 A 之间关联的形成解释为一个测量），我们似乎也就测得在所有方向上的自旋。但是，这里产生了一个问题：σ_z和σ_x不对易，怎么才可以同时测量它们？

我们会得出的结论是：把冯·诺依曼测量框架的形式应用于孤立的系统–仪器联合体，量子力学不会自动地确定已被测量的可观察量。这当然难以与我们关于测量装置的运作方式的经验相调和，这些测量装置似乎被设计测量高度特定的物理量。但是，我们可以通过问为什么通常发现物体（特别是宏观物体）处于一个很小的本征态集，最突出的是处于位置本征态来推广这一问题。事实上，"我们周围的事物"似乎总是处于一个确定的空间位置，而量子力学形式体系的希尔伯特空间的线性特征原则上允许位置处于任意的叠加态，这一观察结果可能是优化集问题的最直觉和最直接的说明。

对这个问题的一个解答，是把与环境的相互作用包括在内。在所有的现实情形中，系统 S 和仪器 A 从来不会与周围的环境 E 完全隔绝。因此，除了要求在 S 和 A 之间有相互作用外，也将在 A（及 S）和 E 之间有一个相互作用，从而导致进一步关联的形成。然而，许多这种 A-E 的相互作用将导致对 S 和 A 之间初始关联的一个扰动，因此会改变甚或破坏测量记录，这将使得一个观察者对于测量结果的感知变得不可能。

因此，朱克（W. H. Zurek）提出仪器的一个"优化指针基"的定义，这个优化指针基"相当于系统 S 的态的一个可靠记录"的基，即相当于 A 的基$\{|a_k\rangle\}$，其中关联$|s_k\rangle|a_k\rangle$受 A 和 E 之间的相互作用影响最小。为简单起见，在这里我们

假定 S 只直接与 A 相互作用，而不与 E 相互作用。因此，对于这样一个指针基，一个充分但不是必要的标准将通过要求所有的投影 $|a_k\rangle\langle a_k|$ 与仪器-环境相互作用哈密顿量 H_{AE} 对易而给出（所谓的"对易标准"），也就是说，对于所有 k，

$$[|a_k\rangle\langle a_k|, H_{AE}] = 0 \tag{3.10}$$

换言之，仪器将能可靠地测量或者说被设计能测量 $|a_k\rangle\langle a_k|$ 的线性组合这样的可观察量，但不一定能可靠地测量其他某些可观察量。因此，环境——更确切地说，仪器-环境相互作用哈密顿量形式——决定了仪器的优化基，反之也决定了系统的优化基，这就是所谓的"环境诱导超选择"。

当然，我们能把这些结论从明确地包含测量仪器的一个装置，推广到任意系统和它们的环境之间的纠缠的更一般的情形。我们通常观察物理系统只有关于少数参量（对于宏观物体来说，典型的是位置参量）的确定值这一事实，因而能通过系统-环境相互作用精确地依赖于这些参量，如距离（相对位置）这一事实来说明。因而对易标准暗示更适宜发现系统将（近似地）处在与那些参量相对应的可观察量的本征态之中。由于这个选择机制是建立在标准的幺正量子力学基础之上，因此避免了假设特设的基选择标准的必要性，因此也能期望与我们的观察结果相符合。

除了最简单的玩具模型的情形外，对易标准通常只是近似地保持，因此，为了确定（至少在原则上）更复杂情形中的优化基，已提出一般的操作方法。一个保留的观念问题是涉及什么作为"系统"、什么作为"环境"、分界线应该放在哪儿的问题。虽然如此，仍然可以认为环境诱导超选择是用来说明优化态的出现和稳定性的最有前途的方法。

2) 结果问题

让我们再次考虑冯·诺依曼的量子测量的情形，在这种情形中，系统和仪器的相互作用是以系统态和测量仪器态纠缠的形式出现的。现在，我们也把环境包含在这一相互作用链中。也就是说，仪器 A 与系统 S 相互作用，依次，SA 联合体又与环境 E 相互作用。薛定谔方程的线性特征产生了整个系统 SAE 的如下时间演化形式：

$$(\sum_n \lambda_n |s_n\rangle) |a_0\rangle |e_0\rangle \rightarrow (\sum_n \lambda_n |s_n\rangle |a_n\rangle) |e_0\rangle \rightarrow \sum_n \lambda_n |s_n\rangle |a_n\rangle |e_n\rangle \tag{3.11}$$

这里，$|a_0\rangle$ 和 $|e_0\rangle$ 分别是仪器和环境的初态。显然，在相互作用发生之后，SAE 联合系统一直由一个相干纯态的叠加描述。虽然相位 λ_n 在源于 S、A 和 E 之间相互作用的 SAE 联合体中的去定域化把局域干涉"溶解"在全域系统中，但是这个退相干过程独自不能自动地说明为什么我们会感知到确定的结果。由于叠加描

述分离的量子态，在这些量子态中叠加的所有分量同时"存在"，因此我们不能（且不必）把显示测量的一个实际结果的单一仪器态$|a_m\rangle$分离出来。

但是，当考虑到开放的亚系统 SA 的动力学是按照它的约化密度矩阵来运作时，我们能自由地解除 SAE 联合体中相干性的维持。当然，我们真正需要的是能把一个确定的值归属于仪器 A（如果是可信测量，确切地说是归属于系统和仪器联合体 SA），而不是归属于包含环境在内的整个系统 SAE。SA 的约化密度矩阵的时间演化通常是非幺正的，因为它不但受 SA 联合哈密顿量的影响，而且受相互作用环境的影响（而最终达到平衡）。正如前面所说明的，退相干导致 SA 的"似经典的"密度矩阵的形成：约化密度矩阵 ρ_{SA} 在一个稳定的、环境选择基态集内迅速地正交。换言之，局域系统-仪器联合体的退相干密度矩阵在操作上变得与一个系综态的退相干密度矩阵不可区分，它正确地描述了开放系统 SA 的时间演化。

因此，退相干似乎能说明一个潜在的测量结果的定域化系综以确定的概率存在，这进而与在分离测量中单个结果的出现相关。这一论证存在的问题在早些时候曾经简要地提及：通过求迹操作使环境自由度最终达到平衡，需要获取约化密度矩阵，这依赖于态矢的概率解释（即依赖于把 $|\langle\varphi_k|\Psi\rangle|^2$ 解释为我们会在对态$|\varphi_k\rangle$测量中找到由态矢$|\Psi\rangle$描述的系统概率）。依次，这与在观察链的某一阶段上所假定的某种波函数的"坍缩"形式相联系。在这个意义上，求迹运算实际上"相当于投影假设的统计版本"。当然，我们不想预设某种很一般地解决测量问题的坍缩，这种坍缩甚至不必担心退相干作用。

根据贝尔的观点，退相干解释不对量子测量问题提供一个基本的答案，也不对宏观现象的不可逆提供一个基本的答案，而只是为了预测测量结果而提供的一个方便的"计算工具"，或者说只是一个"全部为了实用目的"而设计的方案（Bell，1987）。对此，退相干解释的支持者欧内斯回应说，只要环境足够大，或者说只要物体足够宏观，退相干一旦发生就不能回避，因此退相干为量子力学中最古老的问题——为什么宏观叠加不存在提供了一个满意的答案，而且是一个基本的回答，而不仅仅是一个实用的答案（Omnès，1994）。

如何看待这种观点上的对立。通常认为，退相干解释对于测量仪器与它的环境的进一步相互作用的描述，使得我们更为接近测量问题的一个解决方案。因为退相干理论把环境相互作用包括进来是符合物理系统的真实行为的描述要求的，毕竟一个开放的系统和它的周围环境之间始终存在着无所不在的相互作用。这也使得退相干理论成为一个客观的、不依赖于其他任何解释框架的描述，环境会使得相干性自动地消失。但是,源于这种相互作用的结果及对它们的适当解释与观念和解释立场有诸多的关系。因此,我们可以问是否退相干效应独自可以解决一些基础问题,而不必有某种解释"附加物",或是否退相干能推动或证伪某种方案,甚或导致不同解释的一个统一。

由于退相干只描述系统-环境波函数的一致纠缠,纠缠就意味着相干叠加态的存在,即在演化的终态仍然是一个有相干性的量子叠加态。既然测量理论已告诉我们,测量结果的纠缠叠加准确地说是测量问题的源头,因此我们不能期望对于这个问题的解决将由退相干单独提供。也就是说,退相干独自并不能直接解决量子力学的测量问题。然而,根据以下事实:由退相干获得的约化密度矩阵极好地描述被观察的开放系统的动力学,并且极好地描述对于这些系统来说准经典性质的出现,所以我们又可以说,退相干对于推动测量问题的解决极其有用。当我们正确考虑观察者在系统-观察者关联的量子力学方面的物理作用时,这种物理作用准确地说是"对于确定结果的感知",特别是当我们根据物理观察结果,正确考虑相关测量问题实际上意味着什么时,这更保持为真。

总之,退相干是一个有希望的研究纲领。然而,"退相干并没有彻底解决了测量问题。退相干告诉我们的是,当我们观察某种物体时,它表现为经典的。但是一次观察是什么?在某一阶段,我们仍不得不使用量子理论通常的概率规则"(Joos,1999),因此,在这一领域工作的研究者不得不着眼于退相干的未来发展。

如前所述,退相干纲领的核心思想依赖于这样的洞见:为了用量子力学术语适当地描述一个物理系统的行为,必须考虑该系统与它的环境自由度无所不在的相互作用。退相干的形式体系对于无数模型系统的应用已导致许多实验上的证实结果,因此这一思想已被证明很成功,如"退相干理论"解决了"哥本哈根解释"和"多世界解释"保留为开放的许多问题,包括概率的起源和"客观存在"的出现。

然而,有趣的是,退相干在实验上和理论上相当直观且深思熟虑的方法,也导致了若干基本的解释和概念上的问题。也就是说,关于这一理论许多观念的和技术性问题仍然是开放的,如退相干解释还不足以对量子测量中的所有问题产生确定的回答,许多进一步的工作仍然需要深入。因此,保持理论的开放性态度是必要的。只不过,作为范式的变动,量子到经典的过渡已经成为实验调查的主题,而以前它大多是一个哲学论争的领域。

特别说来,退相干自身仅仅描述环境纠缠和作为结果发生的关于定域相位关联(即量子力学叠加)的实际上的不可逆去定域化。纠缠的纯态使得给系统赋予一个独立的态成为不可能，因此系统的动力学一定由一个非一致演化的约化密度矩阵描述。虽然退相干把这种密度矩阵变换为准经典态的可视系综，当对这种变换加以适当的解释时，可以用来获得关于测量问题的一个物理上有根据的解决方案，但是约化密度矩阵的形式体系和解释假设了波函数的概率解释。因此，退相干单独不能解决测量问题，即不增加一些额外的解释要素，退相干本身回答不了测量问题。

而且，把宇宙分成"系统"和"环境"的要求引入了一个强烈的主观性味道，因为对于切割线放在哪儿和如何放置，不存在普遍的和客观的标准，即对一个系统的构成的确切定义，量子和经典的边界究竟应该划在哪里，现在仍然是退相干理论和实验未彻底解决的难题。另外，当人们想把该理论应用于作为一个整体的宇宙时，正如在量子宇宙学中的情形，产生了需要一个"外在"环境的困难。

这种情形不仅要求而且推动了超越"正统"解释的解释框架的产生，这些框架可能对于促成退相干纲领，以及作为一个整体的量子力学的一个概念完备且自洽的解释，提供了一些缺失的步骤。相反，由一个解释作出的假设必须与从退相干中获得的结果相一致，这样的要求实际上是限制了可能的经验上适当的解释范围——甚至可能正如泰格马克（Tegmark）在比较正统解释和基于退相干的相对态解释时所说，在这种不同的解释之间作出选择"纯粹是一个品味的问题，粗略地等价于一个人或者相信数学语言更为基本，或者相信人类语言更为基本"（Tegmark，1998）。

显然，退相干所提出的把环境相互作用包括在内的相当简单的思想，对于量子力学的基础有一个极其重要的影响，既提出了新的观念问题，也暗示了对于基本问题的解决方案。

8. 一致历史解释

量子力学的"一致历史解释"同样旨在处理哥本哈根解释的测量限制，因为这一解释允许人们把概率赋予态序列，而实际上却没有在这个序列的每次测量中扰动系统。但是，这仅仅是如果某些条件被满足的一种可能性。尽管是一种有条件的可能性，然而一致历史解释的提出，不仅有助于增强我们对于"什么构成一个有意义的问题，什么不构成一个有意义的问题"的思考，而且对量子力学的基础和解释的当前讨论也起着重要的作用。

具体说来，量子力学的一致历史解释作为一种有启发性的量子理论的研究进路，主要由格里菲思（Griffiths，1984）开拓，随后为欧内斯（Omnès，1992）和其他人吸收并继续研究。与此差不多同时，盖尔曼和哈特（Gell-Mann and Hartle，1990；1993）也独立地提出了相似的思想。和退相干方法一样，一致历史方法已成为它的创始人围绕其发表冗长评论甚至专著的研究主题。不仅如此，围绕这一主题发表的评论和批评性文章也很多。此外，还有一些对于一致历史纲领的各种数学再表达和再解释的文章。

一致历史解释的倡导者的基本主张似乎是：量子理论只是应该对历史出现的概率作出预测。除了让我们首先考虑何时及如何能定义它们之外，这些概率实际上意味着历史出现的模糊性，或许除了当它们接近0或1时，或涉及某些测量情境时（Hartle，2005）。对于一个历史中的一个态的概率而言，唯一的潜在意义是它在量子力学中有一个数学表达。换言之，无论考虑量子力学的形而上学是什么，当把一个概率只是赋予给一个单一的历史时，这个概率无论如何是没有意义的（除非当它精确地为0或1时）。至少应该有几分像一个历史的样品空间或事件空间，赋予这样一个空间的每个可测量子集以某种概率，以至于能满足通常的规则。

一致历史方法的核心思想是：去除量子力学中测量的基本作用，因为量子力学中的测量假说假定了外在观察者的存在，取而代之研究量子"历史"，即研究由有时序的投影算符集描述的量子事件序列，并把概率赋予这种历史。当一组历史的所有成员相互独立，互不干涉，并能应用经典的概率积分时，我们就说这组历史是一致的，这可由一个适当的数学标准来判断。

一致历史方法和退相干方法的关系相当特别：一方面，退相干是一个自然的机制，通过这一机制适当的历史集合变得近似的一致，但另一方面，这两种方法的出发点又完全不同。也就是说，退相干是从量子系统与它们的环境自然地耦合的思想出发，因此不得不把量子系统看做是一个开放的系统，而一致历史方法的目标是处理封闭的量子系统，如宇宙，如果我们不去先验地谈论对于宇宙的测量或先验地认为宇宙之外有一个观察者。

然而，这种区分仅仅是依据历史发展叙述的：即应该把一个系统与其环境之间的分界线，看做是一个根据某种稳定的标准而划分的动力学实体，所以甚至在退相干理论中，人们实际上也应该从一开始就把系统加上它的环境作为一个整体来研究。这就导致"开放"和"封闭"系统的区分有点玩障眼法的意味，因为甚至在退相干理论中系统加上它的环境作为一个整体也被看做一个封闭系统，而这准确地说正是一致历史解释所要求的。

一致历史方法的一个主要问题是：一致标准似乎不足以挑选出与我们的经验世界相对应的准经典历史。事实上，大多数一致历史证明是高度非经典的。为了克服这一困难，在通向准经典历史的一个选择的提议中，以及在为一致标准提供一个物理促进因素的尝试中，频繁地用到退相干。有趣的是，这种进展也引入了一个观念上的变化。虽然一致历史纲领的最初目标是定义一个封闭系统的时间演化，这个封闭系统经常是整个宇宙，在此标准量子力学遇到了问题，因为宇宙外没有外在的观察者能存在，除非有上帝，但是退相干和一致历史形式相结合，要求把整个希尔伯特空间分割为亚系统和定域亚系统的开放区。

这种以退相干为基础的方法通常包含环境选择指针态的使用，这些态近似地把约化密度矩阵对角化为历史的投影。由于指针基是"强健的"，与我们经验的确定参量很好地相对应，因此这典型地导致稳定的、展示准经典性质的历史出现。而且，这种由与指针基对应的投影确定的历史，也证明自动地（至少近似地）实现了一致标准。这就导致一致标准在挑选有准经典性质的历史中，既是不充足的又是过分限制性的论证，并且通常也导致对于一致历史解释中这个标准的基本作用和实用性的一个质疑。

三、量子测量理论研究的新方向

近年来，量子测量理论的研究又有了新方向。除了量子力学的一致历史解释运用到退相干的基本方法外，为了给出经典概率的量子力学起源，量子测量问题的研究又以"退相干"为研究纲领，从"退相干"的视角来重新审视量子力学的各种解释。这无疑是具有启发意义的。特别说来，对于量子统计热力学的研究表明，量子纠缠与统计热力学的结盟，有望给出经典概率从量子概率出现的新说明。

1. 从退相干看正统解释和哥本哈根解释

根据正统解释，量子测量的一个基本原则是坍缩假设，又称投影假设。这一假设规定，我们可以适当地选择某一可观察量来描述测量，这一测量将导致整个态矢非幺正地并缩为被测可观察量的一个本征态。这就引出了"测量问题"：怎么在测量结束时我们总是观察到仪器的指针处于一个单一的确定位置，而从不处于位置的一个叠加态？这个测量问题实际上包含两个分立的问题：①为什么总是一个特定的量（如位置）被选择为确定的变量。这就是所谓的"优化基问题"。

②为什么我们只感知到确定参量的一个值或者一个测量结果。这是所谓的"结果问题"。

为了避免优化基问题，正统解释假定测量由一个在测量前可以自由"选择"可观察量的"观察者"执行，因而能确定在测量后什么性质可以归属于被测系统。这是一个依赖于观察者的强实证论的解释方案。这种解释方案的一个主要问题是，没有对什么作为一个"测量"给出清楚的定义，并且测量过程有一个强烈的"黑箱"特征，从而不能说明为什么测量装置似乎被设计测量某些量而不是其他量。

对于这样一个问题，考虑环境相互作用似乎能给出一个好的回答。根据退相干纲领的稳定性标准，对于这样的一个测量，虽然系统浸润在环境之中，但是测量一定导致稳定记录的形成。因此，在仪器及其环境之间的相互作用结构会挑选出仪器的优化可观察量，因此也确定了能把什么属性归于被测系统。在这个意义上，退相干和环境诱导选择能用规定一个给定仪器实际上能测量什么可观察量的独立于观察者的一般标准，来扩充（如果不是取代的话）正统解释所使用的形式化和模糊的测量概念。

与正统解释相比，哥本哈根解释的最显著的特征是，它假定了经典观念对于描述量子现象的必要性。也就是说，这一解释不是从量子世界推导出经典性，而是先验地假定了经典世界的先在性。例如，通过考虑一些宏观限制，认为对于"现象"的一个经典描述的要求（这个经典描述组成了整个实验安排）是一个完备的量子理论的一个基本的和不能削减的要素。特别是，哥本哈根解释假定了固有的不能用量子力学描述的经典测量装置的存在。这就在自然的描述中引入了一个量子-经典的二元分割，并要求在"微观"和"宏观"之间假定一个本质上不可移动的分界线，"微观"相当于可以看做量子系统的物体，"宏观"则是必须由经典物理学描述的物体。

然而，对退相干现象的研究表明，准经典性质跨越了从微观尺度到宏观尺度的一个广阔的范围，通过环境相互作用准经典性质能直接地从量子底层出现。这就使得一个先验存在的经典性假设似乎不必要，如果不是错误的话。并且在一个基本的水平上把量子从经典王国中分离开，导致了对一个确定边界的不合理放置，从被测系统和测量仪器之间，移到被测系统+测量仪器Ⅰ和测量仪器Ⅱ之间，再移到被测系统+测量仪器Ⅰ+测量仪器Ⅱ+测量仪器Ⅲ之间……直至移动到被测系统+测量仪器Ⅰ+测量仪器Ⅱ+…+测量仪器N+观察者的意识之间。

2. 从退相干看相关态解释

埃弗雷特最初的相关态解释及其延展——多世界和多心解释的核心思想是：假定一个孤立系统的物理态，特别是整个宇宙的物理态，由一个态矢$|\Psi\rangle$描述，它的时间演化由假设普遍有效的薛定谔方程给出。总叠加态中的所有项以某种方式与单独的物理态相对应，如在宇宙的不同"分支"或一个观察者的"心"中实现。这种解释方案的一个主要困难仍是优化基问题，这个问题特别关键，因为这种解释假设在态矢展开中的每一项与某个"真实事态"相对应。因此，为了详细阐述在每个时间瞬间连续的分支态矢，能够唯一地定义一个特殊基是至关重要的。

如何定义这一优化基，根据退相干的观念，可以用环境选择基来定义优化分支。这样做有几个优点：首先，代替简单地假定优化基是什么，而是通过与环境的相互作用和"强"自然标准来产生基。其次，根本上排除了与经验证据的冲突，因为选择机制建立在很好确定的薛定谔动力学基础之上。最后，可能是最重要的是，退去相干性的波函数的环境优化部分，能随着时间的过去被重新确定，这产生了稳定的、非持久扩展的分支。

对此观点，也产生了一些批评性意见。首先，由于不存在什么作为一个系统，什么能考虑为环境的客观标准。因此，经常是在一个基于观察者主观解释的情境中提出分支的退相干诱导选择。在对观察结果的一个完全描述中，这典型地包括观察者的神经知觉器官，而不是假定存在可以不视做相互作用量子系统的"外在"观察者。结果，每个神经态与被观察系统的叠加态中每个分离项相对应的态相关联，假定在这些不同神经态或意识态之间的退相干防止不同的"结果记录"发生干涉，因而导致对分离结果的一个感知。

其次，退相干典型地只产生对于一个优化基的一个"为了所有实用目的"或者近似的定义，因此不提供对于分支的一个"精确的"说明。然而，对于这一批评的回应则认为，对于说明我们经验的一个物理理论来说，退相干所给出的优化基定义是完全充足的，只要出现的理论是经验上适当的，它就不需要有精确规则的必要性。

3. 从退相干看模态解释

模态解释的主要特征是要放弃标准的量子力学规则：为了使一个可观察量有一个确定的值，一个系统必须处于这个可观察量的一个本征态。作为替代，模态解释引入新规则，这些新规则规定了能归属于一个给定系统的一组可能的性质。这种性质归属的规则经常能用退相干理论的结果来推动和定义。甚至有人建议模态解释的主要目标之一是提供一个退相干解释，基本方法包括使用环境选择优化基来规定与正确的概率相联系的一组可能的准经典性质。这给性质的归属提供了一个非常全面、完整的物理规则，能期望这个规则是经验上适当的。这个规则也能用来产生与幺正量子力学相符合的具有准经典的、连续的"类轨道"时间演化特征的性质态。

这种解释方案的困难在于：在更复杂的系统中，明确地确定环境所选择的健全基态是重要的。然而，模态解释的目标是明确表达一个能直接且直观地推导出一组可能性质的一般规则。因此，经常不是根据稳定性标准或一个相似的测量明确地找到优化态，而是用退去相干性的密度矩阵的正交分解来直接确定性质态。当应用于退相干的分立模型时，即对于由一个有限维度的希尔伯特空间描述的系统来说，这种方法在大多数情形中产生了预期的准经典性质态，与从退相干稳定性标准中获得的态相类似，至少当最终的混合态完全非简并时，性状如此。然而，在连续的情形中，已表明退相干的预言与根据正交分解确定的态的性质不相协调。因此，在连续的情形中，能用退相干来说明模态解释关于性质归属的某些方法可能是物理上不适当的。

4. 从退相干看物理坍缩理论

物理坍缩理论的主要特征是对统一的薛定谔动力学作出修改，以使波函数的实际坍缩建立在一个物理机制基础之上。坍缩理论最流行的版本是由吉拉尔迪（G. C. Ghirardi）、里米尼（Rimini）和韦伯（Weber）提出的 GRW 理论，GRW 理论假设存在瞬息和自发出现的干扰，从而导致波函数的空间局域化。这种瞬息扰动的频率满足这样的要求：当在微观尺度上保持一个有效的幺正时间演化时，宏观物体的局域化比任何观察都要快。

退相干为 GRW 理论中把位置先验地选择为普遍的优化基，提供了一个实质的推动。许多物理相互作用由依赖于距离的项描述，根据退相干纲领的稳定化标准，这导致把位置算符的本征态（至少是近似地）选择为优化基。然而，退相干也表明在许多情形中位置不一定是优化基。这种情形通常出现在微观尺度，我们可以发现微观系统典型地处在能量而不是位置本征态，而且也出现在如展示宏观流叠加的超导量子干涉仪中。就微观系统而言，GRW 理论通过让空间局域化扰动出现得非常稀少，以有效地抑制在位置基中的态矢并缩，从而避免遭遇经验上的不适当。

然而，与退相干纲领的更敏感、更普遍的物理驱动基选择机制相比，这无疑有一个特设的特征。而且，由于退相干总是出现在任何现实的系统中，因此GRW理论所持有的假设意味着我们能期望有两种选择机制：或者沿相同的方向行为（如果退相干也导致一个空间局域化），或者相互竞争（在这些情形中退相干预言了一个不同于位置的优化基）。

由于在GRW理论中支配一个系统的密度矩阵的时间演化方程，与从一个包含环境相互作用中获得的演化方程具有显著的相似性。这就提出了问题：是否有必要假设一个显而易见的坍缩机制，或是否至少在GRW方案的方程中自由参数能直接从对环境相互作用的研究中推导出来。当然，GRW理论实现了真正的态矢并缩，而退相干仅仅导致了不适当的系综，因此它们不是在相同的解释基点上。假定退相干和GRW效应同时出现，人们能借助于一个系统假想对于GRW理论的一个实验上的证伪，对于这个系统，GRW预言一个坍缩，而退相干没有导致其相干性的重大损失。然而，由于任何现实的系统都极端难以屏蔽退相干效应，因此可以推测，这样一个实验的实现非常困难。

5. 从退相干看玻姆力学

玻姆方法描述一个粒子系统的决定论演化，在玻姆方法中，系统不仅由一个波函数 $\Psi(t)$ 描述，这个波函数按照标准的薛定谔方程演化，也由粒子位置 $q_k(t)$ 描述，粒子位置的动力学由适合于速度场的一个简单的"引导方程"确定，实质上就是 $\Psi(t)$ 的梯度。因此粒子遵循在位形空间中定义很好的轨道，位形空间由位形 $Q(t) = [q_k(t), \cdots, q_N(t)]$ 描述，它的分布是$|\Psi(t)|^2$。

玻姆理论因赋予粒子以基本的本体论地位而备受批评。这种批评说，由于退相干典型地导致位置空间中有狭窄峰的波包系综，因此我们能把这些波包与我们关于粒子，即在空间定域的物体的主观感知等同起来。这表明在这一理论的一个基本水平上，可能把关于现实粒子的存在性的显而易见的假定，描绘为是多余的。

另一个问题是如何使玻姆的粒子轨道与在宏观尺度上出现的准经典轨道发生关联。玻姆本人的研究已表明，把环境相互作用包含进来能提供到达准经典轨道的缺少部分。这一思想典型地把玻姆轨道和描述宏观物体的退相干密度矩阵在时间上延展、空间上定域的波包看成是一样的。虽然这种方法高度直觉化，并且已论证在某些明确研究过的例子中产生了有希望的结果，但是在其他情形中，这种等同证明不足以确定这一经典限制。

6. 量子纠缠与统计力学的结盟

近年来，量子测量理论和量子测量技术的研究不断取得新进展。特别说来，对量子纠缠和统计力学的基础的理论研究已经表明，统计力学的基础源于量子不确定性。所谓量子力学的薛定谔方程的熵守恒过程和量子测量的熵增过程之间的冲突在于忽略了量子测量中的量子纠缠效应，即系统与其环境之间的量子纠缠是解决量子问题的关键。在经典统计力学中，定义熵的概率反映了我们的无知。相反，量子力学拥有内禀的随机性：量子力学赋予事件以概率，不仅仅因为我们不知道它们的结果是什么，而且因为我们不能知道它们的结果是什么，即在量子力学中不确定性是一个内禀的动力学特征，不是我们无知的反映。

量子不确定性作为量子力学内禀的基本性质，也导致了熵和热力学第二定律的基础的不确定性。我们知道，统计力学是最为成功的物理学领域之一。然而，从它诞生以来的大约150年间，它的基础和基本假设一直是争论的主题。有物理学家认为应该放弃统计力学的主要假设：一个先验的等概率假设，因为这个假设具有误导性，且是不必要的。他们主张，应该用一个普遍的规范原理取代这个先验的假设。这个普遍的规范原理的物理内容基本不同于替代假设。这个普遍的规范原理的物理内容指称个别态，而不是系综或时间平均。而且，当最初的假设是一个不可证明的假设时，现在提出的原则是数学上已证明的。在这个证明中关键的因素是系统及其环境之间的量子纠缠。方法是把找到规范态的问题和查明一个系统多么接近规范态区分开来，甚至允许超越寻常的玻尔兹曼情形。

统计力学最大的观念困惑是一个总是处于某种确定的状态，并且确定性地演化的物理系统，如何能够展示与统计平均诸如熵相关的热力学性质。在此，我们考虑一种关于统计力学的基础的新颖方法。在这种方法中，不需要通常的主观随机性策略和系统平均或时间平均。我们设定，宇宙（即连同一个足够大的环境在一起的系统）处于一个量子纯态，受一个全域的条件限制。虽然从经典的观念来看，热力学第二定律表明，我们关于一个系统的知识总是在减少。但是，一个更令人喜欢的解释主张：应该把熵和量子力学的内在不确定性联系起来，量子热力学能为我们的无知辩护。

具体说来，热力学第二定律宣称熵从不减少。就其本身和自然而然地来说，这听起来并不怎么坏：谁不希望减少一些神秘的参量，提高蒸汽机的工效。这个问题背后的意思是：熵是无知的一种表现形式。当麦克斯韦、玻尔兹曼和吉布斯在19世纪末提出熵的形式化公式时,他们发现熵实际上是在丢失信息。一个物理系统,如一个氦原子气体的熵,是对我们缺乏关于原子的微观运动的信息位数量的测量。熵是无知的表现,热力学第二定律告诉我们,我们会变得更无知。更糟糕的是,熵,连同我们的无知,倾向于增加。因此,根据热力学第二定律,我们是愚蠢的,并且会变得更愚蠢。

在人类历史的进程中,少数勇敢的科学家始终在设法阻止,甚至想逆转这一无知的蔓延。哈恩(Erwin Hahn)在他的自旋回波效应的演示中表明,当一群核自旋经过与一个缓慢改变的环境相互作用而变得杂乱时,自旋明显的随机性可能会通过给系统输送脉冲辐射波而逆转。这个自旋回波效应不破坏第二定律,因为自旋和它们的环境的总熵在回波期间不减少。熵的这种显赫的衰减充其量是短暂的。几乎任何相互作用都倾向于通过有序的低熵形式,如做功来减少能量,并把能量转变为随机的高熵形式,如热能。结果,在极大程度上,我们企图阻止无知趋势的做法倾向于使事情变得更坏而不是更好。

然而,在通向熵增的过程中,可能会有一些好事情发生。作为哺乳动物,我们无可非议地依附于我们的高熵新陈代谢:甚至当我们的能量扰乱的脑变得失效,从而不能产生任何可发表的观点时,我们的高熵新陈代谢至少使我们保持温暖。尽管如此,有一种不使我们感觉十分愚蠢的熵和第二定律的描述,难道不令人愉快吗?最近英国《自然》杂志上的研究表明,热力学第二定律不是我们的过失(Popescu et al., 2006)。熵,以及热力学第二定律的不确定性,有可能源于量子力学内在的基本不确定性,即一个包含有许多自由度的物理系统的几乎所有量子力学态,产生关于结果的量子概率,这些量子概率与传统的统计力学分配给相同结果的概率不可区分。

也就是说,我们能把各种统计力学的系综——正则的、微正则的或巨正则的——看做是客观的量子概率的显示,而不是关于我们的任何无知的显示。如果是这样,我们就拥有一种客观的阐释熵的方式。这种方式不依赖于我们的主观知识,也不依赖于我们关于熵的知识的缺乏。换言之,在经典的统计力学中,用来定义熵的概率反映了我们的无知。相比之下,量子力学极好地拥有内在的随机源:量子力学把概率赋予事件,不仅仅是因为我们不知道它们的结果是什么,而是因为我们不能知道它们的结果是什么。在量子力学中,不确定性是一个内在的动力学特征,不反映我们的任何愚蠢。

量子力学再现统计力学概率的机制相当神奇。量子力学中反直觉的纠缠特征,爱因斯坦称之为"远距离的鬼魅式的相互作用",允许两个量子系统共同享有比经典系统更多的信息。例如，考虑气体中的一个氦原子与另一个氦原子有高概率的纠缠。这个纠缠的识别标志是这个原子呈现它自己的性质，处于一种内在的不确定态或"混合"态。根据《自然》杂志上的研究，在一个绝对精确的程度上，氦原子的混合态中内在的不确定性极有可能再现，通常源于统计力学的不确定性。

《自然》杂志上的研究并不是首创。薛定谔就曾暗示统计力学的概率可能还原为量子概率，1959年有研究者在各态历经理论的情形下也证明了这一点。1988年著名物理学家洛埃（Seth Lloyd）在其博士论文中也表明，按照黑洞视界内和视界外物质的纠缠，能用统计力学概率如何还原为量子概率来解释霍金辐射的热性质。在《自然》杂志发表这一新的研究之前的几个月，戈德斯特（Goldstein）等也发表了一篇论文，重新推导了量子概率和统计力学概率等价。但是现在的研究用一种新的强力学的方法在显著的一般性上证明，这一结果有潜在的、相当大的进一步应用。此外，相同的发现再次实现并没有害处。当一些研究工作几乎被人们忘却时，另一些研究者在知情或不知情的情况下运用新的方法重新研究或发现了它，这对于科学的发展是无害而有益的。

研究纯态量子统计力学的潜在好处是巨大的：不仅能把我们从无知中挽救出来，而且统计力学系综自然地源于量子纠缠的新发现，给我们分析非平衡统计力学提供了一个新范式。在一个更广阔的层次上，量子力学的概率与统计力学的概率等价，解决了宇宙如何作为一个整体处于一个纯态，即熵为零，而我们自己相当大的宇宙可能有高熵这一佯谬。包括我们自己，为什么我们有熵？因为没人是一个完全孤立的独岛，每个人都是宇宙的一部分，与宇宙的其余部分高度纠缠。因此，关于熵的客观定义，应该不依赖于我们的主观知识，也不依赖于我们的认识缺乏。统计力学的概率和量子力学的概率同一，现在该是认识到这一点的时候了。

总之，近年来，量子统计热力学的研究进一步表明，在量子测量过程中，相干性的消失，量子概率转化为经典概率，可能是一个热力学的热化过程，即只要环境足够大，系统部分的分布由于量子纠缠会自动地变成热力学的分布。这是一个客观的量子概率转化为经典概率的动力学过程，不是我们无知的表现，也不是主观意识参与的结果。量子力学与统计力学可能有着共同的起源，即统计力学源于量子力学内禀的不确定性。因此，通过把量子纠缠、量子退相干和统计力学结合起来，从新的视角对量子测量问题作出新的认识论说明，似乎可以更好地理解量子测量难题和量子-经典的关联，深化我们对量子力学基本问题的认识。

四、客观性和量子达尔文主义

在量子力学所描述的世界中，所有的物体都遵循量子叠加原则，即一个物体可以处于不同可能状态的叠加之中，如一只猫可以既是死的又是活的，死和活的概率分别为50%。然而，在经典世界中，量子叠加原则不再有效，所有的物体在某时只能处于一个确定的状态，如一只猫要么死，要么活，不可能死活两种状态各占50%。量子叠加原则为何在经典世界会失效？理解量子叠加原则失效的原因，可以说是理解量子如何向经典过渡的非常重要的一步。

理解量子叠加原则失效的原因，虽然是理解量子-经典过渡的非常重要的一步，但是却与客观性的有效性不一致：环境选择的最终指针态仍然是量子的，因此直接的测量对这些最终指针态的影响仍然十分强烈，这纯粹是一个量子问题。一个观察者尽力探查一个系统通常会直接破坏系统的状态，除非他碰巧在指针基上作了一个非破坏测量。但是，这对于一个最初是无知的观察者来说实际上不可能。因为对于一个不知道系统的指针态是什么的观察者来说，他不可能通过一个直接的测量来探查一个物理系统的态而没有干扰它。在一个直接测量之后，系统的状态会立即变为观察者所发现的态，这个观察态通常不是测量前系统的状态。

当我们考虑许多最初无知的观察者企图发现系统处于何种状态时，这种情况变得更为令人不安。除非观察者碰巧测量了对易可观察者，或者更精确地说，除非被测可观察量共享系统的指针态是本征态，否则，作为对系统进行直接测量从而对系统造成干扰的结果，第二个观察者的测量能使第一个观察者的测量所获信息变得无效。然而，这与我们通常认为的客观性的有效性不完全一致。在量子力学的世界中，环境虽然不间断地监控系统，但是环境选择的指针态，最终仍然是量子的。这些量子态对于观察者的直接测量是敏感的。观察者对于物理系统的观察会直接破坏系统原初的状态，使得系统从观察前不为观察者所知晓的状态，立即变为观察者所发现它是什么的一个确定状态。这里，观察者的介入对于量子态的坍缩，或者说对于量子叠加原则的失效至关重要。

量子主观性与经典物理学的客观性形成鲜明的对照。在经典物理学中，观察者对于系统状态的探测原则上不会改变系统的原初状态。这是因为经典系统容许对于观测作出一个根本的客观描述，即容许有一个经典实在，经典态能为最初对其一无知的观察者所探测。通常说来，量子系统不是这样。对于量子系统的客观信息的直接获得，只能通过对系统的一个预先达成一致的测量结果加以限制，才能直接获得。

对于观察者来说，有好的理由关注由退相干挑选出来的态集：即不顾与环境的相互作用，只是系统的指针态在连续、忠实地描述系统。所有那些态都受到环境的影响，使得可预言性不可避免地消失。可预言性是经典系统态的典型特征，因此是一个经典实在的表征。但是，最重要的是，预言是测量的原因。因此，我们能理解对于突然出现的经典性，有实际经验的观察者在对测量什么作出选择时，如何被迫选择相同的指针可观察量：如果测量对于预测是有用的话，除了指针可观察量，没有其他选择。这可能看上去像是一个"提前达成的一致"，但是绝不涉及或包含观察者之间的磋商：与环境竞争不完全是一个选择。

实际上，环境充当一个超级观察者，反复监控相同的指针可观察量，其频率和精确性是其他观察者如人类所不能与之相比的。人类观察者不得不测量与指针可观量对易的可观察量。此外，观察者可资利用的相互作用在结构上相似于环境诱导选择造成的相互作用。因此，在退相干的发生中预言性的有用和在我们的宇宙中可利用的哈密顿量的有限选择一起，激发了对指针可观察量的约束测量结果的预先一致。然而，即使这种为环境选择强加的预先一致，有助于挑选出何种可观察量会变得客观，但就什么会发生，环境的实际作用实际上更富戏剧性和决定性：环境不仅仅是一个优先的观察者，环境更是成为一个目击者。观察者运用环境发现感兴趣的系统。因此，他们必须满足能从部分环境（因为通常他们从不能截取全部环境）提取信息。

在最初的形式中，退相干理论把传播给环境的信息看做不可获取。然而，在真实的世界中，情形典型不是这样。我们通过截取一小部分光子环境获得的大部分信息，对于有效的经典态从量子底层出现是很重要的。我们现在调查对于量子-经典过渡来说这样一个间接信息获取的结果，并且探究这种"环境作为一个目击证人"的观点与指针态的可预言性之间的关联。我们将论证信息在环境中的储存方式是有效的经典系统态在许多观察者之间不可避免地达成一致的原因所在。换言之，在环境中信息沉积的结构成为客观的经典实在，这是从量子底层出现的原因。

量子达尔文主义导致"最适合的信息生存"关联增殖。这是对环境目击者方法的一个自然补足，这种方法聚焦于系统的数据怎么通过询问环境得以提取。量子达尔文主义允许环境充当一个目击证人，给经典性基于退相干出现的现代观点增加一个新维度。我们将基于下面的客观性定义，建立一个严格的操作框架，以分析量子系统的客观经典实在如何涌现。客观性定义：物理系统的一个属性是客观的,当且仅当:①它可同时为许多观察者获得;②在没有关于感兴趣的系统的先验知识的前提下,人们能够发现它是什么;③人们在没有预先协定的前提下能对它达成一致的认识。客观性的这一操作定义产生于爱因斯坦、玻多尔斯基和罗森在他们著名的 EPR 论文中针对纠缠所使用的"物理实在的要素"的观念:"如果没有干扰一个系统,我们能精确地预言(概率为1)一个物理量的值,那么存在一个物理实在的要素与这个物理量相对应。我们不把这看做是实在性的一个必要条件,而只是一个充分条件,这个标准不仅与量子力学的实在观念相一致,也与经典性观念相一致。"(Einstein et al., 1935)根据我们采纳的定义,可以把满足这一要求的系统的任何属性考虑为客观实在的一个要素。

环境作为一个目击者的方法承认,在我们日常的数据获取中,决定测量系统的什么由环境选择,并且测量什么取决于退相干负责的动力学,即取决于环境对于系统的监控。然而,在不了解环境的任何结构的前提下,这仍然不足以说明系统态的一致同意的结果为何出现。与直接测量系统一样,对于环境的测量同样遇到基础不明确的问题:测量能按任意基来执行。而且,测量通常破坏环境的态,因此要破坏系统和环境之间的关联。除非所有观察者都同意在相同基上测量环境,否则他们随后对环境测量所获结果不可能产生关于系统的一致意见,而且人们将不能把"客观性"归于系统的态。

在密切检查我们如何得知真实世界中的系统后,这个令人疑惑的解决方案变得显而易见。不但独立的观察者通过测量环境间接地聚集了系统的信息,而且不同的观察者获取了分离的环境信息。当通过定义能从不同的部分发现相同的系统信息时,测量必定在环境中留下冗余印记。此外,当环境的许多分离部分包含系统态的信息时,不同的观察者能发现系统态的性质,而没有使相同的结论失效。这是因为作用于环境的分离部分的可观察量总是相互对易。因此,满足客观性的前两个要求。而且,环境中冗余印记选择一个优先的系统可观察量的集。特别来说,环境促使必须到达一个冗余印记的信息放大,不能克隆。放大以付出挑选对易系统可观察量为代价。结果,甚至最初对于他们的环境部分执行任意测量的无知观察者只会发现这个唯一的可观察量。放大的选择性在环境中建立冗余印记,是经典客观实在出现的一个充分必要条件。因此,如果能在环境中找到它的完备性和冗余印记,系统态事实上就是客观的。

量子达尔文主义通过聚焦于环境的信息容量而新颖地使用信息理论。这种方法补足了退相干传统的"基于系统的"处理方法。这里,环境首先是一个"信息库",一个负责信息不可逆地消失的退相干源。然而,这两个互补的方法确实与它们的结论相一致：通过环境诱导超选择规则挑选出的指针可观察量是唯一的指针可观察量，它们能在环境上保留一个冗余印记。这能部分理解为浸润在环境中的指针态得以保持的一个结果。而且，在两种方法（或者从初始条件出发，或者从环境的许多独立观察结果出发）中系统优先态的可预言性是关键标准。这个可预言性依赖于这一恢复力：允许指针可观察量的信息增值恰好在"适者生存"的精神旨趣内，并确证了量子达尔文主义对于客观性出现所起的作用。

根据量子达尔文主义，当我们说一个物理系统的态是客观的或一种属性是客观的时，是在说许多独立的观察者对所观察的态或属性意见一致。在这里，观察者的独立性是至关重要的。对于一个孤立的量子系统的调查，许多独立的观察者不可能预先在一个特殊的测量基上取得一致意见。通常，他们测量不同的可观察量，因此他们不会在后来取得一致意见。一个孤立的量子系统的态不可能是客观的，因为非对易的可观察量的测量结果相互无效。另一方面，经典理论允许观测者测量一个系统，而没有破坏它。经典系统的性质（如经典态）因此是客观的。每个观察者能记录正被讨论的态，而没有改变它，然后所有的观察者将对他们观察到什么取得一致意见。当然，观察者可以获得不同的信息——例如，一个观察者可以比另一个观察者进行一个更有效的测量——但他们不会获得相反的或相互矛盾的信息。

客观性为探测经典性通过退相干呈现提供了一个极好的标准。当一个量子系统的可测量的属性变得更客观时，量子系统也就变得更经典。"可测量的"一词的运用是意义重大的。没有什么能使一个量子系统的每个性质变得客观，因为一些可观察量与另一些可观察量性质相反。两个观察者从不能同时获得同一个系统的性质相反的可观察量（如位置和动量）的可靠信息。退相干通过破坏所有与一个系统的指针可观察量不相容的可观察量部分解决了这个问题。因此，我们需要探测：①指针可观察量如何变得客观；②退相干和客观性的出现如何相关。

退相干理论已解决了量子物理如何过渡为经典物理学的长达数十年的诸多混淆。它通过环境的弱测量提供了一个能迫使一个量子系统经典地行为的机制。量子信息最新进展也鼓励信息退相干的理论观点，其中一个核心系统的信息"泄露"进环境，因此变得经典。环境是系统态的一个目击者，能用来作为测量或控制该系统的一个源。

总之，近年来，量子测量的实验和理论均取得了一些进展。根据朱克（W. Zurek）的观点，我们的宇宙是"彻底量子的"，因此应该在量子理论自身内寻求客观的经典性。退相干当然已提供了部分答案：在一个开放系统的希尔伯特空间中，只有一些态是稳定的。那些不稳定的态不能"客观存在"。然而，甚至这些环境诱导的超选择指针态也容易受直接测量它的观察者的扰动。然而，客观性暗示许多不同的观察者能独立地发现这个态。在此，朱克提出了环境作为一个目击者的观点，这一观点通过承认我们本质上是从环境自由度中（可能除了特殊的实验室的实验外）间接地获得所有我们的信息解决了这一问题。因为环境是"信息通道"，因为只能截取部分环境的信息，因此明显的问题是：信息如何存储在环境中？将会存储什么类型的信息？

为了提供这个答案，朱克再次提出了量子达尔文主义的新观念。他的基本结论是，在我们宇宙中信息冗余的证据不是庞大的多粒子希尔伯特空间中随机选择的态的一个真正性质。然而，当希尔伯特空间中的态为在环境诱导的超选择讨论中援引的相互作用创造时，冗余出现。因此，客观性能从退相干的动力学中产生。在这个意义上，退相干是陈述量子达尔文主义的机制。量子达尔文主义是说明经典性出现的一个更完备的观点。也就是说，量子达尔文主义旨在表明量子系统性质的一致性：经典实在自然地、不可避免地产生于量子理论；当人们把环境的作用看做一个广泛的媒介，在监控感兴趣的系统的过程中导致退相干和环境诱导超选择时，就获得关于感兴趣的系统的优先属性的多重信息拷贝。

观察者用环境作为一个目击者，这对于量子理论的解释有明显深奥的含义。经典领域能从一个量子宇宙中产生，这个经典领域的发现不破坏量子系统的态，因此，在操作意义上讲这些态独立于观察者存在，这个基本观念明显为环境作为一个目击者的观点所推进。量子达尔文主义用相同的信息传递模型，这一模型引入研究退相干和环境诱导选择，但却问了一个不同的问题：不是像退相干那样，关注信息如何从系统中消失，而是分析信息如何获得和存储在环境中。在退相干中，环境的作用被限制为隐藏潜在的量子性。环境诱导选择承认信息的消失是选择性的，因此，环境有能力挑选出优先的指针态，这些指针态浸润在环境中，但却极好地幸存。而且，指针态的选择发生在环境作为一个仪器预先测量感兴趣系统的指针可观察量的测量过程中。

量子达尔文主义符合下面的逻辑问题：根据环境与感兴趣的系统的相互作用，环境能用做一个仪器吗？为了说明这一点，我们必须发展测量理论，以说明如何获取存放在环境中的记录的客观性。通过对冗余提纯去除，证明有一组最容易从环境的片断中发现的对易可观察量，这些冗余记录的可观察量的确是熟悉的指针可观察量。结果，就烙有系统冗余印记的可观察量的值，即系统的客观性而言，监控环境片断的观察者能达成一致的结论。在这一操作意义上，量子达尔文主义对于我们从更为根本的量子底层感知到的客观的经典世界的出现，提供了一个令人满意的说明。

我们已用一个动力学模型阐明了量子达尔文主义，这一模型从一个信息论的视角容易分析，然而为一个散射在物体上的光子环境获得灵感：所有的环境亚系统与有相同哈密顿量且相互不发生作用的物体耦合。这一模型能使我们进一步推进我们的分析，因为我们能明确地决定最理想的环境测量结果以得知系统的性质。这一模型也证明量子达尔文主义允许用来推导我们理想假定的合理违反。在这方面，它确证了最近的研究和早期的猜测，即强调冗余在确保某些态的反弹上的作用——经典领域的一个本质特征。因此，冗余是确定开放的量子系统呈现客观性的一个强有力的选择性标准。

正如环境诱导选择规则所定义的那样，当熵有冗余印记的可观察量是动力学稳定的时，可逆就不是必然为真：量子达尔文主义要求更强的假定，特别是关于环境的结构、大小和初态。例如，一个单光子能足以使一个处于两个不同位置的叠加中的物体退相干。然而，它获得宏观数量的光子以冗余的形式把这个物体的位置传播到整个环境。当系统的熵产生迅速饱和时，这是退相干的一个信号，冗余然后能继续随着时间增长。这说明环境中多余记录的增加如何俘获系统仍然处于连续的"观察中"，在此指针观察量的信息放大为宏观水平。在这个意义上，量子达尔文主义可能受玻尔最初关于量子向经典过渡的放大作用思想的推动。

事实上，尽管现在反对定域实在论，支持量子论的证据似乎是压倒一切的，但是，由于其他方面出现的不同的认识论问题，对于一个传统的解决方案的持续寻求仍然是可理解的。另外，当缺乏任何以观察或实验为依据的暗示来说明如何修定量子理论时，接受以非定域的态矢给出的物理实在的描述，并且认真地考虑它的严重后果，可能是明智的。不管在后来是否会证明它的有效性是有限的，这样一种方法可能是有用的。

对于经典和量子概念之间的转换，依靠特设的决定，采用惯常的哥本哈根式的实用主义的态度，当然不代表一个自洽的描述。量子和经典概念之间的转换应该区别于波粒二象性，波粒二象性能成为一个总的态矢概念的一部分。遗憾的是，描述"真实实在"的定域经典概念或非定域量子概念的私人倾向，似乎在物理学家之间形成了主要的误解源。

似乎非常显然，神志清醒的意识一定以某种方式与定域的物理系统相耦合：为了知觉我们的大脑活动，我们的物理环境一定与我们的大脑相互作用，因而影响了我们的大脑。甚至有令人信服的证据支持这一观点：所有的意识态反映大脑中的物理-化学过程。这些神经过程通常用经典的（即定域的）概念来描述。人们可能在纯理论的基础上思考这种耦合的细节，或通过从事神经学和心理学的工作从实验上寻找它们。事实上，通过退回到纯粹的行为主义，经历了从精神生物学来驱除意识的几十年之后，现在似乎允许意识这一魔鬼回来。然而，一经严格检验，意识作为使用过的概念，证明纯粹是一个行为主义的概念：行为的某些方面（如语言）相当老套地与意识相互关联。出于认识论上的原因，严格说来，确实不可能从一个物理世界推出主观意识的概念。虽然如此，主观性不必形成一个"认识论的困境"。但是，为了理解主观性，可能需要物理学、心理学和认识论共同的努力。

本 章 小 结

从哥本哈根解释到退相干纲领和量子达尔文主义，量子理论的发展很大程度上是想从物理主义或自然主义的视角消解量子测量问题。从上述分析来看，量子理论的新发展对于逻辑一致的量子测量理论的追求，是深化了我们对于量子力学基本问题的认识，并为后续的量子理论的认识论发展奠定了可资借鉴的思想基础，也有助于促进量子理论的客观实在论的哲学思考。特别是，量子达尔文主义允许环境充当一个目击证人，通过表明量子系统性质的一致性，经典性自然地、不可避免地产生于量子理论，为我们从更为根本的量子底层感知到客观的经典世界的出现，提供了一个令人满意的说明。这是一种强调环境选择、"最适合的信息优先生存"的客观实在论的观念。

第四章

量子理论引发的哲学思考

量子力学的观念之争和理论发展，深化了我们对于量子力学所描述的物理世界的认识。这一认识是非常激进的，引发了我们对于量子理论深层的哲学思考。在这一章我们首先阐明量子理论对于哲学的挑战；然后站在结构实在论的视角透析量子力学对于物理实在的结构表征；接着分析量子理论中反实在论的逻辑，并对量子整体论和心智哲学进行探讨。最后分析时常引发哲学讨论的三种量子理论解释的要点，指出量子力学波函数描述物理世界的信息论意蕴。

一、量子理论对于哲学的挑战

量子理论要求我们对于事物的性质的理解作出一个激进的修正，这一修正比由相对论要求的对于空间和时间的性质的理解所作的修正更为激进。一般说来，量子系统不定域在空间任意一点或任意小的区域。它们不是由相互独立的属性刻画的单个系统。确切地说，它们通过态的纠缠关系相互关联在一起，它们不是单独存在物。有人说，量子理论让人想起了一种强调关系或结构的自然哲学。贝尔定理、量子理论的形式和实验结果一起，让我们有权声称这些关系或结构性质不是建立在内禀性质之上。因此，量子理论开启了战胜关系二元论的认识论视域。根据这种观点，关系结构是容易理解的，但对其背后的内禀性质，我们一无所知。现在我们来考察量子理论对于哲学的挑战，特别是量子理论给我们提供的究

竟是一种什么样的认识论图景和哲学上的可能性。

1. 量子理论对于自然哲学的挑战

众所周知，爱因斯坦对量子理论持怀疑态度。他对于自然的理解促使他反对量子理论，特别是量子理论强调的量子系统的不可分离性、非定域性和非个体性。在爱因斯坦看来，如果没有一个关于空间分离物的相互独立存在的假设，就不可能有我们所熟知的物理思想。在1935年6月19日给薛定谔的信中，爱因斯坦把这种存在的独立性叫做"分离原则"（separation principle）或"分离假设"（separation hypothesis）（Howard，1985）。今天我们经常称之为"可分离性原则"（principle of separability）。"可分离性原则"意味着物理系统是相互独立的，即每个物理系统有独立于其他系统的基本特征属性，这些特征属性不依赖于"其他物理系统是否实际存在"。因此，这是一个关于系统的内在性质的问题。这种性质在哲学上叫做内禀性质（intrinsic properties）。

根据可分离性原则，内禀性质能通过因果关系获得。考虑一粒沙子的性质。可能存在一系列的原因导致我们的世界上的每粒沙子的存在。但是，如果世界上只有一样东西，那么这样东西可能就是一粒沙子。由于这个原因，是一粒沙子是一个内禀性质，它不依赖于其他事物是否存在。除此之外，可分离性原则还意味着：物理系统之间存在的关联由各个系统的内禀性质确定。假设质量是一个内禀性质。张三重80公斤，李四重70公斤。在这个例子中，张三比李四重这一关系是由张三和李四各自独立拥有的质量确定的。同样，假定两个系统的空间距离由每个系统的位置决定，在一个系统的位置独立于其他系统的位置这个意义上，位置是一个内禀性质。

除了可分离性原则外，爱因斯坦在1948年的文章中（Einstein，1948）还采用了另一个原则：定域作用原则（the principle of local action）。定域作用原则说甲地的作用不能施加影响于类空远处的乙地，超距作用不存在。因此，就物理系统的态的变化而言，因果效应只能以一个低于光速的有限速度从一点传递到邻近的另一点。定域作用原则预设可分离性原则：它关系到系统中全靠自己发生的改变在给定意义上有一个态。定域作用原则是一种定域性条件。有时，人们会把定域作用原则不精确地等同于定域性原则（the principle of locality）。然而，把定域作用原则等同于定域性原则，在量子理论的解释中会产生某种误解。定域性原则是说物理系统的态在空间或时空的点上或任意小的区域有一个确定的值。

根据量子理论，每个量子系统都有一些相互依赖的属性，在一个给定的时间，量子系统的这些属性不可能都有一个确定的数值。以位置和动量为例，根据海森伯的测不准关系：位置的值越趋近于一个确定的数值，动量值的不确定性越大，反之亦然。在一个量子系统内，属性的这种相互依赖性的最重要的结果是：一般说来，量子系统是非定域的，它们的属性甚至是它们的类态性质，像质量和电荷，不存在于空间中的点上或任意小的区域。可见，量子系统的非定域性指的是类态属性的远程关联性、非独立存在性，而不是信息传递的超光速，即贝尔不等式所揭示的量子系统的非定域性"指的是定域的非分离性，而不是指非定域的相互作用"（成素梅，2006）。"定域的非分离性"是说量子系统中的"相互作用仍然是相对论所要求的非超距的、邻接性的定域作用"，但是量子系统的态却是纠缠的、非独立可分离的（桂起权和姜小慧，2009）。

在量子系统中，属性的这种相互依赖性或非定域性有一个深远的影响。当我们测量一个量子系统的赖态属性时，测量仪器记录的是量子系统与测量仪器的相互作用所拥有的属性。我们知道的仅仅是量子系统的相关属性，而不是量子系统本身的内禀性质，这种相关属性存在于量子系统和测量仪器的相互关联之中。著名的 EPR 关联其实就表明，量子理论的形式体系允许两个或多个量子系统的态相互纠缠，量子理论给予我们的是相关系统的赖态属性之间的关联，这些关联不依赖于系统的空间或时空距离。可见，态的纠缠关联违反了可分离性原则。根据可分离性原则，每个相关系统有一个不依赖于其他任何系统的态。而根据态的纠缠关联，没有一个系统独自拥有一个赖态属性的值，只有一起处理的系统才可能有一个确定的态：整个系统处于一个纯态。从整个系统的态来看，在我们已提到的 EPR 关联的意义上，只是亚系统之间的关联或说结构属性存在。

对于量子系统之间 EPR 关联的进一步扩展是把测量仪器包括进来，从量子系统和测量仪器之间的关联出发来讨论问题。根据量子理论的形式体系，态的纠缠是量子世界的普遍现象。无论何时当我们查看一个由几个量子系统组成的复杂系统时，我们都能期望这些量子系统的态是相互纠缠的。因此，量子关联中的所有赖态属性最终完全取决于所有量子系统加在一起的总态。由此到达量子理论的整体论：量子系统由纠缠关系或结构束缚在一起，量子关联中的所有赖态属性绝不能还原为相互独立的单个量子系统的某些东西。正是在这个意义上，人们时常说，在经典物理学中被看做是内禀性质的东西，在量子力学中必须被看成是物理系统之间的关联或结构属性。

对于上述说法，一种反对意见说：态的纠缠只涉及赖态或赖时属性。但是，量子系统也有不依赖于态的性质，如质量和电荷。这些性质也属于量子系统的基本属性。对此说法的反驳是：然而，像质量和电荷这样的性质绝不能作为对量子系统之间的关联进行定义的根据。而且，质量和电荷是否真的是内禀性质也是有疑问的。就一个点电荷而言，它深植于整个场中，离开了场就无所谓点电荷。而联系广义相对论，甚至能说质量也是一个关系属性（Teller，1991）。此外，由于量子理论是我们基本的物理学理论，因此还可以期望最好能在量子理论的形式体系内推出像质量和电荷这样的性质，即在关系属性或结构属性的基础上获得像质量和电荷这样不依赖于态的性质。如果我们采纳结构主义的立场，把结构看成是最基本的存在，那么，质量和电荷就成为结构属性。

量子系统不满足可分离性原则，这意味着量子系统不是独立的个体。就玻色类型的量子系统来说，个体性消失的原因能独立于态的纠缠给出，因为玻色子本身是全同粒子，不可区分，因此玻色类型的量子系统不具有个体性。用西蒙·桑德斯（Simon Saunders）的话说就是，基本玻色子的弱不可分辨性足以否认它们的个体对象状态（French and Ladyman，2009）。事实上，不顾玻色子和费米子之间的区分，以及费米子遵循的泡利不相容原理，态的纠缠表明所有类型的量子系统都不是独立的个体。因为在量子力学中，当我们查看几个相同类型的、态相互纠缠的量子系统时，这些系统是不可区分的。根本不存在区分一个系统与任何其他同类系统的属性，甚至不存在区分它们的任何类型的条件概率分布（French and Redhead，1998）。由此可以得出，量子系统在时间中没有个性。我们不能标记一个量子系统，然后在某时再认出它。

量子粒子并非个体似乎已成为物理学哲学中的公认观点。特别是在结构主义的框架中，标准形而上学意义上的个体被彻底消解。结构主义以结构中的"结点"（knot）或者仅仅是关系的"交叉点"（points of intersection），对量子物理对象作了"非个体"的理解。根据弗兰奇（Steven French）和莱德曼（James Ladyman），在量子时代，我们对于科学理论的本体论承诺，知道的只是物理结构、数学结构和动力方程那样的东西，它们是关系实在，而个体客体不过是这个关系中一些能自我支持和比较持久的东西（French and Ladyman，2003）。科学家可以谈论或寻找粒子，但对于粒子的最佳理解只能是结构，而不是个体或非个体抑或形而上的粒子。针对桑德斯的弱个体性存在的挑战，他们认为弱个体性是一种依赖于语境被个体化的东西，这本质上是一种彻底的结构主义观点（French and Ladyman，2009）。

综上所述，量子理论从三个方面挑战了自然哲学：①定域性。一般说来，量子系统和它们的属性不定域在空间或时空的点上或任意小的区域。②可分离性。

量子理论对于自然哲学最大的挑战是可分离性的缺乏。可分离性的缺乏源于量子态的纠缠关联，量子态的纠缠关联赋予了量子系统的属性具有赖态性或相关性。③个体性。量子系统不是独立的个体。个体性的缺乏是不可分离性的结果。弱个体性是在特定的语境下个体化的东西，仍然是一种结构实在。正是在这个意义上，结构主义主张量子理论提出了一种强调关系或结构属性的自然哲学，而不是提出了一种关于单个物有内禀性质的自然哲学。

然而，量子理论对于关系或结构性质的强调，并不意味着量子理论所刻画的世界的结构是一种纯关系的结构。结构主义承认本质性质或内禀性质为对象所有，否则，整个结构大厦会处于危险之中。因此，一个结构主义者不得不对本质性质说些什么。在结构主义看来，结构本质不是通过形而上学想象被揭示的，而是通过相关理论的反思被揭示的。鉴于量子理论的完备性仍处于争议之中，认为通过结构知识或越来越精制化的数学关系网，可以获悉对于不可观察的组分结构或本质性质的认识，应该保留开放。这就进一步涉及量子理论的认识论问题。

2. 量子理论为我们展现的认识论图景

爱因斯坦认为量子理论是不完备的。在他看来，量子系统存在满足可分离性原则的内禀性质，这些内禀性质是引起量子系统纠缠关联的基础。爱因斯坦曾设想构造一个物理理论，这个物理理论保留量子理论的预言，并描述构成观察效应的基础的内禀性质。然而，假设这种内禀性质存在，我们如何能识别它们？按照可分离性原则，物理对象相互独立，它们的存在与我们不相关，我们又如何能探测它们？

众所周知，我们对于物理对象的了解是通过它们与我们发生联系或与我们的测量仪器发生联系得以实现的。我们通过事物作用于我们和我们的测量仪器知道事物实质是什么。然而，这导致了令人不安的想法：我们可能几乎对世界的内禀性质一无所知，我们只能探测到关于物理对象之间的关系结构，我们只能知道它的因果性兼相关性。这似乎又回到了康德（I. Kant）的观点。根据康德的物理主义观点，我们世界的大部分（可能是全部）内禀性质无可挽回地超出了我们可触及的范围，我们知道的所有性质都附随在物理科学告诉我们的大部分或全部的因果性兼相关性上（Jackson, 1998）。

有人诘难结构实在论是新康德主义。为此，曹天予主张需要在物理结构与数学结构之间作出清晰的区分，通过结构知识来揭示内禀性质和本质特征，以避免陷入古老的康德主义的不可知论（Cao, 2003）。然而，根据弗兰奇和莱德曼的观点，我们不能通过坚持说实验进展会使不可观察之物或性质变得可观察来击败康德。康德的"自在之物"不等同于物理学家构想的对象之物。事实上，结构作为最基本的存在，模糊了数学结构和物理结构的界线（French and Ladyman, 2003）。

可以说，量子理论通过放弃可分离原则，避免了以可分离性原则为基础的自然哲学经常面临的认识论问题：以何种方式我们才能对相互独立的物体的内禀性质获得了解。量子理论通过强调态的纠缠关联，明确声称量子理论只描述物理对象之间的关系，而不是内禀性质。我们只能通过事物相互之间的联系、与我们的联系或与我们的测量仪器的联系获得对事物的了解，我们不能直接获得关于事物内禀性质的任何精确知识。这不是在主张任何相对主义。量子理论不主张我们仅仅知道物理对象以相对于我们的方式采取行动，或物理学依赖于一个只在我们的文化中有效的概念框架。

如果你接受内禀性质不可知，那么你可以接受量子理论是完备的。量子理论是完备的观点为玻尔及其哥本哈根学派所持有。玻尔承认量子理论的完备性，但由此付出的代价是，他认为量子系统的陈述只与一个实验安排包括测量的描述有关。因此，属性只被赋予与实验安排和测量相关的量子系统。对于玻尔的观点，人们能产生两种不同的理解。一种理解认为，玻尔不否认量子系统实际上有比在实验中显现的更多的行为（Folse, 1985）。玻尔的观点只不过是说，相对于量子系统的实际情形，我们只有机会探测量子系统相对于我们的实验安排和测量的行为方式。根据这一观点，爱因斯坦和玻尔之间的不一致实际上能归结为下面的争端：一方面，两人都同意量子系统有超出现象之外的内禀性质存在，现象是在实验中显露出来的东西。另一方面，玻尔声称我们只能获得关于这些现象的知识，而爱因斯坦确信我们可以获得一个描述量子系统的内禀性质的物理理论。

对于玻尔观点的另一种理解是，除了在实验中显现的行为，玻尔否认在量子系统中有任何东西存在（Faye, 1991）。然而，对玻尔的观点作这种理解后，我们会发现，玻尔的论据不足以支持这一结论。因为即使接受量子系统的陈述只与一个实验安排包括测量有关，也没有说服力排除，除了实验可获得的现象外，量子系统可能有内禀性质存在。因此，为了反对除了在实验中显示的东西外，量子系统没有内禀性质存在的观点，我们需要超越玻尔的解释，到达量子理论的一种实在论或本体论的解释。

对于玻尔–爱因斯坦之争的推进，贝尔定理是决定性的。1964年贝尔从爱因斯坦的可分离性原则和定域作用原则出发，表明根据这些原则量子理论处理的那一类型关联有一个上限。然而，量子理论预言在量子系统的条件概率分布之间有比贝尔定理允许的更高的关联。量子理论的预言为实验所证实，特别是由阿斯佩克特等所做的实验类型证实（Aspect, 1982），这个实验似乎排除了在关联的量子系统之间以低于光速传播的任何因果相互作用。

当一个人接受了量子理论的预言及其实验证据时，贝尔定理就对相互独立的单个事物的自然哲学作了不利的陈述：除了在实验中显示的关联，量子系统不涉及内禀性质。但是，贝尔定理没有在爱因斯坦和玻尔的争论之间作出决断，简单地支持玻尔。贝尔定理包含比玻尔的观点能够言说的更多内容。玻尔主张量子理论是完备的，贝尔定理给出了主张量子理论是完备的理由。事实上，2007年4月阿斯佩克特在英国的《自然》（*Nature*）杂志上撰文承认，我们可以选择放弃原初的定域性和实在论这两个概念之一，或者甚至放弃两者，这在逻辑上并无必然的答案。

对于量子理论只描述物理对象之间的关系，而不是内禀性质，有几种反对意见。有两种反对意见是与量子理论的形式体系相关的。一种反对是，对于量子系统的态来说，相互纠缠不是必需的。有一些由两个或多个单量子系统组成的复合系统，它们的态并不相互纠缠，它们形成了直积态。直积态实现了可分离性原则，它们与内禀性质有关。对于这一反对的反驳是，然而，根据量子理论的形式体系，纠缠态是量子系统的普遍存在：无论何时当我们察看一个由两个或多个单量子系统组成的复合系统时，我们首先期望这些系统的态相互纠缠。因此，根据量子理论的形式体系，我们必须说明的不是态的纠缠，而是态的纠缠缺乏。当依照量子理论，内禀性质的引入能以某种方式从态的纠缠关联中推导出时，一个人就不能反对，不存在能够建立态的纠缠关联的内禀性质。

另一种反对是，即使就量子系统的纠缠态来说，分别对每个相关的量子系统给出一个描述也是可能的，这是一个叫做混合态的描述（Espagnat, 1971）。对此的反驳是，这个描述包含了一个定域观察者分别获得的每个量子系统的全部信息，但是这个描述忽略了存在于纠缠态中的关联。因此，这个描述没有就测量结果的预言考虑所有相关因素。就无论什么被看做一个混合态而言，这个描述是对于量子系统的一个不完备描述。它不构成对一个量子系统独立于其他量子系统的存在而拥有的内禀性质予以描述的案例研究。因此，这样一个描述的有效性不反驳已考虑的论据。

除了这些起因于量子理论的形式体系的反对外，还有针对实验缺点的反对。这种反对是说，实验确实显示贝尔定理的一个破坏，但是验证贝尔定理的实验不是没有缺点。最重要的缺点是：在目前执行的所有实验中，探测器的效率相当低下。大多数实验是用光子对做的关联实验，探测器不记录许多异常光子。因此，在假设贝尔定理不被破坏的前提下，发展隐参量的模型，再现目前执行的实验结果，是逻辑上可能的（Fine，1982）。对此反对的一种反驳是：当满足可分离性原则和定域作用原则的所有隐参量影响光子的探测，进而妨碍量子理论的预言的实现时，这种隐参量模型是在达成某种阴谋（Maudlin，1994）。

除了这种针对实验缺点的批评外，还有一个重要的批评是：接受实验所显示的贝尔定理的破坏，但是坚持量子系统有一个内禀性质，因此满足可分离性原则是逻辑上可能的。例如，一种观点认为，隐参量能够存在，它们存在于相互独立的量子系统之间超光速的相互作用中（Chang and Cartwright，1993）。另一种观点认为，可能存在一种在时间上是反向因果性的隐参量（Price，1996）。

关于量子理论的解释的争论，有人说其证实了奎因（Willard Quine）在他的名著《经验论的两个教条》中所表达的观点："如果我们在系统的别处进行足够激进的调整，那么不管发生什么事情，任何陈述都能保持为真。"（Quine，1980）因此，如果我们愿意接受像超光速相互作用或反向因果性的结果，那么坚持量子系统有一个内禀性质，因此满足可分离性原则的观点是可能的。但是，如果我们选择接受贝尔定理及其实验结果，那么我们必须或者放弃定域性假设，或者放弃实在性假设（Davies and Brown，1986）。放弃定域性假设意味着可能支持量子理论的一个替代方案——特别是一个允许超光速相互作用的替代方案。当我们对这样一个替代方案不感兴趣时，我们将不得不放弃实在性假设。但是，这可能意味着什么？由于量子理论的陈述缺乏清晰性，像"实在性假设不得不被放弃"这样的陈述，其实是含糊其辞的。量子理论这种表述的含糊性也影响了它在学界的广泛接受程度。因此，厘清量子理论放弃的是一种什么样的实在论，对于本书问题的解决，以及长期以来围绕量子理论展开的认识论之争，具有非常重要的意义。

3. 量子理论提供的哲学可能性

量子理论是否彻底放弃了对于实在的描述呢？实在性必须放弃的假设归因于玻尔等对量子理论的诠释，即所谓的"哥本哈根解释"。然而，我们已看到贝尔定理不完全证实这个诠释。根据西蒙（Abner Shimony）对于"实验形而上学"（experimental metaphysics）的表述（Shimony，1993），尽管形而上学问题不能由实验来决定，但是对于某些形而上学问题，如物理系统的内禀性质是否存在这样的问题，随着贝尔定理的提出，实验结果变得至关重要。贝尔定理表明，物理学、认识论和自然哲学三者紧密呼应。同时，贝尔定理对于认识论的挑战向我们展现了一种新的视角：除了事物之间关系外，我们对事物的内禀性质并无精确的知识。

因此，当我们接受贝尔定理和量子理论的形式体系，以及表明量子系统不满足可分离性原则的实验结果时，我们必须放弃的只是关于实在的某一种观点，代之以一种不同的实在观点，即我们必须放弃单纯考虑物理上的物具有内禀性质，因而满足可分离性原则的实在观；代之以一种不以内禀性质为基础的涉及关系或结构性质的实在观。在此，我们有机会根据贝尔定理给出的实验判据，通过处理事物之间关系或结构性质的一种自然哲学，克服关于相互独立的事物的自然哲学——这种哲学赞同可分离性原则——和主张我们无论如何不可能有机会探测相互独立的事物的认识论之间的鸿沟。

换言之，结构哲学基于态的纠缠关联，强调了量子系统的不可分离性、非定域性和非个体性，把传统实在论关注形而上学的对象个体转移至对象涉身其中的关系结构，看到了关系结构在科学理论发展中的连续性，对于应对库恩和劳丹的反实在论挑战具有重要意义。但是，关系结构哲学对于相关属性的强调，对于内禀性质的回避或否定，容易陷入关于结构的数学柏拉图主义和关于粒子的现象主义。因此，一个实在论者应有的态度是在传统实在论和关系结构哲学之间保持必要的张力，把一个越来越精制化的数学关系网看做是一种了解物理实在的方式。这样，我们所拥有的相关属性或关系知识就是关于组分结构在整个结构关系网中所占据的位置和它们所扮演的功能的某种关系知识，而不是关于它们的内禀性质的精确知识（Cao，2003）。下面我们就从结构实在论的视角来具体阐释量子理论对于物理实在的结构表征。

二、量子理论对于物理实在的结构表征

物理学理论不同于物理实在。物理学理论是对于物理实在的某种抽象的或符号性的结构表征，经典物理学是这样，量子物理学也是这样。可以说，用来表征一个经典系统的相空间和用来表征一个量子系统的希尔伯特空间都是数学构造，而不是物理学对象。谁也不会相信行星或电子本身会对微分方程求积，以确定接下来它们将运行到哪儿。事实上，存在于物理学家笔记本上的波函数，除非有某种隐喻性的含义，否则在实验物理学家的实验室是没有存在余地的。一个物理学

理论，就它包含了对于某些对象的结构表征，但不是对象本身而言，就好像是一张由墨水组成的城市地图。当这张地图变得废旧时，人们可以用更为精致的、结构表征有所变化的新地图替换。这就意味着物理学理论包括物理概念具有一定的适用性、暂时性和相对性。但是，能否由于物理学理论或概念具有可变性就否定物理实在的客观存在性？答案自然是不能。

物理学理论作为对于物理实在的结构表征，其宗旨还是为了达成人类知识和真实世界之间的联系。不可否认的是，在某种程度上，我们能借由心智理解一个物理学理论的数学和逻辑结构，即如果一个理论发展得很好，在数学和逻辑要素之间有清晰的关系，我们是能够讨论该理论是否逻辑一致、推理严密和形式优美的；而一个理论是否为真，即它与外在真实世界的关系，是更为微妙的问题，回答就显得有些复杂。通常说来，答案的指向与所站的哲学立场密切相关，工具主义、现象主义、经验主义、建构主义、实在论、反实在论，等等，都是企图对这一问题的回答。某种程度上可以说，即使一个理论如量子力学为许多实验检验很好地确证，然而要相信它在某种程度上是对于真实世界的一个真的描述，也需要有充足的信念。因为决定接受一个理论是对于世界的一个适当的，甚或一个近似真的描述，是一个对它的评估必定超越了数学证据、逻辑严密和实验一致的问题。

然而，如果一个理论有一定的合理性，并且给出了与实验或观察结果合理地相符合的预测，科学家是倾向相信它的逻辑和数学结构在某种程度上表征了真实世界的结构，即使哲学家将对此保留永久的怀疑。燃素说、热质说作为相对错误的学说已被排除出科学的殿堂；牛顿力学随着相对论力学的诞生也已被限定在宏观低速的范围。假定所有理论最终表明都有某种局限性，物理学家仍然认为牛顿力学是对亚里士多德力学的巨大进步，因为牛顿力学更好地表征了真实世界的结构。同样，相对论是对于牛顿力学的进步，因为时空确实有一个结构，在这个结构中，光以在任何惯性坐标系中都相同的速度运行。而像经典力学和经典电磁学这样的理论，在它们的适用范围内也都运行得非常好。因此，在科学家看来，如果不推想那些得到了实验检验的理论在一定程度上表征了我们所生活的真实世界的一些东西的话，似乎很难理解那些理论何以会与实验符合得那么好。

20世纪以来随着现代物理科学的发展，特别是量子理论的建立，关于人类知识和真实世界之间的关系这一古老的认识论问题，又在新的科学理解层面上有了新的研究复杂性。这种新的研究复杂性源自量子理论对于物理实在的结构表征相比经典理论对于物理实在的结构表征有了新形式和新特征。量子理论以其内禀的不确定性、非充分决定论、描述框架的多重不相容性区别于经典理论对于物理实在的结构表征。量子理论刻画的量子世界的物理图像以结构实在的新形式，丰富了科学实在论的研究视域。下面我们分三个方面来具体阐述量子理论表征物理实在的结构特征，从结构实在的视角来理解人类知识和真实世界之间的关系。

1. 量子实在是一种非定域的结构实在

在经典力学中，借助于相空间的点，我们可以确定质点在任一时刻的状态。这些状态点的集合构成质点的状态在相空间的轨迹，给出了质点状态变化的一种几何描述。但是，在量子力学中，微观粒子的一个基本性质是服从海森伯的不确定性原理（uncertainty principle），因而在量子力学中我们不能用相空间中的点结构描述微观粒子量子状态的意义。在量子理论中，当我们描述一个物理系统时，使用的是属于一个希尔伯特空间的波函数。波函数作为刻画量子状态的数学结构，不仅仅是一个数学符号，它作为概率幅，具有结构实在性，可以传递给我们微观量子态的信息，让我们拥有对于微观量子态的认识。

但是，与经典相空间中的点结构所描述的经典粒子具有确定的位置或动量不同，量子理论的波函数结构所描述的量子粒子不是拥有一个精确的位置或一个精确的动量，而是位置或动量的一个概率分布，因为波函数的模方给出了粒子在某一时刻出现在某点附近单位体积内的概率。而且，根据海森伯的测不准原理，我们不能同时测准一对共轭物理量：对粒子位置测量得越准确，对其动量的测量就越不准确。可见，量子理论的数学结构及其物理描述以其内禀的不确定性赋予了量子粒子或量子存在物以不同于经典理论的结构形式。如果我们承认量子理论的数学结构及其物理描述的客观实在性，我们就应该承认量子理论的数学结构所表征的物理量的结构实在性。这种结构实在以内禀的不确定性显现为量子态的非定域性。

量子理论的结构具有内禀的不确定性，是一种非定域的结构实在，这也意味着量子动力学定律是统计的或概率论的。通常说来，经典动力学的基本定律是决定论的。在经典动力学系统中，给定一个初态和边值条件，它的末态就能被确定地预见。而在量子动力学系统中，即使给定一个精确的初态，量子系统的未来行为也不能被确定地预见。量子理论中这种系统随时间演化的不可预见性，是量子系统的内禀性质，与经典物理学中随机的时间演化情形，如一个布朗粒子的扩散，形成对比。

经典的不可预见性的产生是人们使用了一种粗粒化的描述，忽略了潜在于经典随机性下更为基本的决定论系统的一些信息。而原则上人们总可能给出经典系统一种更为精确的、没有概率要素的描述，或者说至少可以把不确定性减少到人们希望达到的程度。与之不同，当玻恩规则作为一条公理进入量子理论，量子世界就产生了一种不导源于粗粒化的量子统计描述。量子统计描述作为量子理论把概率的时间演化包含为一个基本特征的结果，是不能通过在希尔伯特空间引入隐参量还原为经典决定论描述的。这是20世纪60年代以后物理学家面对贝尔不等式的实验检验不得不接受的事实。

然而，我们目前理解的量子力学并不就是表征世界如何运行的终极理论，很可能在未来某时，量子力学的概率定律将由一个回到了某种决定论形式的更高级的理论导出。如果是这样，我们就有望弄清楚决定论的经典实在与概率论的量子实在之间的关联。但是同样可能的是，未来的理论仍将把概率的时间演化包含为一个基本的特征。如果是这样，接受量子理论的数学结构及其物理描述的统计实在性，就不仅是由量子理论的内在结构特征决定的，也是由物理世界对于理论的自然选择决定的。

总之，放弃经典决定论，把随机的时间演化接受为物理实在的结构要素，是20世纪物理学家面对原子物理学中的实验结果不得不作出的选择。量子理论对于微观世界的刻画，以概率的或统计实在的结构要素，丰富了我们对于科学实在论的研究。

2. 量子实在具有不相容的结构多重性

量子理论在表征物理实在方面区别于经典理论的另一个显著特征是：量子理论允许人们用互不相容的多重描述来表征一个物理系统。当用量子理论描述一个物理系统时，人们能从关于系统的相同信息出发，从不同的不相容框架中推导出两个或多个不相容的描述。这些不相容的描述在各自适合的条件下都是对于系统结构的真实描述。但是，由于量子力学的数学结构，如波动结构和粒子结构的不相容性，它们却不能合并为系统的一个单一的描述，只能以互补的形式给出系统多重的结构描述。这种多重的、不相容的量子描述对应着量子实在的结构多重性，在我们的日常经验世界中没有好的经典对应。

然而，并不是描述的多重性才把量子力学与经典力学区分开来，因为同一物体的多重描述一直出现在经典物理学和日常生活中。例如，一只茶杯当从顶部看或从侧面看时有不同的外观，侧面的视图依赖于把手的位置。但是，在猜想这些不同的描述指称的是同一个物体这个意义上，我们绝不会有任何疑问。因为经典物理学允许一个物体的两种或多种正确描述合并为一种更为精确的描述。运用粗粒化的方法，即通过忽略某些细节，我们也能从这个单一的详尽描述中获取相应于每个细节的真实描述。例如，在经典相空间中，对于一个系统的描述，通常说来，我们使用的是点结构，位置和动量可以精确地确定。但是，当我们对相空间中的一个区域，而不是一个点作详细说明时，就产生了对于一个力学系统的粗粒化描述。这种粗粒化描述给出了我们对于这个力学系统的某一个侧面的了解。

量子描述的多重性也是对一个物理系统的不同侧面或不同结构的描述，但由于是从不同的不相容的描述框架出发，因而与经典物理学的多重描述不同，量子描述的不相容性阻止不相容的描述结合成一个更为精确的描述，因此使产生一个单一的、详尽的量子描述成为不可能。也就是说，不同于经典物理学中的情形，在量子力学中，两个不相容的方面不能同时进入一个量子系统的描述之中。因此，单一性不是量子实在的要素，量子实在具有结构多重性。这种结构多重性源自量子系统描述框架的多重不相容性。但是，量子不相容性非常不同于相互排斥的描述观念，相互排斥的描述意味着一个描述为真，另一个描述将为假；而不相容的描述意指对一个量子系统描述的不同方面，它们可以是相互补充的，但不能比较或合并。

量子系统的描述框架具有不相容的多重结构，这就意味着物理学家在对一个量子系统进行描述时，需要从许多不相容的框架中作出选择。这种选择的自由偶然会被误解，以为这里存在着主观意志。事实上，为了构造不同的不相容的描述，物理学家使用不同的不相容框架的自由，并不会使量子力学成为一门主观性的科学。从根本上说，描述的多重结构是由量子系统的本性决定的，这些不相容的描述框架在表征量子系统的结构特征方面没有一个比另一个更为适当或更为"真实"。

当两个物理学家使用相同的框架，从相同的初始数据出发来回答相同的物理学问题时，他们将得到完全相同的结论。甚至当某些问题能用多种框架表达时，他们也能得出相同的回答。例如，海森伯的矩阵力学和薛定谔的波动力学，都可以回答微观量子态的行为方式。这里，不存在哪种描述方式更为适当或更为真实的问题。所以说，为了构造一个量子描述，一个物理学家在选择一个框架时偶然考虑了什么，无论如何不以在某种意义上类似于意志力的东西影响物理实在的结构。

3. 宏观量子态也是物理实在的结构要素

我们与物理实在最直接的联系来源于我们对于宏观世界的感觉经验，如我们

第四章　量子理论引发的哲学思考

看到的、听到的和摸到的，等等。一个基本的物理学理论，至少在原则上，应该能够对于我们在日常生活中碰到的宏观现象给予说明。但是，是否由此就有理由认为，基本的物理学理论必须全然由来源于日常经验的概念建立？或者把它们限制在日常语言的描述之中？现代物理学理论提出了各种各样奇怪的东西，从夸克到黑洞，它们与日常经验完全不同，对于它们的描述经常要求用到某种相当抽象的数学。在物理学家看来，只要它们构成了一个连贯的理论结构的组成部分，能与我们的感官可到达的东西发生联系，即使在某种程度上是间接的联系，我们也没有理由否认这样的东西是物理实在的结构要素。

近年来，随着量子理论和量子测量技术的发展，宏观量子叠加态，作为物理实在的结构要素，成为物理学研究的对象。众所周知，宏观世界能用经典物理学很好地描述。然而，一个一致演化的量子理论表明，在经典物理学应用得很好的情形中，经典力学实则是对于世界的一个完全的量子力学描述的极好近似。也就是说，量子力学原则上能够以一种令人满意的方式说明我们的日常经验世界。通常认为，这个量子描述使用的是一个能使适当的宏观投影仪表征宏观物体性质的准经典框架；而相关的历史，即对我们显见的宏观物体的性质，作为经典运动方程的解的极好近似，是由一个退相干过程，即运动系统与其内部或外部环境的相互作用逻辑一致地造成的。

然而，事实上，量子力学也允许用非准经典框架来描述宏观系统，即现代量子理论的研究进展表明，宏观系统不仅可用准经典框架来描述，还可用非准经典框架来描述。例如，确定一个自旋为 1/2 的粒子从斯特恩-盖拉兹（Stern-Gerlach）磁铁的哪一个通道出现的宏观探测器能由一个准经典框架描述，在这个框架中，一个或另一个探测器探测这一粒子；也能由一个非准经典框架描述，在这个框架中，初态一致演化为探测系统的一个宏观量子叠加态。现在的问题是：假如这种宏观量子叠加态在实验室从未观察到，是否由于量子力学允许物理学家使用这两种不相容框架中的任何一个来构造对这种情形的一个描述，就认为这是量子力学作为一个基本理论的缺陷呢？

如前所述，两个不相容的量子框架不代表相互排斥的可能性，即不代表准经典框架正确描述的世界，就不能由非准经典框架正确地描述，反之亦然。两种不相容的框架是人们用来描述量子系统的不同方面的手段。例如，在斯特恩-盖拉兹磁铁的例子中，为了讨论哪一个探测器探测到了粒子，人们必须使用准经典框架，因为在非准经典框架中这种探测粒子通道的想法没有意义，量子力学排除轨道的概念；而讨论"宏观量子叠加态"或"一致时间演化"，非准经典框架就非常适合，因为这些概念在准经典框架中是没有意义的。上述两个框架中任何一个都能用来回答适合它回答的那些问题，但由这两个框架给出的答案不能合并或比较。

显然，如果我们试图建立一个探测宏观量子叠加态的实验，那么我们就需要使用一个非准经典框架，以确定探测系统是否处在宏观量子叠加态或它的某种正交态。然而，根据量子理论，对于宏观量子叠加态的实际观察是极端困难的，因为宏观物体的退相干过程极端迅速，在人眼观察之前退相干早已发生。因而，无论如何，实际上不可能把某个对相对相位敏感的仪器构造在一个宏观叠加态中。为此，量子理论通过引入系统集体态与其环境的纠缠结构，说明了为什么我们从未在实验室观察到宏观量子叠加态这种物理实在，即使它们是量子理论结构要素的一个必不可少的组成部分。

总之，量子力学作为一个逻辑一致、推理严密和形式优美的理论，不仅给出了微观现象的一个极好的描述（这个描述是经典力学难以企及的），而且对于宏观现象，原则上讲也给出了和经典力学一样好的描述。因此，如果我们相信真实的世界结构有点像我们最好的理论所表征的，那么认为量子理论比之前的经典理论更好地表征了真实世界的结构，至少是看似有理的。毕竟经典理论不能解释的许多微观现象，现在都能用量子方法加以解释。虽然将来的研究有可能表明存在一个更为基本的亚量子理论，可以更好地表征我们真实世界的结构。但就目前而言，量子力学的形式体系对于物理实在的结构表征的确要优于经典物理学。因此，放弃经典的实在观，建立一个适应于量子理论的形式体系所表征的物理世界的结构实在观，是符合科学的认识论发展的。

以下几点构成了量子理论对于经典物理实在观的变革：①在量子世界，物理对象从不拥有一个完全精确的位置或动量，量子理论以其内禀的不确定性赋予微观量子结构以非定域性；②在量子世界，物理学的基本动力学定律是随机的和非完全决定论的，我们不能从世界的现存状态推出一个唯一的未来或过去的事件进程，量子实在的结构特征满足统计性的非充分决定论的因果关系；③在量子世界，单一性原则不适用：量子实在可以不同种可供选择的、不相容的方式被描述，所有这些描述不能被合并或比较，因而不存在对于量子实在如一个物理系统或一个物理过程的一个独一无二的、详尽的描述。量子实在具有互补且不相容的结构多重性。宏观量子叠加态作为量子世界的结构要素，也具有结构实在性。

以上三点，特别是第三点，构成了对于量子力学产生之前的经典物理实在观的激进修正。同时值得强调的是，对于物理实在的早先观念，在量子理论的发展中仍然存在没有改变的，或者说至少改变得很少的方面。这些方面主要表现如下。①测量在量子力学中的作用，如同在经典力学中一样，不蕴涵人类意识的特殊作用。虽然测量会干扰被测系统的量子状态，使得我们看到的是与测量相关的性质，而不是被测系统的自在性质。但是，测量过程仍然是由与其他物理过程相同的基本物理学定律描述的。②如果我们在测量中一致地使用量子叠加原则，就会明确所谓量子态具有超光速的远程关联是量子纠缠的结果。量子态的纠缠导致了量子结构的不可分离性，量子态内禀的不确定性导致了量子非定域性。不可分离性和非定域性密切相关，它们作为量子实在的结构要素，都与超光速不相关。③量子力学和经典力学都没有提供一个有利于独立存在的无懈可击的论证。因为相信有一个不依赖于我们的真实的"外在"世界，总的说来是一个信念问题。重要的是，量子力学和经典力学一样，都与一个真实世界的性质和基本定律不依赖于人碰巧相信什么、期望什么、思考什么的观念相一致。

但是，为什么有人认为量子理论支持了反实在论的主张呢？下面我们来分析量子理论中反实在论的逻辑。

三、量子理论与反实在论的逻辑

当代英国哲学家达米特（M. Dummett）是反实在论的典型代表。他的反实在论路线在逻辑-语义的基础上拒绝有某种"真"的东西存在。达米特的反实在论结论应用于量子力学，正好支持了玻尔和其他正统哥本哈根观点的支持者所采取的工具主义路线。根据这种解释，只要统计预测保持，只要我们能找到某种用以描述观察到的现象的语言，量子"实在"的问题严格说来就是不切题的。然而，根据实在论的主要观点，在科学史的任何阶段必定都有"超验证实"的真实存在。这也就是说，迄今为止，还没有用适当的证明或探询方式来说明实在的客观特征及其真实性。仅仅因为这个原因，我们就能解释为什么知识应该不断进步，以迎接对它目前最好的概念解释的理解提出的各种挑战。下面，我们就基于达米特的反实在论，来探讨一下量子理论中反实在论的逻辑，以更好地理解量子理论为何会和反实在论或工具主义发生联系。

1. 区分两种实在论

为了阐明问题，我们有必要区分两种实在论：认识论的实在论（epistemic realism）和真势实在论（alethic realism）或者说关于真理的实在论。认识论的实在论是指，相信我们成功的科学理论（近似地）为真，这一假设能证明是正当的。而根据奥斯顿（P. Alston）的观点，真势或关于真的概念"暗示给一个陈述赋予一个真值是（几乎总是）独立于产生那个陈述的活动的，包括任何认识论情形的认知-语言行为活动"。也就是说，真势的概念避免了哲学家（不论是实在论还是反实在论）当把真或真理（truth）等同于"被保证的断言力（warranted assertability）"，或把真理限制为我们对一些特殊的对象领域或询问领域无论能言之有理地声称知道什么时，引起的各种混乱。

认识论方法的主要问题是，至少从实在论的角度看，为怀疑论的主张开辟了通道。怀疑论否认可知力（knowability），因而否认客观的、"先验地确认的"或说超验证实的真理存在。因此，对任何处于论争阶段（即目前还不能确定其真理价值或真实性价值）的陈述来说，反实在论者的主张是：我们绝不能声称它们必定是某种独立于知识的陈述，即它们的获得完全地撇开了我们的知觉仪器、概念装置、有限的信息源等强加的限制，是关于事态的或真或假的陈述。更确切地说，我们应该把它们看做没有满足"被保证的断言力"这一基本条件，即它们：①没有拥有充足的确证标准；②那些标准也完全不为手头的最好证据所满足。一句话，认识论的实在论通过使真理在任何给定的时候都依赖于我们的知识状态，而知识又依赖于我们各种通常是易错的证据源，从而招致了怀疑论的质疑。

真势实在论拒绝上述认识论方法，提出就真理属于客观事实或有效的逻辑或数学猜测而言，真理确实是先验地确认的或超验证实的，因为它们绝不依赖于我们拥有的决定性的证据或我们能够产生的相关的证据能力。根据这种观点，这种陈述的真由事物实际维持的状态决定，或作为一个客观的逻辑-数学上有保证的问题，完全排除我们碰巧知道什么，或我们可获得什么样的证明程序。毕竟，我们是在我们能给出任何真知识，并提供证据保证的不同信念的叙述中，预示客观真理的观念。

认识论的实在论的麻烦在于，通过把真理还原为目前可获得的有限的人类知识的范围，直接掉进了证实主义的陷阱。相反，真势实在论者认为，"真"只是对世界中或数学逻辑中某些命题的某些真实的事实陈述的断言性质，它们的有效性完全不依赖于我们碰巧知道的相关证据或证实方式。根据他们的观点，认识论的谬误严重地削弱了实在论的状态，以至于容易受到各种怀疑论和相对主义观点的影响。

在量子力学的论争中，真势实在论基本上是爱因斯坦在反驳玻尔时采用的观点。对此，德斯帕内特曾经给予了清楚的表达："对一个实在论者而言，在完全独立于理论的意义上定义客观态的概念绝对是普遍的。任何相信实在论的人都觉得他理解这一概念，即便他连一个物理学术语（不论是经典的还是量子的）都不懂。在那种意义上，（再次对一个实在论者而言）客观态的概念是逻辑上先于量子理论的任何概念的。"

德斯帕内特继续比较这个量子"客观态"的概念与玻尔兹曼的分子存在假设。根据德斯帕内特，分子存在的假设的确建立在强有力的理论基础之上，也建立在真势实在论的假设之上，以至于分子存在的假设是一个客观的（超验证实的）真事件。因此，"玻尔兹曼的观点最终'起作用了'，尽管它最初遭到了这里讨论的那种反对，这一事实以一种非常令人信服的方式表明，正在讨论的反对实际上只是一种偏见"。

这个事例受到不同宗派的反实在论者的挑战。达米特是其中之一，他说我们绝不能处在这样一种立场上：我们知道存在某种真实的东西，但是却没有证实它们的证据，也不知如何探查它们。达米特因此在逻辑-语义的基础上拒斥真势实在论。因此，根据达米特的观点，猜想必定有某种我们不知道或不可能知道的事物真实存在，严格说来是无意义的（无论是数学、自然科学、历史，还是任何其他学科）。在数学上这可应用于如哥德巴赫猜想这样的例子。哥德巴赫猜想说，每个大于 2 的偶数是两个奇素数之和。这一猜想被证明是当前计算能力的限制，但是不顾其直觉上自明的强大力量，这一猜想至今仍然没有得到最终的证明。

在达米特看来，除非我们已经有某种确定的证据或者充分的证明程序，否则，我们甚至不能理解（或有意义地声称理解）像哥德巴赫猜想这样的陈述。同样，在天体物理学或亚原子粒子理论中，反实在论通过拒绝对在我们当前最好的科学理论中起作用的各种假设的物体、过程或事件作出任何实在论的解释，支持一个工具主义的路线。根据达米特，如果我们缺乏足够的根据或判断标准，那么就不能说我们真正理解了需要什么，才能把正在谈论的陈述看做是决定性的真或假。

达米特的观点部分源于他接受了维特根斯坦的"意义即运用"的教义。根据这种教义，只当我们能在合适的情境中运用它们，并且有正确的证明或断言保证时，我们对于陈述的理解才是显然的。因此，无论何时如果证据不足，那么根据达米特的观点，显然我们不能充分理解那些陈述的意义，甚至没有断言它们必定为真或为假的立锥之地。据此，达米特总结说，不但在我们的认识上有缺口（gaps in knowledge），而且"实际上有缺口"（gaps in reality）。也就是说，论及历史事件，或亚原子结构，或其他诸如此类推定的实体，对某些有意义的事物作出断言性的伪陈述，实际上"关系到一个完全不确定的实在区域"。

这不但适用于正被讨论的神秘的、虚幻的或反事实事件，或一个属于一个牵强的、假设的猜想王国的结构，而且根据达米特的观点，无论何时一个陈述为真，原则上必须可能让我们知道它为真。也就是说，对于我们特殊的、有限的观察能力、智力水平和时空观，必须有可能让我们知道它是真的。只当一个陈述满足这些标准，才能以"被保证的断言力"的措辞恰当地评估它。在这种情况下，实在会一直扩展至我们对它拥有充足认识的层面，或扩展至在我们的感官、认知仪器、智力的理解能力等强加的限制范围内获得这种知识的方式。除此之外，只能有"实际上的缺口"或不确定的领域，与我们在没有相关标准或确证方法的情形下容易作出的各种陈述中的那些缺口相对应。

当哲学发生了维特根斯坦的"意义即运用"的大规模转向时，想必打击了实在论者。因为这种观点否定任何陈述可能是有意义的——或能把任何关于真理的声称当做是可理解的——除非它符合语言表达的现存模式。因此，在达米特看来，"一个陈述的意义不可能独自位于理解此意义的个体的心中"。当然，这源于维特根斯坦对不可能存在像"私人语言"这样的东西的反思，所谓"私人语言"，是说一个术语无论如何只对其孤独的使用者有意义，因此不涉及共享的习惯或公共的理解模式。

至此，人们可能会接受达米特在自然科学、数学、历史和其他领域中关于真理断言的可理解性标准的类似主张。毕竟，这些断言必须用受制于标准要求的术语表达，标准要求的达成是为了达到共享的畅谈无阻的理解，和满足各种其他的更特殊的属于相关学科或主题领域的要求。然而，达米特走得更远，还有其他反实在论者，他们断言我们完全不能对先验地确认或超验证实的真理观念言之有理。或者说，除非我们拥有相关的证据或一个充足的证明程序，否则什么也不能当做实在的候选者，如某种捉摸不定的亚原子粒子的可能存在或哥德巴赫猜想的可能真理。

然而，认为长期艰苦工作以期获得对某个猜想的证明的数学家们必定没有理解那个猜想——因此他们不知道他们正在寻找什么——除非最后取得证据，这似乎是极端悖谬的，虽谈不上是荒谬的。这同样可应用于从粒子物理学到历史研究的其他探询领域。在这些领域，达米特也采取了反实在论的主张。因为在每一种情形中，任何这种探询的真实性是在实在和我们关于实在的信念之间假设存在某种缺口，它以反常的数据、意料之外的结果、理论的困惑、现存历史记录的空白、解释的缺陷、理论和观察之间的冲突等方式呈现。对达米特而言，这些可能只是"实际上的缺口",因为"实在"只是我们根据现在最好的知识,用充足的理由能作出的陈述的总和。

对实在论者来说,达米特的观点是荒谬的,它颠倒了客观真理和证明真理信念是正当的知识之间的依赖关系或先后顺序。达米特出错的地方(继维特根斯坦之后)在于主张相关标准——适用于真理、证据、断言的保证,必定或者位于语言解释规范的一个共享结构中,或者位于"理解那种意义的个体的心中"。由于后者很清楚不是供选择的事物,因此事实必定是:有效性条件同义于有重要意义的言说方式。也就是说,同义于我们对于某种陈述在某种言说语境中被适当地使用的理解能力。

因此,根据达米特的例子,如果某人表明自己能区分"正方体"物体和非正方体物体,并且至关重要地是他也能把"正方体"一词运用于正方体物体,而不运用于圆、三角形、梯形等物体,那么我们能正当地认为某人有一个对于"正方体"概念的充分理解。我们可以再举一个例子,如果一个物理学家在量子物理学的语境中使用一个术语,如"波或粒子的叠加",在这一语境中,这一术语表明是对相关问题的一个认知,那么我们能正当地认为这个物理学家知道他正在谈论什么。

然而,上述例子也应该对任何追随达米特或维特根斯坦的人废止。因为他们采纳一个基于语言的确证主义的方法,由此真理只能让位于"被保证的断言力",后者是按照意义即运用的原则来定义的。在那种情形中,任何解释问题——任何企图解释究竟是什么产生这种令人困惑的量子力学现象的做法——对任何拥有相关概念的人,即对任何以一种熟悉的似是而非的方式讨论这些问题的人,必须看做是不必且不应该提出的问题。在此,不仅仅是"真理"这一术语在某种技术的(逻辑-语义)意义上淡出,而且事物实际保持的方式而不是事物碰巧呈现的方式,这种或那种当前受喜爱的描述方式让我们相信真或假的基本的实在论前提也淡出。

因此,达米特的反实在论结论应用于量子力学,是正好支持了玻尔和其他正统哥本哈根观点的支持者所采取的工具主义路线。根据这种解释,只要统计预测保持,只要我们能找到某种用以描述(如果不是解释)观察现象的语言,量子"实在"的问题严格说来就是不切题的。用玻尔的话说,"没有量子世界,只有一个抽象的量子力学的描述。认为物理学的任务是探究自然是什么是错误的。物理学关心的是我们能对自然说些什么"。

对达米特而言,反实在论的主张必定适用于广泛的领域,如数学、自然科学、历史,等等,而不仅仅适用于量子力学的问题情形。然而,有人可能会提醒说,达米特的主张是从长期保留在深奥的科学探询核心地段中的未解决问题,推出的许多表观上似乎有理的东西。这种猜测为其他哲学家的推理行为所证实。这些哲学家用量子力学作为案例进行类比,主张一般科学知识的范围和限制,进而提出一批反实在论或本体论相对主义的方案。

达米特的"实际上有缺口"的主张是采取严格的反实在论的逻辑,依据我们现在的知识状态存在着同样的缺口而得出的。因此,他说:"我们能理解有重要意义的陈述,我们也能因此想象确定它的真假。但是,这并没有回答它们为真还是为假的问题,它们涉及一个完全不确定的实在区域。"这实际上是这种主张的一种温和的说法,因为在其他情形——正如在哥德巴赫猜想中——达米特似乎认为我们甚至不能理解这种陈述,除非我们已有某种确定的证据或充足的证明程序。

然而,如果我们考虑在某种最终的本体论意义上,实在本身可能是"非决定论的",而不是我们极好理解的知识或理论,达米特的这种观点可能只是表观上的似乎有理。就此而论,实在论会确信地回答达米特的这种看法是没有任何根据的,因为:①这种看法在本体论问题和实在论问题上陷入了一个简单的混淆。②这种看法忽略了其他可供选择的理论(如玻姆类型的隐参量理论)的存在,这些理论表明至少解决了一些量子问题。③针对维特根斯坦的看法,"我的语言的限制"可能确实在一定意义上是"我的世界的限制",但不能由此推论说是"整个世界"的限制,或干脆说是实在的限制。

达米特被迫得出与他的反实在论方案保持一致的结论:我们不能言之有理地谈论任何陈述,因为迄今为止我们不拥有任何确证它们的方式,它们的真理价值仍然为事物维持在远离我们现在的知识状态的方式而客观地决定。哥本哈根阵营中的量子理论家们基于相似的根据得出了这一结论。他们认为,不能把当做"真理"或"实在"的东西认为是超出我们现在最好的观察方式和通过标准形式的应用获得的各种预测性成功的存在。

因此,在这里,同样是由于达米特,我们必须把我们认知上的任何缺口——如正统量子理论所承担的各种著名的疑惑和佯谬——看做涉及"一个完全不确定的实在区域"。最有启发性的是那种"不确定的"滑行方式,即从"我们现在能确定的陈述没有真假"的意义上,悄悄地移到"这些陈述内在地或其真实的性质不拥有确定的真值"的意义上。因为这种潜行对当前反实在论者的许多思考形式来说,基本上是可能的移动,无论他们的特殊应用领域是什么。

2. 实在论的批评

对实在论而言，这种观点无异于退回到了熟悉的贝克莱的怀疑论的主题。这一主题曾受到康德不太充分的反驳，然后又为各种经验主义、实证主义、确证主义、达米特类型的反实在论兼维特根斯坦主义和逻辑-语义模式的支持者所吸收。然而，猜想"人是尺度"或无论如何应该期望实在与我们对它的理解和概念的形成相符，纯粹是狭隘的幻想。

康德的批判哲学与他的公开声明相反，通过把"实在"置于物自体的领域，超出现象认知的范围，孕育出一大批后继的反实在论和怀疑论的相对主义主张。对怀疑论者而言，这种主张用于达到这样的观点：人类的知识是内在地易错的，"真理"只是事物呈现给我们有特殊的感官输入、认知能力、智力水平的人的方式。

根据当前的"强人择"原则，宇宙及其所有的构成性质（亚原子和分子结构、引力常数、动力学定律、守恒律、质能转换，等等），对于像我们人类这样的动物，必定是内在可知的，因为我们代表了有感觉意识的最高点，和所有那些性质演化的尽头。另外，所有这一切是宇宙的设计者，被称为"神"的产物。神的目的是创造这样一个世界，其中的智力生命是他存在的证明，也是我们自己在神圣的创造秩序中享有独一无二的特权地位的证明。

相反，对实在论者而言，我们必定遵循某些"弱"人择原则。我们人类这种创造物获得了相当好的装备，因此可以寻求各种可靠的（有益于真理的）的探询方法，因为这些方法正是使我们在特殊的物理环境和进化壁龛中幸存和繁荣的方法。然而，如果把"真理"简单地还原为纯粹的"被保证的断言力"，或者我们有特殊感觉力的人独断地把它当做"好的信念"，这种观点就不起作用。

实在论坚持认为，存在先验地确认的真理，反对维特根斯坦的释义学。因为后者主张，我们的知识的限制也就是我们的世界的限制。更精确地说，它们可能是"我们的"世界在（康德主义的）认识论意义的限制，我们不能逻辑一致地否定我们当做确定真理问题的真理。然而，从关于信念的逻辑句法的自明观点到反实在论主张的假设真理（或实在的可想到的状态）超出我们目前最好的理解能力的主张，没有合法的路线。根据实在论的主要观点，在科学史的任何阶段上有且必定有"先验地确认"的真理。也就是说，至今为止不存在对实在的客观特征及其真理充足的证明或探询方式。仅仅因此，我们就能解释为什么知识应该不断进步，或迎接对它目前最好的概念解释的理解能力所提出的各种挑战。

贝尔在评论玻尔等在解释量子力学时,把真理等同于对眼前的观察-预测目的起作用的东西,因此避免对量子现象背后的实在作深入的探询的实用主义者的自鸣得意或工具主义者的信念时说,这些方法"无疑在当前的物理学理论的演化中起着绝对必要的作用。然而,"真实的"真理的观念有别于目前对我们来说是足够好的,在科学史上也起着积极作用的真理观念。因此,哥白尼通过把太阳而不是地球放到太阳系的中心找到了一种更可理解的宇宙模式。我们能想象这种事情能再次发生的更进一步的阶段,在这个阶段,当人类不假想自己位于宇宙的中心时,世界对人类来说变得更可理解,甚至对理论物理学家更可理解。

工具主义评论说,实在论不能从卢瑟福的理论中得到任何安慰,因为这一理论遇到各种著名的问题,最终产生了量子力学和从任何一种天真的"形而上学"实在论所作出的退缩。因为,遵循麦克斯韦的场方程,轨道电子将通过电磁波的传播而辐射能量。在这种情形下,根据经典的动量守恒和质能守恒定理,它们必将衰减进入到一系列低能级的轨道,最终坍缩到原子核上。

我们在导言中提到,玻尔为此提出了一个解决方案,说明这个"太阳系"模型如何可以保持稳定,至少适用于最简单的例子,如只含有一个电子的氢原子的情形。但是这证明不能延展到更复杂的亚原子结构,也缺少任何可以精确地确定在氢原子中产生稳定性的质量和动量的共轭值的方式。

为了回答早期玻尔模型中的这些困难,玻尔和其他人(包括德布罗意)提出根本上可供选择的理论,根据这一理论,物质和能量只能以量子化的形式存在,即作为波"包"存在,它们的态在任何给定的时间是从一个分离能级到另一个能级的"跃迁"函数,并伴随着由薛定谔方程决定的某种不变值。这提供了原子坍缩问题的解决方案,因为它解释了为什么轨道电子在绕核旋转时不跌落到低于某种角动量值的某一能级上。

量子化也被提议解决黑体辐射问题,这一问题首先导致普朗克1900年关于能量传播的不连续特征的量子猜测。也就是说,量子化解释了为什么一个在封闭的和全吸收的容器中的光发射源产生的能级,不会像经典物理学所预言的那样非常快速地增长到产生某种灾难性事件的时刻。因为根据量子力学定律,在这种情形下,最高能级不可能大于波-粒系统可以"跃迁"进的最高能态。

3. 实在论对工具论

实在论认为像"原子"、"电子"这样的实体,由于它们在各种亚原子结构理论中充当着必不可少的组成部分的角色,因而强烈地声称它们是客观存在。对此，工具论者通过指出卢瑟福模型和早期的玻尔模型产生的问题，作出预言性回应：在这些模型中，实际上把"原子"和"电子"解释为是出现在有确定真值的陈述中的指称词句，而不是作为不需要这种进一步的本体论承诺的描述方便的术语而出现。而且，这些问题导致量子力学的发展，量子力学取得了巨大的工具的或观察上的预言性成功，但随之而来的是它对各种实在论解释的拒斥。因此，这一历史性故事的结论是让人理解这一教训，实在论总是通过提供例子暗中破坏它自己的方案，从工具论者的观点看，这些例子被证明是起决定性作用的反例。

推广的工具论（后康德主义）的认识论版本主张：如果真理真的属于一个客观的独立于心灵的王国，那么就真理的定义而言，真理超出了人类理解的任何可能的限度。在这一点上，他们猜想怀疑论取得了胜利，从而延传下来，或者说，在此没有把这一主张强行推到最终的怀疑论结论——马赫的工具主义、达米特的反实在论或范·弗拉森的"建构经验论"。

范·弗拉森指出，"如果相信一个理论为真而不仅仅是经验上适当的，就会表明我是在冒犯错误的风险，确切地说，是在无力地冒使必需的信念与实际的经验相冲突的险。同时，通过承认更强的信念，我把自己放在了可能要回答更多问题，有一个更丰富、更完美的世界图景的位置上……但是，由于这额外的观点不是附加地易受攻击，因此这种冒险是虚假的，因而是富有的……"正统的量子理论主张相同的路线，但是对本体论有了更进一步的歪曲："实在"本身以某种方式证明是在规避、抗拒或推翻任何实在论者关于实在的各种断言。这种说法能在玻尔和其他工具主义方法论支持者的诸多陈述中找到。

诚然，在量子力学中不乏支持实在论的例子，这些例子反对工具主义的思想线路只是基于如下证据：观察世界中客观真理的存在从不依赖科学思想发展的某些特殊阶段，基于此，客观真理获得了正确的科学声称。正如范·弗拉森认为的那样，实在论提供我们一个"丰富的、完美的世界图像"，而且适当地考虑了本体论和认识论的重要区分，或者说实在论认为我们的理论真理与事物实际存在方式相对应，我们的信念离不开最好的证据支持。

四、量子整体论的延展与心智哲学

量子世界的纠缠特征使得量子粒子具有不可分离性。量子世界更强调整体论。那么，量子整体论仅仅局限于微观领域，还是涉及所有的物理体系？量子整体论的适用范围的争端与测量问题密切相关。在解决这一争端时，许多人考虑到了心智哲学，特别是讨论了今天心智哲学中的整体论及其对笛卡儿哲学的修正。可以说，所有把量子整体论视为物理王国的普适性质的解释，都承诺了认识上自足的目的态和一个表征实在论。因此，它们与心智哲学中修正的笛卡儿哲学相矛盾。笛卡儿哲学的修正版倡导社会整体论和信念整体论。

与之相反，如果一个人支持整体论可以过渡到没有纠缠的宏观系统，那么他仍然能把量子物理学看做是一个普遍的物理学理论。但是，人们能为一个宏观领域提供确定的性质。对于心智哲学中的直观实在论和现象论（包括社会整体论）来说，这是一个先决条件。因此，在心智哲学中，整体论和笛卡儿哲学的修正版的论点使得量子理论的解释任务更为敏锐，它们构成了反对选择普遍的量子整体论的一个重要的理由。因此，没有一个既包括物理学哲学也包括心智哲学的综合的、内容丰富的整体论，也没有导致现代思维中笛卡儿哲学传统修正的一个全面的、丰产的整体论。

1. 量子整体论与测量问题

在考虑了量子整体论的意义之后，让我们进入它的视域。无可争议，量子物理学显示了整体论。然而，问题是：是否只在自然界的微观水平才有整体论？或者说，量子整体论是否可以扩展至所有物理体系？即量子整体论是否具有普适性？对这些问题有各种各样的回答。但是，我们可以大体上把这些回答归结为两个主要观点：①认为量子整体论是普适的，因而不得不拒斥常识的本体论承诺和更高层次理论的本体论承诺；②认为量子整体论可能只适用于微观层次。在这种情形下，人们不得不承认，在解决从一个量子纠缠层次到没有纠缠的更高层次的跃迁如何发生的问题上，我们还没有一个完全令人信服的解答。对于这后一个问题，由于还没有完全令人信服的物理解释，因此这两个主要观点哪一个更似是而非，仍是哲学论争的主题。

在常识和经典物理学中没有类似于纠缠这种东西存在。在这种语境下，如果一个人把一个科学理论描述为经典的，那么他意指的是在量子理论出现以前所发展的理论。经典的理论在它们所描述的系统中不允许纠缠态存在。因此，经典系统是不与其他系统的态发生纠缠的系统。由于量子系统有不相容的可观察量，这些不相容的可观察量允许有纠缠态存在，因此没有不相容的可观察量的所有系统都是经典系统。

一方面，我们显然不能根据经典物理学理论的线路来去除我们的常识本体论，也不能去除对它所作的精确描述。在我们对量子理论进行测试的任何实验

第四章 量子理论引发的哲学思考

中,我们都假定实验者不与实验装置发生纠缠,并且在测量前,测量仪器和被测系统之间没有纠缠。而且,我们把每个实验装置包括测量结果都看做是用精确的日常术语表示的。另一方面,对于量子理论的形式体系包括叠加原理和薛定谔动力学的适用范围,却没有明显的限制。

考虑薛定谔猫。在继 1935 年爱因斯坦、玻多尔斯基和罗森的论文之后的一个著名的思想实验中,薛定谔假想了一只猫与少量的辐射物质和一个氰化物容器一起被关在一个钢盒中。如果一个辐射原子发生衰变,就会触发打破氰化物容器的一个机制,从而杀死猫。在一小时之内辐射原子衰变的概率是 50%。薛定谔断言,根据量子理论的形式体系,所有这些系统的态在一个小时以后将发生纠缠。结果,辐射原子会处于衰变和没有衰变的一个叠加之中,同时猫也会处于死和活的一个叠加态,等等。因此,从量子理论的形式体系出发,我们显然没有得到由我们的常识本体论所描述的宏观物体。

在薛定谔构造的猫的思想实验的论文中,他预期了一个量子理论的本体论解释,这一解释承认特征值不是明确的数值,而是有一个相当大的弥散。然而,他拒绝这样一种解释。薛定谔主张,当宏观系统与量子系统相互作用时,量子形式体系就会扩展至宏观系统。因此,根据薛定谔的观点,如果我们实际地解释量子理论,我们就必须假定常识物体的态与量子系统的态发生了纠缠。因此,为了强调他所考虑的是对量子理论的本体论解释的一个荒谬推论,薛定谔在 1935 年引入了猫的例子。由于这个荒谬的推论,他得出结论说,量子理论实际上不能解释物理实在,量子理论是不完备的:在猫的思想实验中所涉及的系统的态之间实际上没有纠缠;实际上没有纠缠态。虽然有薛定谔的论据,但是,如果我们承认在量子系统层次上存在纠缠,那么我们是否就此必须赞同纠缠应该延伸至常识物体,这是可疑的。

与薛定谔的思想实验相当类似的是所谓的冯·诺依曼链。当冯·诺依曼 1932 年在他的量子理论的数学形式的书中考虑测量时,他实际上描述的是下面的链条:我们从测量量子系统的一个可观察量出发,然而我们根植于量子理论的形式体系,特别是薛定谔的动力学,因此,我们不得不说作为量子系统和测量仪器相互作用的一个结果,量子系统的态与仪器的态相互纠缠。因此,量子系统不是被测可观察量的一个本征态,仪器不显示这个可观察量的一个确定数值。冯·诺依曼考虑这个链延伸至一个观察者。如果我们考虑一个观察者,那么我们用这样一个描述结束:观察者的身体态包括他的脑与仪器和被测物体的态发生纠缠(von Neumann, 1955)。因此,就讨论中的可观察量而言,观察者是处于了一个与薛定谔猫态相似的状态。

因此，测量问题就能理解为如何调整下面两个声称，进而使它们相互一致的问题：①测量产生了一个确定的结果。②把量子理论的形式体系包括薛定谔动力学应用于一个测量情形导致了这样一个描述：所有系统的态相互纠缠。冯·诺依曼断言，当测量发生时，所讨论的系统的态矢不再按照薛定谔动力学演化，而是经历了一个非因果的改变，进入了被测可观察量的一个本征矢。这个著名观点被称为投影假设：它假设在测量中系统的态坍缩到被测可观察量的一个本征态。

因此，测量问题以下面的形式出现在冯·诺依曼的量子力学的系统化形式中，根据薛定谔动力学描述的量子系统的态的演化与测量结果的描述之间存在着裂缝。当没有测量发生时，系统态按照薛定谔动力学一致地演化。当测量发生时，这个演化中断了，系统态坍缩到被测可观量的一个本征态。这后一种改变通常称做一个坍缩。然而，代替运用"坍缩"一词，可以说这是一个态并缩（state reduction）：一个叠加态并缩为它的一个本征态，两个或多个系统态的纠缠并缩为这个叠加态的一个直积态。当应用"坍缩"一词，从而约束我们考虑一个即时的事件时，能把态并缩看做是一个瞬时发生的过程。

冯·诺依曼建议我们必须在这个描述链中引入一个切割点。通过这个切割点我们确定在这个链中什么作为一个被测物体，什么作为一个测量仪器。考虑到在这样一个链中，作为一个测量结果，所有的系统态不是一个直积的叠加，而是并缩为一个直积态，因此这个切割点是必要的。根据冯·诺依曼的观点，在我们的描述中只有通过引入这样一个切割点，我们才能谈论一个被测物体，它有可观察量的一个本征值。我们可以自由地把切割点放置在描述链中的任何地方。我们甚至能把它向后移至观察者的大脑。

冯·诺依曼不是唯一提议引入一个切割点的人。根据海森伯，在实验安排中，观察者必须在被测系统和测量仪器之间引入一个切割点。观察者站在实验安排之外，当他描述整个实验安排时，他不得不引入这样一个切割点，然而，他能任意地选择在确定限制内把这个切割点放在哪儿。相似的陈述也能在泡利的著作中找到。因此，与冯·诺依曼形成对照，海森伯认为必须把切割点放在实验中测量仪器和被测系统之间，不允许向后移至观察者。

这样一个切割点的提议有下面的结果：两个或多个观察者能给出同一个实验安排的描述，这些实验安排在把什么看做观察工具，什么看做被测系统方面不同。这些描述的任何一个都没有错误。所有这些描述的操作结果是同一的：测量后所有系统态的描述是一致的。冯·诺依曼因此断言，试图确定态的并缩在哪儿

第四章 量子理论引发的哲学思考

发生是没有意义的。然而,这一提议对切割点的状态是不清楚的:这个切割点只是我们进入量子系统的认识通道的一个特征,还是指一个发生在测量过程中的事件?

薛定谔猫和冯·诺依曼链表明,如果我们从量子理论的形式体系出发,没有进一步的限定,那么在仪器态和物体态之间最终会形成一个纠缠。在纠缠的情形中,所讨论的每个系统都能用一个混合态来描述;但是这个描述不承认一个无知解释:问题不是我们不知道所讨论性质的精确值,而是没有这样的值。考虑一个态中在一个给定方向上对一个电子自旋的测量,在这个态中自旋向上和自旋向下的结果是等概率的。为了解决测量问题,必须表明在测量后,电子和仪器的联合态或者是"电子自旋向下且仪器显示自旋向下",或"电子自旋向上且仪器显示自旋向上",概率分别为 $1/2$;但是,这两个系统的联合态不是两个系统态的叠加。这个问题不是观察必须认识到这两个态的哪一个确实是测量结果,测量结果不能从量子理论的形式体系预知。不得不实现的是一个描述,这个描述允许每个系统对所讨论属性有一个确定的数值。

从薛定谔和冯·诺依曼时代以来,关于测量问题,最重要的进展是退相干理论。假设我们的讨论从一个孤立系统出发,这个孤立系统处于一个纯态。让这个系统与其环境相互作用,特别是让一个测量仪器成为环境的部分。这样,这个系统态就会与其环境态,特别是测量仪器的态发生纠缠。退相干理论表明:虽然只是系统,环境和测量仪器的整体处于一个纯态,但是这个整体的每一部分能用一个混合态来描述。要点在于这个整体以这样一种方式迅速发展,以至于不可能操作地区分一个混合态,即系统的一个系综,在这个系综中每一个系统处于一个纯态,由此观察者对于每个系统所处的纯态是无知的。退相干理论不假定一个态并缩发生。它们不引入薛定谔动力学的一个改变。

可以指出,退相干理论不容许有一个本体论解释,它们不能产生一个令人满意的测量问题的解答。这样一个论证可以扩展至所有关注环境作用的建议。特别要指出,这些建议有一个要点,那就是强调不存在处于一个纯态,进而能用量子理论传统形式体系中的一个态矢来描述的孤立系统。然而,指出这一要点并没有解决了测量问题:它没有给作为测量结果的正确类型的混合态提供一个描述。因为退相干导致了一个混合态,这个混合态不能操作地区分一个全部处于纯态的系统的系综,而只是从本体论上讲,不是一个混合态,退相干理论使得这一决定性问题保持开放:我们是赞成一种认为量子整体论是普适的本体论,并愉快地接受退相干理论作为一种方式解释了世界如何经典地出现在观察者面前的观点,还是超越退相干理论的界限，为了解释一个经典世界的存在，假定一个能够消解叠加态和纠缠的动力学？

2. 量子整体论是普适的吗？

薛定谔猫和冯·诺依曼链的核心主张是量子整体论是普适的：纠缠不但触及微观物理系统的态，而且触及介观、宏观物理系统的态。因此，薛定谔猫和整个实验安排一起客观地处于一个死活叠加态。后续任务就是要解释，对于观察者，叠加态包括纠缠如何并缩，即一只猫如何对观察者总是呈现为死或活的状态。

考虑量子整体论是普适的，让我们想起埃弗雷特的核心主张，薛定谔动力学是量子系统的唯一动力学，每个物理系统包括宏观系统都是一个量子系统。如果把测量过程中世界的分裂考虑为是取代态并缩的一个客观的物理事件，我们将面临承认态并缩所导致的所有问题。特别是，不清楚世界的每次分裂如何可能发生。如果不把世界的分裂看做是态并缩的一个替代物，那么就会认可一个不需要一个多世界承诺的普适量子整体论的选择版本。因此，人们能说：确实存在许多世界，这些世界相互作用，这种假定的多重本体论不能为在测量问题的一个解答中的概念赢得所超越。

根据多心解释，量子整体论关心的是所有存在，包括人和每个人作为一个整体的心智。所有存在是一个巨大的量子系统，唯一的事情是处于一个纯态。可分离性被普遍破坏。但是没有非定域性，因为没有态并缩发生。这个观点再次强调在可分离性和定域性之间作出区分是重要的。因此，根据多心解释，没有非决定论：整个宇宙是一个大的纠缠系统，这个纠缠系统的态确定性地演化。

这个解释面临许多物理和哲学问题：为什么讨论中的每个直积态都把自己呈现给心智？为什么意识不到一个直积态处于一个叠加态，如确实看见一只猫处于一个死活叠加态？有无穷多个基，在这些基中宇宙态能表示为无穷多直积的一个叠加。在这个解释中，一个基——每个观察者的心智本征态的基，似乎不得不优化。我们能证明引入这样一个优化基是正确的吗？这个解释能公平地对待量子概率吗？这个解释能逃脱唯我论吗？它能解释观察者之间的一致性吗？这个解释能赞扬短暂交互的个人身份吗？

为了论证起见，在多心解释的某些版本中能给出所有这些问题的一个令人满意的回答。我们现在根据它对于心智哲学的推论来评估多心解释。这个解释至少为心智哲学提出一个令人吃惊的结论：只是基于来自量子物理学的形式体系的论据，有人就期望我们承认每个人有许多心。然而，我们不打算集中在这些主题

第四章 量子理论引发的哲学思考

上,因为这对于多心解释是特殊的。在此,多心解释的呈现只是作为把量子整体论看做是一个普适的解释的具体例子。因此,我们应该关注心智哲学的那些推论,它们对于所有把量子整体论看做是物理王国的普适解释是共同的。

多心解释是称为普适量子整体论选择的最精心制作的版本:量子理论包括叠加原则和薛定谔动力学(或一个相对论推广)在物理学王国中是普适的。物理世界是一个巨大的量子系统,它的内部结构由普遍存在的纠缠组成。这一声称有下面的推论:高层次系统的理论,诸如化学理论、生物学理论、心理学理论等,和常识一样,不客观地描述事物的本来面目,因为这些理论不承认纠缠的存在。根据普适的量子整体论选择,重要的不仅仅是与常识或任何化学、生物学、心理学等理论所考虑的那些态相比,宏观系统允许有更多的态;重要的是宏观系统几乎总是客观地处于诸如薛定谔猫态,像常识和我们的宏观系统的科学理论没有这样的系统态。这些理论和常识包含一个本体论承诺,这一承诺说,在适合于它们的所有性质的一个最小限度内,这些系统总是有确定的值。

与之相对照,如果把量子整体论看做是普适的,那么就承诺了一个本体论,根据这一本体论,就独立于时间的性质而言,所讨论的系统就不能有一个确定的值,因为它们所有的性质通常甚至没有一个确定的值。对于它们的一个重要的样本而言,因为应用于它们中的每个仅有的态是按照混合态来描述的,因此这不允许一个无知解释。如果人们同意有普适量子整体论,就有一个能把更高水平的理论,包括常识看做是正确描述宏观系统呈现给观察者的方式。但是,人们不能既支持普适量子整体论选择,又接受更高层次理论包括常识本体论的承诺。

考虑普适量子整体论选择的这个结果,任务是使相继发生的物理实在观与我们关于一个能用经典物理学和常识描述的世界层面的经验相一致。这就是普适量子整体论选择把心智哲学称做游戏的原因。

在今天的心智哲学中,笛卡儿主义能由下面两个主题刻画:第一,表征主义。与目的有关的态的概念内容,诸如由精神表征组成的信念态。精神表征充当在人们的信念态和世界之间的一个认识媒介。人们能主张精神表征是我们的信念态的直觉态,这种声称可描述为强表征实在论。与之相对,弱表征实在论是认为精神表征充当一个认识媒介,不存在信念态。第二,目的态的认识自足。目的态的个性化及其身份仅依赖于拥有这些态的人固有的因素。由于目的态为它们的内容所个性化,因此目的态是认识上自足的,当且仅当它们的内容在本体论上独立于社会环境和物理环境。也就是说,一个人的目的态的内容可能是相同的,即使没有其他人,也没有讨论中的人所讨论的物理世界。

在今天的心智哲学中，对笛卡儿哲学的修正是用直观实在论和外在主义取代这两个论题。直观实在论声称：不顾物质世界中的事物和我们的信念态之间存在因果媒介，没有认识媒介（如精神表征）。当事物到达我们进入世界的认识通道时，我们的信念，特别是我们的知觉信念，与世界直接相关。直观实在论与常识实在论相一致。外在主义是下面的论题：认识媒介是必要的，不仅仅在一种因果性的意义上，而且在一种本体论或形而上学的意义上，根植在一种有目的态的社会和物理环境中。目的态的个性化及其身份依赖于这些态的主体居住的社会和物理环境的定性特征。

有两种类型的物理环境的外在主义，它们之间的区分如下：①独特的信念。对世界中的特殊事物有独特的信念，这依赖于这些事物的存在。例如，一个人可能处于这样一种信念状态，这个信念态是一个胖男人在那儿，只当确实有一个男人在那儿。②自然类型的概念。使用自然类型概念（如水或老虎）的信念意义依赖于事物指涉的物理构成。回忆普特南著名的在"'意义'的意义"中的思想实验：不依赖于某人是否知道水是 H_2O，她关于水的信念的部分意义是：水是 H_2O。在假想的孪生子地球上，有与地面上的水不可区分的一种材料。然而，那种材料不是 H_2O，而是 XYZ。对那种材料的所有信念的意义不同于对水的所有信念的意义。

虽然在量子理论的解释中人们已对观察及其心智或意识发表了见解，但是在当代心智哲学中，总体说来还没有考虑反笛卡儿主义的发展。唯一的例外是洛克伍德（Michael Lockwood）的《心智、脑和量子》（1989）一书。在书中，特别是在第9章和第16章，洛克伍德主张反对当前认识论中反笛卡儿潮流的中心特征。然而，在今天的心智哲学中的这些发展与量子理论的解释相关。

关于我们认识世界的通道，选择普适量子整体论的结果是什么？阿尔伯特（Albert）和勒韦尔（Loewer）在他们的多心解释中承认下面的推论：几乎所有我们关于可知觉物体的信念都是虚假的。普适量子整体论的选择有这一结果，因为它暗示事物不是客观地有确定的属性，这些属性是我们在我们知觉信念中归属于它们的；它们的客观态一点也不像在我们的知觉信念中所设想的样式。不顾这一结果，一些赞同普适量子整体论的哲学家考虑物理环境的外在主义。因此，洛克伍德支持独特知觉信念的外在主义和普特南的外在主义。阿尔伯特和勒韦尔意欲为外在主义留出空间；他们未解决是否目的态只与大脑态相关联，或与大脑加环境的联合态相关联。

然而，人们可能疑惑是否外在主义真的适合把量子整体论看做是一种在物理

第四章 量子理论引发的哲学思考

王国中普适的哲学。如何看待独特信念外在主义？站在那儿的那个男人是胖的吗？我的信念是：站在那儿的那个男人是胖的无论如何是假的，因为事实上，那个男人处于一个叠加态，比如说胖和瘦的一个叠加态。而且，他的位置不局限于"那儿"所指的位置，比如说，在门口的位置；相反，他是处于一个在门口那里的叠加态，如处在与地下室和许多其他位置的一个叠加中，而且在其他位置涉及其他事物包括其他人的态。因此，在"那儿"所指的区域中，没有一个男人。相反有许多事物的一个叠加，包括其他人，延伸到这个区域的几个人。假若把量子整体论看做是普适的，每个物体包括常识物体有一个与许多其他物体的态相纠缠的态，那么作为这个观点的一个结果，这意味着有一个独特的信念是本体论到底依赖于哪儿的物体所指称的东西？

考虑这些反对，有学者认为物理环境的外在主义与普适量子整体论的选择不相容：如果有人认为量子整体论在物理王国是普适的，那么他就不能接受个性化。对于普适量子整体论和受限制的量子整体论的选择，有相同的立足点吗？考虑到整体论和今天心智哲学中修正的笛卡儿主义，为赞成选择受限制的量子整体论进行了强有力的辩护：选择普适量子整体论的仅有事实是承诺我们在心智哲学中有一个立场，即不再考虑反对这一选择的强有力论据，支持有限量子整体论选择也可以。因此，如果我们希望对今天的心智哲学中的整体论和笛卡儿主义修正之间的争论保持一个开放的头脑，我们就不应该承诺一个量子理论的整体论解释，这一解释把量子整体论看做或多或少超越了自然的微观物理学层次。

因此，在此我们可以考虑以下三个论题：①在今天的心智哲学中，沿着直观实在论和外在主义线路对于整体论和笛卡儿主义的修正论证，是与量子理论的解释相关的：它们使得量子理论的解释任务尖锐化，它们是反对采纳量子整体论在物理王国是普适的强有力的理由。②在量子整体论的基础上设想一个全面的、丰产的，既包括物理上又包括精神上的整体论从一开始注定就是失败的：我们不能把扩展到整个物理领域的量子整体论，和一个丰产的导致笛卡儿主义的一个修正的心智哲学中的整体论相结合。相反，把量子整体论扩展到整个物理领域，就把我们交付给了在心智哲学中的一个笛卡儿认识论。如果我们把量子整体论或多或少地局限于微观物理领域，我们就会避免在量子整体论和心智哲学中的笛卡儿主义修正之间的一个冲突。然而，选择受限制的量子整体论排除我们在彻底的方法论基础上构思量子理论对于心智哲学的直接推论。③然而，假若我们赞成一个包含一种排除纠缠扩展至高阶属性的方式的量子理论的解释，那么我们能把量子理论看做是物理王国的一个普适理论。在这种情形中，量子理论作为一个普适的物理学理论，与直观实在论和外在主义的前提条件的宏观定义相一致。

五、量子力学三种解释的哲学蕴涵

量子力学有许多种解释，哪一种解释"有效"，迄今为止没有取得一致的意见。普遍的感觉是每一种解释都有其优点，阐明了量子力学的某些方面。现在我们来总结量子力学的正统（哥本哈根）解释、波函数坍缩发生在观察者的心智中和多世界解释的本质要点，因为这三种解释是引发量子理论哲学讨论的主要来源，有人认为这三种解释的共同特征可能消解实在论和唯心论之间的冲突。

1. 正统（哥本哈根）解释

根据这种解释，波函数按照薛定谔方程这个确定的演化定律演化。波函数携带测量所得可能结果的信息。无论何时进行一个测量，波函数就坍缩为它的一个本征态。具有本征函数的波函数的标量积的绝对平方是在测量过程中这些特殊的本征值出现的概率（或概率密度）。

2. 波函数坍缩发生在观察者的心智中

这种解释认为，为了解释与薛定谔的波函数演化无关的坍缩究竟如何发生，人们需要更多的东西。如果人们假设坍缩发生在一个宏观的测量仪器中，并没有从根本上解决测量问题，因为由波函数描述的我们的初始系统和测量仪器的相互作用，也由系统-仪器联合体的波函数的薛定谔演化支配。因此，测量仪器也处于与不同的测量结果相对应的不同的本征态的一个叠加态之中。即使测量结果由一个磁带或穿孔纸带等记录，这仍然保持为真。一个意识观察者不得不看测量结果，只在那一刻确定各种可能性中哪一个实际上出现。同时，磁带或纸带处于与正在讨论的本征值相对应的本征态的一个叠加态之中。

3. 埃弗雷特、惠勒和格雷厄姆的多世界解释

根据这种解释，在量子世界中，各种量子可能性实际上均出现，但是出现在不同的分支世界中。每进行一次测量，被观察世界就劈裂成几个（经常是许多）世界，这些不同的世界与被测参量的不同本征值相对应。所有这些世界共存于一个更高级的宇宙即多宇宙中。在这个多宇宙中，存在一个有记忆指令序列或说构造层的足够复杂的亚系统。例如，一个机器人。在这个机器人中，对于一个特殊的分支路径来说，相应有一个特殊的记忆序列。人们不需要波函数的坍缩，所需要的是确定接下来哪一个可能的记忆序列出现，即随后产生的结果。换言之，当一个特殊的记忆序列或意识流在每个分支点经历坍缩时，在多宇宙中没有坍缩。在机器人中，一个特殊的记忆序列实际上定义观察者的一个可能的生命历史。各种著名的佯谬，像 EPR 佯谬或薛定谔猫佯谬等，在这一框架中都容易研究和阐明。

目前的研究是认为，即使明显不相关，上述三种解释实际上分别从各自的立场对量子力学给予了说明。特别是这三种观点的一个共同特征是：假设了一个同时出现的三维超曲面在一个更高维度的实际存在的事件空间中运动，相应的观察者观察那些为某一个超曲面运动分割的事件。因此，我们不再在实在论和唯心论之间有冲突。存在某种物理实在，即在一个更高维度空间中的事件世界。在这个更高级的宇宙中，存在许多与不同的量子可能性相对应的四维世界。一个特殊的观察者在下一个时刻通过一个自由意志的行为选择一个特殊的超曲面，等等。一系列的超曲面描述一个四维世界。一个发生在一个特殊心智中的自由意志行为的结果是波函数坍缩。在观察之前，心智有不同种可能测量结果的确定信息，这些信息被合并在某一波函数中。一旦执行测量（即测量程序在一个人的心智中终止），一个可能的测量结果就变成一个现实的结果，"现实"一词与一个特殊的意识流或与埃弗雷特意义上的记忆序列相关，其他的可能结果实际上与其他可能的意识相关。

因此，正如维格纳所倡导的，上述三种解释似乎在说，哪一个可能的量子结果发生确实由心智决定。但是，这一事实不要求我们接受一个关于世界的唯心论或者唯我论的解释：即外部世界只是心智的一个幻觉。心智的义务只是在更高维空间中选择一个路径，即选择一个超曲面系列。但是，各种可能的序列不依赖于心智而存在，它们是真实的并且根植于一个永恒的、不受时间影响的高维世界中。从这个意义上，上述三种解释又坚持一定的客观性。

虽然上述解释对于量子测量问题的探讨仍然有待商榷，然而这种对于心智在测量中的作用的强调无疑认为，一个独立于心智或意识的严格实在论独自也不再是可接受的。不存在外在物体的一个现实的运动。外在的"物理"世界是一个静态的、更高维的事件体系。通过假设存在一个新的实体——心智，人们能获得一个动力学的外在的四维世界，因为这个新实体或说心智具有把同时存在的超曲面移进更高级空间中任何可允许的方向的性质。必须分别假设这个超曲面运动的行为，这一运动的结果是实现了对三维外部世界是在连续地改变的主观体验。三维外部世界的改变实际上是一个幻觉，真正随时间改变的是一个观察者的心智，而外部世界——大于3+1维——是真实的、静态的或永恒的。

因此，根据这样一种观点，只是外部的三维世界的改变是一个幻觉，外部世界的存在本身不是一个幻觉。在此，人们必须仔细区分在狭义相对论方程和广义相对论方程中的时间概念和关于改变或变化的主观经验的时间概念。不幸的是，当我们谈论两个不同的概念时，经常使用相同的词语"时间"。有人可能会反对说我们正在把一种形而上的或非物理的客体——心智或意识，引入到物理学理论中，因为物理学理论只应该建立在可观察量基础之上。然而，考虑心智在认识中的重要作用，人们怎么能把心智和意识忽略为不可观察的事物或与自然不相关的事物？相反，当我们自己的意识是自然界中所有事物中最明显和最直接的可观察量时，我们正是通过我们的意识与外部世界发生联系。

沿着这一思想线路，如果我们以一种轻松的方式，无偏见地思考量子力学的概念，显然可以把波函数理解为意识。下面我们将详细地阐述这一点。但是，为了发展我们对于量子力学是什么内在的直觉感知，我们实际上需要首先尽可能多地讨论量子力学的意义。在牛顿经典力学的情形中，我们已经有这样一个直觉的感知。我们从一出生就一直在发展我们的知觉行为。每个孩子在直觉上理解物体如何运动，他的行为后果会是什么。例如，如果他投掷一个球将会发生什么。

想象我们的尴尬处境，如果我们出生后与物理世界没有直接的联系，但是我们受到的间接教育仍然是存在这样一个环境。对于这一论证，精确的情形并不重要，只需想象我们出生在一艘向一个附近星系旅行的太空船上，我们被固定在床上，一直闭着眼睛，只通过耳听来获悉信息。即使不看不摸我们周围的物体，我们最终仍然会间接地获悉物理世界的机能，或许甚至会掌握牛顿力学。我们可能变得很擅长解决各种力学问题，因此可能会是使用精密技术的真正专家。

我们甚至可能做实验，通过指令计算机"投掷"一块石头，然后让计算机告诉我们发生了什么。然而，这样的专门技术对于我们理解在所有这些理论和我们极好掌握的"实验"背后是什么，没有太多的帮助。当然，所需要的是与我们极好模拟的环境的一个直接联系。然而，当缺乏这样一个直接的联系时，对于我们来说，尽可能多地讨论物理环境的机能和我们极好掌握的理论的意义是绝对必要的。仅当那时，我们才在某种程度上发展了关于物理环境的一种直觉力，尽管这种发展是间接的。

第四章　量子理论引发的哲学思考

当然，相似的情形对于量子力学应该是真实的。当我们试图理解量子力学时，现在可能更重视详尽的以言语表现的作用。我们不得不满足我们的兴趣阅读、讨论和思考量子力学。当许多人这样做时，这一过程最终会明确为一幅很清晰、明显的图像。在我们只看见这幅图像的某些部分的那一刻，我们要说明的是我们如何看见这幅图像属于我们的部分的一些东西。

我们通过意识了解世界，认识世界万物。我们用一个波函数描述世界。某种简单的现象能用一个我们能在数学上探讨的简单的波函数描述。然而，通常如此涉及的现象不再可能作数学上的分析，然而在观念上我们仍能谈论波函数。在这个意义上，波函数是我们关于世界的信息。从这样一种认识论的视角来看，信息与意识相关。意识有关于某物的信息。这可以推到极致：假设信息就是意识，特别当信息指称它自己或自提交的信息时。另外，波函数是信息，至少信息是波函数的很重要的某一方面。因此，似乎可以得出结论说，波函数与意识有非常密切的关系。

在最强的版本中，人们可能会总结说，实际上，应该把波函数等同于意识。也就是说，如果一方面波函数是我们对世界所知的一切，另一方面我们的意识内容是我们对世界所知的一切，那么意识就是一个波函数。在某些特殊的情形中，我们的意识内容可以很清楚：在制备了一个实验后，我们知道一个电子定域在一个给定的盒子中。这种情形能用一个数学上的客体即波函数来精确地描述。如果我们打开盒子，然后知道电子不再定域在盒子中，而是能存在于盒子四周的任何地方。精确地讲，我们能通过量子力学计算它在某处的概率如何随时间演化。

代替考虑一个电子在一个盒子中，我们能考虑在一个原子核周围的电子。我们能考虑不止一个原子，而是许多个原子。很快我们不再能做数学和量子力学的计算，但是事实仍然是我们关于世界的知识被编码进波函数中。我们不再知道波函数的一个精确的数学表达，但是我们仍然有对于波函数的一个感知。确定的事实是，我们注意到我们周围确定的宏观物体是波函数存在的一个信号：因此我们知道物体的原子定域在物体的特定区域。关于单原子，我们知道电子以确定的方式定域在核子的周围，等等。我们知道外部世界的万物被编码在波函数中。

然而，意识不仅仅如此。意识也知道它的内部态，关于过去事件的记忆，关于它的思想等。的确，意识是一个真正涉及自反馈的信息系统。在此，我们不能简单涉及意识的这些方面，感兴趣的读者可以阅读一些好的著作去作进一步的了解。

沿着这一思路，一个孤立系统的波函数按照薛定谔方程自由地演化。在系统和它的环境相互作用后，系统和它的环境然后变得纠缠，它们处于一个量子叠加态。然而，原则上，这个量子叠加态与我们的大脑有一个因果联系。对于一个远距离系统，需要花一些时间，相互作用的信息才能到达我们。波函数坍缩发生在信息到达我们大脑中的那一刻。与我们经常阅读到的相反，波函数坍缩不以无限大的速度从相互作用的地方传播或扩散到观察者。在信息到达我们的大脑之前没有坍缩。关于相互作用的信息不需要清楚地表达，因为通常当我们进行一个可控实验时，如用激光束进行可控实验时，信息可能是内含的，隐藏在我们环境的许多自由度中，然而，因为我们的大脑与环境耦合，因而坍缩发生。

但是，为什么我们体验到波函数的坍缩？为什么波函数不保留在叠加中？上述观点认为，坍缩发生是因为对于被测系统我们的意识内容的信息不能处于叠加态。一个外部自由度的信息可以处于叠加态中，携带完全相同的信息自由度的信息不能保留在一个叠加态中，这是一个逻辑悖谬或哥德尔纽结：这能通过波函数坍缩得以解决。我们的意识"跃迁"进一个可能的宇宙态，每一个包含一个不同的被测系统态和一个我们关于测量结果的不同知识态。然而，从一个外部观察者的角度来看，除非信息已到达了他的脑，否则没有坍缩发生。相对于外部观察者，被测系统和我们的大脑都保留在一个叠加态中。

上述观点是否正确，需要进一步对信息的本质做深入的探讨，本书不是一本信息哲学研究专著，所以没有对信息究竟是什么做深入细致的科学分析和哲学探讨，希望今后有机会来做深入的研究。但有一点是明确的，对量子力学的基本问题进行哲学探讨，必然涉及量子信息理论或对信息与物理存在之间关系的正确理解。第五章我们将抛砖引玉，从量子信息理论的视角来对量子力学的基本问题做一点分析和探讨，也算是对上述观点的一种回应。

本 章 小 结

我们探讨了量子理论对于哲学的挑战。量子理论的全新概念发展是丰富了我们的哲学世界观。就量子力学的解释而言，目前有不同种相互竞争的解释，这些解释大部分是物理主义的或说自然主义的，但也有心理主义的或说心智方面的解释，不同的解释对应着对于量子力学的基本问题不同的哲学理解，这也是围绕量子力学的概念基础的讨论引发诸多哲学争议的原因所在。但是，科学的哲学理解是伴随着科学实验或说实践的进步而进步的。立足于科学史和科学的前沿进展，倡导一种科学的实在论解释是历史的必然。

第五章

从量子信息理论的视角看量子力学

量子信息科学是通过探测诸如电子、光子、离子等量子系统的某些显著特征来进行信息处理的学科分支。近年来，人们对量子信息领域报以许多期望。有人说量子力学本身是建筑在沙堆上的一个巨型建筑物，这个沙堆就是正统的哥本哈根解释。一方面，量子力学有一个高级的数学形式体系——在复杂希尔伯特空间中的概率积分，这个数学体系给出的预言获得了所有现存实验数据的支持。另一方面，人们仍然不清楚为什么这个形式体系工作得那么好，而且也不清楚这个形式体系真正预言了什么，因为在正统的哥本哈根解释中，量子力学不是对于物理实在本身的描述，而仅仅是对于我们的观察结果的描述，但究竟是对于我们的什么观察结果的描述，又不清楚。在量子信息方案中，实际上可以把在量子力学基础中所有未解决的问题放大。历时100年的纯哲学问题，就此蜕变为具有商业兴趣的技术问题。下面我们结合当前量子信息理论和信息技术的发展，来重新审视量子理论的基本问题，并对信息与存在的关系、信息技术与第二次量子革命进行讨论。

一、用量子信息理论重构量子力学

当前的认识是，量子信息对于重新认识量子力学的基础给出了一个巨大的新机遇。这一机遇是否会得以利用取决于许多科学的、心理学的和市场的因素。不幸的是，目前有一种倾向是忽略基本困难，把一切还原为实验和技术问题。当然，量子技术的发展，特别是对单个量子系统的操作，是一个极端有趣的研究项目。但是，如果把量子计算和量子编码术也考虑为检测量子力学基础的新工具，实际上能更好地理解量子力学的基础。

首先我们应该回到20世纪物理学的最大争论上，即爱因斯坦和玻尔关于量子力学的完备性之争。今天，人们通常接受量子力学是完备的：ψ函数提供了一个量子系统态的完备描述。不可能找到对量子实在的一个更详尽的描述。这是正统哥本哈根解释的基础，今天这是量子编码术的基础。如果我们能找到一个隐参量模型，可以重新产生量子统计学，那么量子协议的总体安全性是可疑的。用概率的术语来讲，这是所谓的不可化约的量子随机性问题。与经典随机性相反，量子随机性不能还原为传统的系综随机性。无论是用量子信息讨论量子力学的基础，还是用量子力学的基础讨论量子信息，都应该报以严肃认真的态度。一种可能是从贝尔不等式开始讨论，因为贝尔不等式的破坏在量子信息的基础上起着基本的作用。人们普遍认为应该把贝尔不等式的实验破坏解释为存在超距作用或量子非定域性的证据。事实上，关于贝尔定理的结果，现代的表述形式更为诡辩。这种表述形式大体是说"量子力学与定域实在论不相容"。然而，何为"非定域实在"也不容易理解。无论如何，非定域实在论不是物理空间中的实在论。因此，EPR的最初论证认为精确的（反）关联给出了实在论强有力的支持。在这种情形下，从贝尔定理只能得出非定域性。实际上，这是贝尔的最初观点。

贝尔精确地构想贝尔不等式，旨在证明量子力学的非定域性。贝尔是一个非定域实在论者。他的研究旨在为玻姆的量子力学模型找到支持性论据。因此，他想挽救实在论，甚至不惜付出牺牲定域性的代价。然而，他没有精确地确定用来描述问题的数学概率规则。正是在问题的数学表述上缺乏严密性，才为推测提供了许多机会。每年人们都会对EPR-玻姆实验的概率结构提供他们各自非常不同的观点，因此说推测性的观点完全不同于物理结论。

许多杰出的物理学家的共同看法是：注意概率理论是无意义的。这种观点典型地受概率是"物理上一个确定参量"的认识的驱动。因此，他们认为不必考虑提供一个数学上严密的概率形式。然而，有学者不同意这种观点。理由是贝尔不等式的争论不完全由问题的物理重要性决定。我们不能忽略该描述问题缺乏严密的数学框架这一事实。然而，在过去的40年，物理学家一直试图在没有精确描述他们所使用的概率规则的前提下探讨贝尔不等式。而且，相当普遍的观点是只用频率就可以工作。因此，人们再次把一个具有相应概率模型的严密的数学描述看得毫不重要。

贝尔论证的主要价值是极大地刺激了用纠缠光子工作的实验技术。这为量子通信和量子密码术的发展提供了契机。但是，量子信息理论的诞生会有助于我们理解量子世界的性质吗？许多哲学家和物理学家表现出极大的兴趣。然而，量子信息究竟是什么，似乎没有普遍一致的看法，因此，量子信息理论能否作为解决量子物理学哲学疑难的救星，难以定论。为此，需要评估信息的概念（我们将在下一节具体阐述信息的概念、特征及用途）。

一种认识是，量子信息是与量子系统的测量相联系的统计行为。因此，量子信息是对量子系统所作的粗粒化的操作描述，没有量子系统的基本本体论特征对这种统计行为负责。从这种视角出发，把量子力学建构为一个量子信息理论，似乎是与哲学家和物理学家传统的解释努力相背离的。问题因此产生：既然如此，为何还要采取信息理论的观点。克里夫顿（R. Clifton）、巴布（J. Bub）和哈沃森（H. Halvorson）三位物理学家提供的 CBH 定理（Clifton et al. , 2003）似乎提供了一种动机。

根据 CBH 定理：如果一个理论 T 满足某种条件，将存在一个经验上等价的在希尔伯特空间有一个具体表征的 C^* 代数理论，很难把这个理论解释为一个推定的或人为操作的理论。在这种情形下，哲学家发展的任何与理论 T 相一致的潜在的本体论将为 C^* 代数对等物所削弱。巴布认为，就本体论这种原则上的不确定性而言，我们能重新把量子力学设想为一个量子信息理论。但是，巴布没有阐明量子信息的概念，因此很难评估他的提议的合理性。不过，一些研究者认为，我们可以考虑把量子理论部分重新概念化为量子信息理论，这样一方面可以缓减 CBH 定理产生的认识论问题，另一方面可以重新概念化量子理论。

下面我们先来分析一下 CBH 定理。CBH 定理用信息理论约束条件刻画量子理论。借助于量子理论，CBH 定理意指一个本体论代数有如下特征：①可观察量由一个非对易代数中的自轭算符表示，但分离系统的可观察量是对易的。②态由正的归一化线性函数表示，存在类空分离系统的纠缠态。③动力学改变由完全的正线性映射表示。

CBH 证明 C^* 代数将有这些特征，当且仅当它们满足下面的信息理论约束条件：①没有经由测量的超光速信息传递；②没有传播；③没有位承诺。约束①确保在一个系统上的测量结果相互作用绝不能改变与类空分离的系统上的测量结果相联系的统计学。改变与一个系统上的测量结果相联系的统计学是信息传输可能的必要条件。约束②禁止克隆量子系统的纯态和混合态。约束③禁止某种类型的安全协议。粗略地讲，该约束禁止作出可靠的承诺（如1或0），因此承诺人不可能改变承诺，也不可能发现承诺，只能让承诺显露。

CBH定理最为重要的一个结果可能是，给定满足信息理论约束条件的任何一个量子理论，将存在一个经验上等价的C^*代数理论。既然C^*代数理论有上述三个特征和在希尔伯特空间的一个具体表征，因此，对于满足信息理论约束条件的任何理论来说，存在一个经验上等价的理论，这一理论同样存在对标准量子力学造成挑战的所有解释性问题。

这种情形提出了微妙的认识论争端。通过采用一个用来描述量子系统的抽向的形式框架，或多或少地决定这一形式框架的哪些特征与量子系统的真正特征相对应，哪些仅仅是人工制品，然后不得不识别哪些本体论与这一框架相容，即对该框架提供一个解释，量子力学哲学家受到了典型的挑战。通过这样一个过程发现的本体论可以典型地看做是真正物理本体论的最好竞争者，但是这样一个结论的获准是一个理论神奇的成功经验。一个经验上等价的理论的存在挑战了这种结论。

作为一个实际的问题，通常很难获得经验上等价的理论。现在讨论的许多竞争的量子理论，即玻姆理论、非坍缩理论等，都不是经验上等价的，但是当前不可能对这些竞争理论作出关键的区分。实际上，我们可能会经常忽略原则上经验等价的问题，但是CBH定理本质上迫使我们面对这一问题。它保证满足信息理论约束条件的任何理论存在一个经验上等价的理论。因此，对于任何两个理论T和T′，在特定时间两个理论都是可以接受的，但不是经验上等价的，如果它们满足信息理论约束条件，将存在与理论T经验上等价的一个C^*理论，也存在与理论T′经验上等价的一个$C^{*\prime}$理论。

经验等价物问题带给量子力学哲学家的最大困难是如何解决测量问题。也就是说，哲学家们试图阐明与他们喜爱的量子理论相容的本体论如何能够拯救现象。但是，如果他们喜爱的理论满足信息理论约束条件，就会有一个能作出正确预言的经验上等价的竞争理论，但是没有假定任何额外的结构或本体论，如玻姆理论就假定了一个确定的位置和一个新场。由于理论是经验上等价的，因此就没有判定一个理论优于另一个理论的经验证据。因此，CBH结果似乎赋予量子力学哲学家一个基本的协定：或者假定额外的结构，这一结构使我们的经验安全，但是没有任何经验上可探测的结果，或者忘记额外的结构，付出的代价是保留了神秘性。

巴布（Bub，2004）认为理性的认识论立场是把所有建构性理论看做是不可接受的。根据巴布，可以把测量装置看做黑箱，只是根据概率分布产生一系列结果，那相当于把测量装置看做香农的信息源。因此，巴布鼓吹把量子力学重构为对作为信息源的物理系统进行表征和操作的理论。与关于世界的基本组分和结构的理论，即基本的本体论形成对比。物理学家和哲学家不应该只记得清楚地表达一个与可观察现象相容的潜在的本体论，赞同对于可观察现象的一个可预言的适当表征。因此，他正在鼓吹物理学的一种新作用，许多人认为这不但远远背离了物理学已研究的内容，而且也背离了物理学应该研究的内容。

与巴布相反，有人可能认为物理学不但是对世界作出正确预言的事业，而且是阐明某些事物的事业。单单基于预言来说，CBH 定理就可能使我们对一个理论优于另一个理论的资格表示质疑，假定 C^* 代数等价物似乎缺乏对现象的说明资源，人们就可能会轻易地忽略它们，正如巴布忽略假定额外结构的理论一样。

从旁观者的角度来看，在某种意义上什么构成了一种说明，巴布的提议有一个基本的缺陷。作为一个普遍的形而上学信条，系统有这样的物理特征：在测量情境中系统的行为方式必须是确定的。一个奇怪的创造性限制似乎不允许物理学家和哲学家探查潜在的本体论。在某种程度上能对此进行辩护的唯一方式是：如果 CBH 定理的假设保持，则就能保证存在经验上等价于一个成功建构的理论的 C^* 代数理论。这表明约束条件是否实际上保持完全是一个开放的问题。因此，假定约束条件的不确定性，巴布倡导的观点似乎不但限制性太强，而且在认识论上无法辩护。在这两种极端的观点之间存在有趣的中间地段，就 CBH 定理产生的认识论问题而言，这一中间地段尊重相冲突的直觉。这涉及把量子力学重构为一个信息理论，但是这一研究径路把发展拯救现象的基本本体论候选者的基本工作视为本质工作。

换言之，新的重构方案保持了 CBH 定理的假设，但可以重新考虑量子力学哲学家所面临的认识论问题。我们可以考虑把量子力学部分重新概念化为一个量子信息理论。按照 CBH 定理，量子信息概念与巴布的量子力学的观点有明显的联系。巴布提议我们应该把测量装置看做根据概率分布产生结果的黑洞。量子力学可以重构为一个把量子系统表征和操作为信息源的理论。运用信息概念重构量子力学，我们应该把量子力学设想为一个表征和操作量子信息的理论（Bub, 2004）。

假定能够这样重新概念化量子理论，许多人提出的问题是："为什么特别对物理学哲学家来说，避免描述与我们最好的物理理论相一致的基本本体论，赞成更为粗粒化的量子信息理论方法，是有趣的？"首先，这一问题建立了一个虚假的二分：巴布倡导重新定位物理学主题或哲学主题。探测量子理论的信息理论方法不要求放弃传统的框架。一个更好的问题是："除了传统的概念基础的考虑外，我们从信息理论视角出发会获得什么？"

当哲学家或物理学家提供对于现象的一个说明时，他们典型地指涉的是一个建构性理论，把从标准的量子力学单纯推出的结果看做是说明上无意义的。例如，标准的量子力学预言 EPR 实验存在正关联，但是几乎没人承认这说明了任何事情。CBH 考虑 C* 代数理论情形相同。为了提供一个说明，人们求助于量子现象的建构理论。现在，一个传统上迫切需要说明的东西是待解释之物是真实的。在这一认识论情形中，如何确信量子现象提供了这样一个建构性说明？正如上面所提到的，有几个经验上不等价的量子理论，它们当前是经验上不可区分的，另一些则是经验上等价的，这是量子信息视角可能有用的地方。

当前，所有经验上可接受的量子理论在当前实验能力的范围内都有广泛的预言。因此，在这一限制的层面上，所有这些当前可接受的理论都有量子信息的行为。因此，量子信息对这些理论提供了一个统一的思路。从这一视角来看，它们是等价的。或许运用真正迫切需要得到的东西，而不依赖对于现象的建构细节，这一等价性能用来为量子现象提供说明。量子信息定律附随于建构性事实或定理（这取决于你的形而上学偏好）之上，可能为此提供说明，这些说明避免了我们当前的认识论情形所产生的问题。

考虑一个运用热力学而不是统计力学来说明热现象的相似情形。猜想当某人把一块热石头扔进一碗冷水中时，他想说明发生了什么。运用基本的统计物理学，一个建构性的说明是十分难解决的，几乎不可说明。通过诉求可能附随在系统的基本的统计力学行为上的热力学定律，人们能对现象迅速做出说明。对这种情形的说明似乎必须诉求的模型是统一模型。热力学定律在一些简单的原则下统一了广泛的现象。同样，或许量子信息定理在一些简单的原则下能把广泛的量子现象统摄起来。

总之，哲学家和物理学家对量子信息理论可能提供对于量子物理学性质的新洞见，表示出极大的希望。这是否为真，悬而未决。但是，量子信息理论似乎确实提供了处理当前可接受的量子理论的认识论问题的有趣前景，也提供了由 CBH 定理产生的认识论问题。特别说来，量子信息概念和上述量子信息的分布定律一起，可能为量子现象提供了说明，它们不承诺任何特别的量子理论或量子理论的解释。人们仍然看到量子信息理论提供的说明力的范围。至少，我们希望哲学家把量子信息理论看做是一个潜在的有用的哲学源，而不仅仅是量子力学的应用工具。在阐明了当前人们对于用量子信息理论来重构量子理论的期望后，下面我们来对量子信息和经典信息作一比较研究，以阐述量子信息的基本特征和用途。

二、量子信息与经典信息的比较研究

量子信息技术用量子力学系统实现全新的信息处理任务，正成长为一个有希望的研究领域。从20世纪90年代中期以来，量子信息理论取得了重要的研究进展，阐明信息与量子力学具有重大历史意义的关联。一些重要的研究探讨了完整量子态的传输和处理，以及"量子信息"与传统的"经典信息"（如香农信息）的相互作用。研究发现，尽管许多量子结果与它们的经典对应物相似，但是有显著的不同。一个完备的量子信息和信息处理理论显著地依赖于量子属性，如不确定性、干涉和纠缠等。

从更基本的层次上讲，建立在量子原则上的信息理论扩展和完善了经典信息理论。量子信息理论对经典信息的概念，如源、信道、码进行了深度的量子推广。量子信息有本质上由量子态表征的新的信息源类型、新的通信信道和信道码。特别说来，量子态的两个本质特征——纠缠和非对易性，可以为量子信息所使用。量子信息的新特征对量子理论中的基本解释争端提供了一个新的研究视角，阐明了量子理论与经典理论存在新的本质不同。

然而，曾有一些研究否认量子信息的存在，认为"量子信息是存储在量子系统的香农信息"。从当前的研究来看，这一结论是没有根据的。本节着重阐明量子系统的属性显著不同于经典物体的属性，这一事实为有趣的新的通信协议和信息处理形式提供了机会。从根本上讲，量子信息描述和利用量子系统提供的与众不同的信息处理和通信的可能性，是一个全新的、内涵更为丰富的信息理论范式。量子信息的丰富性表现为它有许多更为基本的静态和动力学信息源类型，不但支持所有熟悉的经典信息源类型，如经典位及类似物，而且支持全新的信息源类型，如量子位态，特别是纠缠态使得量子信息源比经典信息源更为有趣。量子信息的纠缠特征扩大了我们传输信息的能力，量子信息彻底革新了旧的信息理论范式：经典信息的观念。

1. 量子态的三个典型特征

经典信息处理的基本单元是位或比特（bit）。在经典信息理论中，"位"这个词通常有两种不同的使用意义。其一指一个二进制数（对数 log2）表达的信息元;其二指一个物理系统可以制备在两个不同物理态的一个中,与数值 0 或 1 相对应。显然,一个位的最大信息携带能力是一个信息元。换言之,每个物理态携带的最大信息负载量是一个位的信息。当我们读出由经典系统执行的信息时,我们实际上揭示了某一位值,即系统要么处于 0 态,要么处于 1 态,这一位值甚至在信息读出前就已存在。因此,经典位态的显著特征之一是:它在经典信息处理中是一个稳固的通信源。经典位态的显著特征之二是:经典位态是可区分的。我们习惯于能够区分不同的经典信息项,或至少在原则上经典信息项是可区分的。当然,从实际上讲,一封弄污了的信上的字母 a 可能很难与字母 o 相区分。但是,从原则上讲,不是没有可能完全确定地区分这两种可能性的。经典位态的第三个显著特征是:经典信息可以复制或克隆。确切地讲,数字信息,如我的这篇文章在发表前可以多重备份。

量子位(qubit)是量子信息的基本单元。"量子位"一词由量子信息理论家舒马赫创建于 1995 年。和经典位一样,量子位确定无疑也是真实的,它们的存在和行为为实验所广泛证实,物理学家已用许多不同的物理系统来实现量子位,如一个光子的两种不同的极化,在均匀磁场中一个核自旋的对准,在一个单原子轨道上运行的一个电子的两个态。这意味着一个量子位典型地是一个微观系统,如原子、核自旋或极化光子。然而,有时物理学家也把量子位考虑为具有某些特殊属性的数学物体或抽象实体,这样做的好处是便于建构一个不依赖于特殊系统的普适量子信息理论。这种建构看似与把量子位看做是实际的物理系统的实在论态度矛盾,实则相行不悖。从建构结构实在论的视角看,量子信息理论是物理学家建构的结构实在,量子位是这一结构实在背后的实体,无论是物理实体、信息实体还是数学实体,都是客观存在,都属科学实在论的范畴。

与经典位显著不同的是,量子位具有量子叠加性、不可区分性和不可克隆性。这使得量子信息具有截然不同于经典信息的新特点。

首先,在量子信息处理中,量子叠加性使得量子位成为脆弱的物理源。一个经典位只有一个态,或者为 0,或者为 1。一个量子位也有两个可能的态$|0\rangle$和$|1\rangle$。然而,一个量子位除了有态$|0\rangle$和$|1\rangle$外,还可以形成$|0\rangle$和$|1\rangle$两个态的线性组合态,即通常所说的叠加态:$|\psi\rangle = \alpha|0\rangle + \beta|1\rangle$,其中,$\alpha$ 和 β 是复数。量子位态的叠加是反直觉的。一个经典位,如一枚硬币,只有一个经典位信息,或者正面朝上,或者反面朝上。相反,一个量子位在观察前能存在于$|0\rangle$和$|1\rangle$之间的连续中间态。这意味着在一个量子位中有不止一个位的信息,而是许多位的信息。因此,量子力学的叠加原则扩大了量子位存储、传递和处理

量子信息的能力。

然而，大多数量子位信息不可获取。量子测量理论在我们执行任何可信测量获得一个给定量子态的特性的信息量上放置了严格的限制。如果我们想读出由一个量子位执行的信息，我们不得不把量子位的叠加态投影到测量基$\{|0\rangle, |1\rangle\}$，这将给我们一个或者 0 的位值，或者 1 的位值，概率分别为 $|\alpha|^2$ 和 $|\beta|^2$，$|\alpha|^2 + |\beta|^2 = 1$。因此，测量改变了量子位脆弱的叠加态，从 $|0\rangle$ 和 $|1\rangle$ 的叠加态坍缩到与测量结果相一致的特殊态。然而，我们不能从测量结果推出量子系统测量前的状态。如果我们得到测量结果 0，我们不知道是否初态完全是这个样子，或是否初态是包含这个态的一个叠加态。在这个意义上，自然隐藏了量子位态中潜在的大量信息。我们只能获取量子位态的限制性信息。

其次，量子位态具有不可区分性，这个特殊属性提供了理解量子位态的"不可获取性"或"隐藏信息"的另一个视角。在经典信息理论中，如果艾丽丝制备了两个经典态的任一个，比如说概率为 p 的一个态 0，或概率为 $1-p$ 的一个态 1，那么没有基本的原则性理由认为鲍比不能区分这两个态。然而，与经典信息理论中基本物体的相应属性显著不同，量子位的中间态譬如 $(|0\rangle+|1\rangle)/\sqrt{2}$ 不能与基态诸如 $|0\rangle$ 和 $|1\rangle$ 可靠地区分，甚至在原则上也不能。如果艾丽丝以概率 p 制备了态 $|\psi\rangle$，以概率 $1-p$ 制备了另一个非正交态或说中间态 $|\varphi\rangle$，那么鲍比不可能完全可靠地确定艾丽丝所制备的态到底是什么。更一般地说，两个量子态是可区分的，当且仅当它们的矢量态是正交的，诸如 $|0\rangle$ 和 $|1\rangle$ 是希尔伯特空间的两个正交基矢态，因而它们是可区分的。除此以外，两个非正交量子态是不可区分的。猜想我们试图通过在计算基上进行测量区分两个非正交态 $|0\rangle$ 和 $(|0\rangle+|1\rangle)/\sqrt{2}$。那么，当我们测量态 $|0\rangle$ 时，我们以概率 1 获得测量结果 0。然而，当我们测量 $(|0\rangle+|1\rangle)/\sqrt{2}$ 时，我们将会分别以 1/2 的概率获得测量结果 0 和 1。因此，虽然测量结果 1 暗示我们所测量的态一定是 $(|0\rangle+|1\rangle)/\sqrt{2}$，因为不可能是 $|0\rangle$，但是我们不可能从测量结果 0 推出测量前量子态究竟是什么，是 $|0\rangle$ 还是 $(|0\rangle+|1\rangle)/\sqrt{2}$。

纯量子态的（不）可区分性问题在量子信息理论中非常重要，因为纯量子态的不可区分性表明量子态中存在大量隐藏的量子信息。理解量子态隐藏的信息是量子信息处理的中心问题之一。量子信息理论的一个非常重要的任务就是发展测量，量化非正交量子态的可区分程度，即计算可获取的信息，以一种定量化的方式捕获量子信息隐藏的性质。然而，迄今并没有计算可获取信息的一般方法。目前，计算可获取信息的一个非常有用的上限是 Holevo 限制。这个限制是说：

一个量子位只能传输一个位的经典信息，不能用来传输更多位的经典信息。

在量子信息处理中，量子态的不可区分性有两个非常有趣的方面。一是超光速通信的不可能；二是在量子编码协议中"量子货币"的应用能探测到任何可能的伪造者。如果我们能区分任意量子态，我们就能运用纠缠态实现超光速通信。猜想艾丽丝和鲍比共享一个量子位纠缠对 $(|00\rangle+|11\rangle)/\sqrt{2}$。然后艾丽丝分别在计算基 $\{|0\rangle, |1\rangle\}$ 和另一个基 $\{|+\rangle, |-\rangle\}$ 上进行测量。根据量子力学，在测量后，鲍比的系统或者以 1/2 的概率处于$|0\rangle$态或$|1\rangle$态，或者以 1/2 的概率处于$|+\rangle$态或$|-\rangle$态。但是，如果鲍比获取了一个装置，能够区分四个态$|0\rangle$, $|1\rangle$, $|+\rangle$, $|-\rangle$，那么他能识别艾丽丝是在计算基上还是在另一个基 $\{|+\rangle, |-\rangle\}$ 上执行的测量。而且，艾丽丝一旦进行了测量，他就能瞬时获取信息，量子纠缠态为艾丽丝和鲍比实现超光速通信提供了一种方式。然而，由于非正交量子态不可区分，在此，$|0\rangle$和$|+\rangle$、$|1\rangle$和$|-\rangle$都是非正交量子态，不可区分，因此不可能实现超光速通信。但是，非正交量子态的不可区分性并不总是障碍，它对于银行防盗十分有用。量子态的脆弱性是量子编码系统的关键所在。任何想窃取量子信息的行为都会破坏量子态，在量子态上留下痕迹。因此，在量子编码术中发送以单个量子态编码的信息确保了任何窃听者不能在"量子货币"的信息输运中读取信息。

最后，量子态满足非克隆定律，不能复制。量子态的非克隆性提供了透视量子位态存在不可获取信息的另一个研究视角。不像经典位态，我们习惯总是可以轻松备份各种经典信息，非克隆定律说量子力学不允许精确地复制未知量子态，从而对我们克隆未知量子态的能力设置了严格的限制。然而，非克隆定律不是对所有量子态的复制都设置了严格的限制，它只是声明非正交的量子态不能复制。更精确地说，假定$|\psi\rangle$和$|\varphi\rangle$是两个非正交的量子态，那么非克隆定律意味着不可能建造一个量子装置，当输入是$|\psi\rangle$或$|\varphi\rangle$时，输出将是输入态的两个副本$|\psi\rangle|\psi\rangle$或$|\varphi\rangle|\varphi\rangle$。因此，非克隆定律等价于下列陈述：在量子力学中非正交态的可获取信息通常低于制备熵，因为如果可获取信息等于制备熵，那么就有可能克隆两个非正交的量子态。另外，如果$|\psi\rangle$和$|\varphi\rangle$是正交的，那么非克隆定律不禁止它们克隆。这一观测结果解决了非克隆定律和经典信息能够复制的明显矛盾，经典信息的不同态可以看做正交的量子态。

"非克隆定律"对于量子信息处理有重要的意义。窃听者因此不能通过复制一个信息传输中的每个量子位，试图用克隆量子位态的手段击败一个量子密码系统。此外，非克隆定律也表明运用量子效应不可能进行超光速传递，因为非克隆定律禁止两个非正交的量子态制造副本，这也就意味着两个非正交量子态不可区分。根据上面对于量子态不可区分性的分析，自然也就不可能实现超光速传递。

2. 量子数据压缩与经典数据压缩的不同

信息理论的基本问题之一是确定存储一个信息源最小的物理要求。在经典信息和量子信息理论中用来解决这个问题最简单和最优雅的技术表达是香农的无噪声信通编码定理和舒马赫的量子无噪声信道编码定理。在这部分我们将考察这两个定理以阐明量子数据压缩和经典数据压缩的不同。

在信息压缩中，压缩一个包含大量冗余信息的文本，其关键思想是开发冗余以压缩文本。具体说来，是用短的位串表示频繁出现的符号，用长的位串表示出现频次较少的符号。以此方式，保持位串的平均长度尽可能短。例如，在常规的英文文本中，字母"e"出现的频率要远远大于字母"z"。因此，一个好的压缩方案是用更少的信息位表示字母"e"，用更长的信息位表示字母"z"。香农的无噪声信道编码定理确切地量化我们可以把一个经典信息源产生的信息压缩到何种程度，即量化需要多少位来存储一个经典信息源释放的信息，其结果是 $H(p_j) = -\sum_j p_j \log(p_j)$，这是香农熵的源概率 p_j 分布函数，也是经典信息源的最小压缩长度。任何企图用比香农熵 $H(p_j)$ 更小的位来压缩信息源的尝试都会导致高的错误率。香农熵作为对经典信息压缩所作的一个神奇的操作解释，指出了可靠的经典信息传输所必需的最小源条件。这个最小的物理源对于可靠存储来自源的输出是充分必要的。

如果存储媒介改变，用量子态作为媒介来传输经典信息，情形又将如何？这是量子信息理论需要回答的问题。例如，艾丽丝可能希望用量子态压缩信息源产生的一些经典信息，然后传输给鲍比，鲍比在信道的另一端通过解压缩，获取艾丽丝所传输的信息。如果用量子态作为媒介来存储压缩信息，那么香农的无噪声编码定理就不能用来确定最优的压缩和解压缩方案。在这种情形下，舒马赫的无噪声信道编码定理量化要求进行量子数据压缩的源，条件是在信道的另一端以接近1的置信度恢复源。

具体而言，在一个信息源以概率 p_j 产生正交量子态 $|\psi_j\rangle$ 的情形，能用相似的技术压缩源，因此舒马赫定理告诉我们可以压缩源，但不会超出经典极限 $H(p_j)$。然而，在信息源产生非正交态的更一般情形，标准的经典数据压缩技术不再适用。在这种情形，舒马赫定理告诉我们可以把一个量子源压缩到何种程度，答案不是香农熵 $H(p_j)$，而是一个新的熵量——冯·诺依曼熵 $S(\rho) = -\text{tr}(\rho \log \rho)$，其中，$\rho$ 是与量子信号源相联系的密度算符。也就是说，冯·诺依曼熵与香农熵一致，当

且仅当态$|\psi_j\rangle$是正交的。否则,冯·诺依曼熵严格小于香农熵 $H\ (p_j)$。在信息源产生非正交量子态的情形,压缩-解压程序可能会使量子态失真,压缩可能会发生错误。为了量化错误,在压缩方案中引入置信度测量。因此,量子数据压缩的指导思想是以高置信度恢复被压缩数据。解压缩应该朝着没有错误的置信度为 1 的极限发展。

3. 量子纠错协议和经典纠错协议的不同

信息理论的另一个基本问题是确定信息通过一个特殊噪声信道的最大可靠传输率,即信道容量。因为所有信息处理装置都是不完美的,操作导致的错误或噪声不可避免。为了根除可能的错误源,我们必须使用纠错码来消除噪声效应,以确保在噪声相当严重的情形下也能进行可靠的通信。对于噪声经典信道来说,信道的容量能用香农噪声信道编码定理来计算。香农的噪声信道编码定理量化信息可靠地传输过一个噪声经典信道的信息量。特别说来,猜想我们希望把某一信息源产生的信息通过一个经典噪声信道传输到另一个地方。这个地方可能是空间中的另一点,或是时间上的另一点。在两种情形下,信息传输都是用纠错码对信息源产生的信息进行编码的,以便可以在信道的另一端纠正信道引入的任何噪声。纠错码实现纠错的方式是在通过信道的信息中引入足够的冗余,因此在某些信息被破坏后仍能在信道的另一端恢复原初的信息。例如,猜想运用噪声信道传输一个位的信息。在噪声信道中为了实现源码即位的可靠传输,必须在位的信息通过信道前用两个位对其编码。这样一个信道的容量实际上是半个位,因为每使用一次信道只能可靠地传输大约半个位的信息。因此,香农的噪声信道编码定理通过一个最优化的纠错方案,实现了一个通过经典噪声信道的可靠信息传输。

在量子信息中,由于量子系统的一些特殊性质,如对环境的影响更为敏感、有无限多可能的量子态,因此噪声或错误更是一个严重问题。量子纠错协议自然比经典纠错更为困难和复杂得多。直观类比经典纠错技术来进行量子纠错显然是不可能的。从 20 世纪 90 年代中期以来,许多精致的量子纠错方案出台。研究表明量子位的纠错需要更多的冗余。为了保护一个量子位反对任意的错误,至少需要使用一个 5 位量子码,而经典纠错码为了保护一个经典位反对错误,只需要一个 3 位经典码。在这种情形,我们需要调查信息通过一个噪声量子信道的最大可靠传输率。量子通信理论的一个基本任务就是量化这种噪声量子信道分别传输经典信息和量子信息的容量。这个任务已部分由 HSW 定理、纠缠支持的通信实现。

HSW 定理把香农的经典噪声信道编码定理推广到量子情形,提供了一种用来计算一个特殊的噪声量子信道的直积态容量的有效方式。假定艾丽丝用直积态 $\rho_1 \otimes \rho_2 \otimes \cdots$ 编码她的信息，其中，ρ_1，ρ_2，$\cdots$ 是信道 ε 的潜在输入，信道的直积态容量为 $C^{(1)} \varepsilon$。这一直积态容量说明输入态不可能通过使用两个或多个噪声信道发生纠缠。因此，HSW 定理提供了传输经典信息穿过一个噪声量子信道的容量下限。但是，现在的问题是我们能否用量子系统更有效地传输经典信息和量子信息。研究发现，在噪声量子信道的性质和各种类型的纠缠变换之间存在某些显著的关联，因此一个猜想是：用纠缠态编码是否能够提高信道的容量，超出由 HSW 定理提供的容量下限。这就催生出一种新的量子纠错类型：纠缠支持的通信。

纠缠是一个描述分离系统之间关联的纯量子效应。薛定谔在 1935 年首先在猫佯谬中把纠缠考虑为一个特殊的量子关联。量子关联比经典关联更强且更丰富。根据纠缠的数学研究，两个量子系统的纠缠态定义为一个复合态 $|\psi\rangle \in H_A \otimes H_B$，其中，$A \in H_A$ 和 $B \in H_B$，这个复合态不能写成直积态 $|\psi\rangle = |\psi_A\rangle \otimes |\psi_B\rangle$。现在，纠缠的讨论不再限于解决各种量子佯谬。在量子信息理论中，纠缠主要作为一个显著的通信源，用来研究量子信息进程。正如克里夫顿所说，纠缠现在是用来提高经典通信信道的容量，即所谓的纠缠支持的通信。纠缠不再是用来解围的哲学家隐喻。

纠缠用做通信源是量子信息理论区别于经典信息理论的一个核心特征。纠缠支持的通信运用纠缠，即在发送者和接收者之间共享的纠缠粒子对，支持可靠的经典和量子通信的执行。换言之，通过消耗纠缠，一个噪声量子信道能可靠地传输经典和量子信息。纠缠支持的通信有两个典型范例：量子密集码和量子远程通信。量子密集码是用纠缠支持经典数据的传输。量子远程通信是用纠缠支持完整量子态的传输。

量子密集码或说超密码，作为一个纠缠支持的经典通信协议，最早由贝内特（C. H. Bennett）和威斯纳（S. Wiesner）探究。他们直觉地认识到，运用无条件的纠缠支持，可以提高一个噪声量子信道的经典容量。事实证明确实如此。与没有纠缠支持的经典传输相比，纠缠支持的信道编码定理给出了一个更高的传输率。纠缠支持的经典通信协议用一个在艾丽丝和鲍比之间预先共享的贝尔态或纠缠态，只需直接传输一个量子位，就能实现两个经典位信息的传输，说明共享的纠缠源的加和实际上能增强艾丽丝和鲍比共享的量子信道的容量，从而超越 Holevo 极限。

具体而言，如果艾丽丝和鲍比之间没有共享的纠缠，那么他们之间进行单个量子位传输只能传输一个经典位信息。正如 Holevo 定理给出了量子位携带经典信息的容量限制：当用没有纠缠支持的量子信道传输信息时，一个量子位只能传输一个位的经典信息，而不能用来传输更多位的经典信息。然而，如果一个量子位与另一个量子位发生纠缠，那么发送者到接收者只需直接传输一个量子位，就能实现两个经典位信息的传输，因此，一个量子位通过与另一个量子位发生纠缠能使其传输信息的容量加倍。

量子远程通信是一个纠缠支持的量子通信技术，利用预先共享的 EPR 对移动量子态，能实现量子远程信息传输。换言之，量子远程通信强调量子力学中不同源的可互换性，表明一个共享的 EPR 纠缠对与两个经典通信位组成的一个源，至少等价于一个量子位通信源。因此，甚至在量子态的发送者和接收者之间没有量子信道的条件下，一个纠缠位通过在发送者和接收者之间只传输两个经典信息位，就能发送一个未知的量子位，从而实现充分的量子信息通信。

猜想艾丽丝有一个量子位，处于未知态$|\psi\rangle$中，她希望把这个态传输给鲍比，鲍比会对态$|\psi\rangle$进行相当精确的重构。神奇的是，量子纠缠能作为传输量子信息的一个信道。策略如下：艾丽丝让量子位$|\psi\rangle$与她的一半 EPR 对相互作用，然后测量她拥有的两个量子位，获得了四个可能的经典结果（00、01、10、11）之一。她把这个信息传输给鲍比。依赖艾丽丝传来的经典信息，鲍比对他的一半 EPR 对执行四分之一操作。相当神奇，他这样做能把初态$|\psi\rangle$恢复出来。因此，量子远程通信利用极富价值的共享纠缠源为量子信息的可靠传输提供信道，实现了脆弱量子信息穿过噪声环境的极好传输。

量子远程通信有许多有趣的特征，如超光速通信的不可能、非克隆定律明显破坏的幻想。根据相对论，如果能够实现超光速信息传递，就会发生沿着时间线向后传送信息的表观佯谬。幸运的是，超光速通信不可能，因为为了完成远程通信，艾丽丝必须把她的测量结果通过一个经典通信信道传输给鲍比。没有这样一个经典通信，远程通信根本不会传递任何信息。这个经典信道是不超光速的，因此量子远程通信不会实现超光速通信，从而解决了这一表观佯谬。量子远程通信似乎产生了一个能够远程传输的量子态副本，明显与非克隆定律矛盾。然而，量子态的非克隆定律破坏只是一个幻想，因为在远程通信过程结束后，只有目标量子位保留在态$|\psi\rangle$中，原初的数据量子位依赖于对第一个量子位的测量结果，或成为计算基态$|0\rangle$，或成为计算基态$|1\rangle$，而不会产生任何副本。

总之，纠缠是神奇的信息源和信息通道，扩大了量子信息存储、传输和处理的能力。量子信息因此成为不同于经典信息的新的信息理论范式。虽然建构一个一般的量子纠缠理论仍有待时日,但是已取得了一些令人鼓舞的研究进展,揭示了纠缠态十分有趣的结构,和噪声量子信道的性质与各种类型的纠缠变换之间相当神奇的联系。最近,关于纠缠的研究还发现,运用纠缠滤渐,一个新的量子纠错协议,两个零量子容量的量子信道,当一起使用时,可能有一个正的量子容量。这一结果对于经典信道上的经典容量来说是不可能实现的。纠缠滤渐协议的真正神奇之处还在于,甚至当传统的量子纠错技术失效时,也可以运用纠缠滤渐进行通信。因为纠缠滤渐协议允许在艾丽丝和鲍比之间进行多次往返的经典通信,而传统的量子纠错不允许这种经典通信。

我们考察和比较了经典信息和量子信息的一些基本概念和性质,阐明量子信息扩大了经典信息的概念范围,是一个全新的和更为丰富的信息理论范式。我们认为量子信息彻底革新了经典信息概念的旧范式,因为量子信息传输中无论是信息源,还是数据压缩方案,抑或纠错协议,都非常不同于其经典对应物。特别说来,纠缠是一个独特的量子信息源和通信信道,在量子信息的许多有趣应用中起着十分重要的作用。但是,量子信息及其理论的发展也引发了哲学讨论。

三、量子信息的两种哲学研究进路

我们生活在一个信息时代。量子信息理论与这一时代精神相一致。量子信息理论是一个内容丰富、深刻的物理学理论。从量子信息理论的视角看,量子世界的许多神秘难解之谜都可归于设计巧妙的计算和通信问题。因此,量子信息理论的诞生使得量子世界不再神秘。然而,随着量子信息理论的到来,非物质主义(immaterialism)和工具主义(instrumentalism)这些古老而熟悉的哲学主题又在新的理论背景下得以讨论。这种讨论主要围绕两个问题展开:①量子信息理论最终有助于我们解决量子力学的概念困难吗?②量子信息理论提供了一种新的思考物理世界的思维方式吗?非物质的信息将会取代通常在物理理论中讨论的物质本体吗?如果我们想要真正洞见量子信息理论,就需要厘清这些哲学观念产生的影响的本质。20世纪50年代信息理论的创始人香农曾反对不加批判地诉求信息的概念。今天在对量子信息理论进行哲学思考时,我们仍然需要审慎信息非物质主义和工具主义。

1. 问题的产生

量子信息理论是量子力学与计算机科学、通信理论相结合的产物。量子信息理论引发哲学讨论的主因之一是信息非物质主义的盛行，这种信息非物质主义认为信息是基本的自然类，一切其他存在都源自信息。按照这种观点，量子信息理论预示物理学的新任务是描述信息演化和自我显示的不同方式，而不是揭示自然的物质本源。为什么会有这种认识？因为这种认识非常直观：我们现在有一个基本的物理学理论——关于信息的量子理论，因此或许世界的基本理论只是关于（非物质的）信息的理论，而不是关于（物质的）事物的理论。

惠勒（John A. Wheeler）的"物理存在产生于信息"（it from bit）的著名断言是这种认识的始作俑者。在这个命题中，it 指物理存在或物理事物，如一个原子，bit 指与之相关的信息。惠勒的信息本源哲学是说，在物理学描述中，不存在比基本的量子现象，即观察者参与的基本行动更为根本的要素。观察者、信息和物质之间的关系不是传统的物质产生信息，观察者获取信息的关系：物质→信息→观察者，而是相反，观察关系置于解释链的最底端，观察者的参与行动建构出信息世界，信息世界衍生出物理世界和物理学理论，三者之间的关系应该是：观察者→信息→物质。"物理存在产生于信息"意指物理世界的每样东西实际上都有一个非物质的源，并且也可以找到一个非物质的说明。我们称做实在的东西归根到底产生于记录装置诱发反应所给出的"是"或"否"的回答，对应于计算机的二进制位 1 或 0。简言之，所有物理上的事物都源起于信息理论，我们的宇宙是一个参与者创造的宇宙。

与惠勒的观点相呼应，一些学者认为，随着量子信息理论的诞生，信息现在可能有更为深刻的重要意义。如果说在科学史上曾经的范式是：许多基本物理学理论着眼于寻找自然的基本粒子，并着力找到描述这些粒子运动和相互作用的方程，那么现在基本物理学研究出现了一个同等重要的新范式：寻找自然允许物理学理论表达并操纵信息的方式，而不是表达粒子运动的方式。量子信息实验家宰林格（A. Zeilinger）也宣称，我们需要从新的视角来看待量子信息。我们不能在实在和关于实在的知识、实在和信息之间作出区分。

从惠勒和宰林格等物理学家的表述中，我们不难捕捉到哥本哈根学派的非物质主义思想线路。根据这种思想线路，量子力学揭示物理学的真正主题是我们能对自然说些什么，而不是自然界的事物实际上是什么。正如玻尔所说的，"没有量子世界，只有量子力学描述"。这近乎说根本的东西是我们心灵中的信息游戏。量子信息理论的发展只是重彩涂抹了哥本哈根传统的思想。

除了这种信息非物质主义的直观理解外，量子信息理论引发哲学讨论的另一条更为直观的思想线路是：随着量子信息理论的到来，人们自然认为量子信息理论会阐明量子力学的概念困难：特别是测量问题和非定域性。毕竟，测量问题是量子力学的中心问题。但是，量子理论关于测量问题的讨论很少考虑信息。然而，测量的一个非常重要的原因是获取信息，即测量是试图获取知识以传输信息。受此启发，于是就有人断言：我们现在有一个关于信息的量子理论，而不是一个关于物质的量子理论。物理学理论研究的对象是非物质的信息，而不是物理存在或物质。

沿着这一思想线路，一种常见的诉诸信息概念来解决量子力学概念困难的方法是：如果我们把量子态理解为信息的表征而不是世界的客观特征，我们就能容易理解量子力学中的基本难题，而不再有量子力学概念基础理解上的烦恼。然而，这种方法是成问题的。因为这要么是沉默地假定了隐参量的存在，要么会滑向工具主义。隐参量显然不是一个好的选择，定域隐参量理论于1982年为阿斯派克特等的实验所否证，非定域隐参量的引入会招致量子力学的解释极力避免的非定域坍缩。工具主义也不是一个特别有益的解释性选择。因为如果诉求信息只是为了消除我们理解上的烦恼，那么这种诉求无益于我们阐明任何有趣的量子力学观点。进一步的问题是，"信息"的真实性必然需要重新引入客观性，而工具主义思想线路的明确目标是避免客观性。因此，如果有人把量子态与某种认知态联系起来，那么得到的一定是某人的信念态，而不是客观的知识态。

一种不同的策略是避免沦为工具主义，这种策略聚焦于信息理论原理是否有可能为量子力学提供一个明白易懂的公理基础。例如，宰林格通过为量子力学提供信息理论基本原理，希望说明量子力学中内在随机性和纠缠产生的原因，最终回答惠勒的问题："为什么世界是量子的"或"为什么世界是经典的"宰林格的回答方式在某种程度上接近于玻尔的直觉：我们能对世界说些什么，决定了量子理论的结构。然而，仔细考虑，这种解决方法无论是在形式上还是在观念上都是不足够的：诉求基本原理不能实现人们所希望的结果，难以解决量子力学的概念困难。下面我们会详细探讨信息非物质主义和哥本哈根思想线路之间的关联，特别是根据皮特森（A. Petersen）的研究通常认为是玻尔的评论"没有量子世界。只有一个抽象的量子物理学描述。认为物理学的任务是探究自然是什么是错误的。物理学只是我们对自然所作的描述"（Petersen，1963）。

2. 量子态作为信息

信息非物质主义和工具主义或多或少都与玻尔的哥本哈根学派思想密切相

关。在哥本哈根思想传统下进行研究的许多人也经常诉求信息的概念。因此，近年来随着量子信息理论的发展，哥本哈根解释开始重新复苏，这在某种程度上促成了20世纪60年代以来反科学实在论思潮的复兴。量子信息理论似乎使得这种信息诉求更为精确，且更具科学声望。

这一思潮的典型表现是认为量子态仅仅表征我们拥有的信息，而不是对外在客观世界中事物的描绘，即量子态不是系统的客观属性，而是我们获得的如何制备系统的信息，这一信息能用来对测量结果作出预言。或者说，量子态表征的是观察者对于物理系统的信息改变，这种改变由系统的动力学演化定律和观察者获取系统新信息的测量过程造成。因此，如果认为态矢是系统的客观属性，态矢的两种演化定律的存在就变得成问题。"波包坍缩"的确发生在观察者的意识中，而不是由于发生了任何独特的物理过程，原因仅仅是态是观察者的建构，不是物理系统的客观属性。

采取这种方法似乎把量子力学中熟悉的困难问题变为非问题。以"维格纳朋友"为例，这是量子力学测量问题常用的一种表述形式。设想两位科学家：维格纳和他的朋友，朋友准备进行一个量子实验并观察实验的结果。维格纳则在实验室外等待结果的出来。实验室是密闭的，维格纳不能观察实验的进行。我们应该如何运用量子力学描述这一场景？假定实验测量一只猫的死活。根据量子力学，猫的初态处于一个量子叠加态，我们不知道猫的死活。然而，一旦执行测量，维格纳的朋友将会看到一个确定的结果，猫死或活。因此，测量后，猫的终态将是一个确定的死态或活态。

但是，维格纳将如何描述猫的状态？由于辐射原子+猫+朋友+实验室构成了一个封闭的物理系统，维格纳将按照量子力学一致地描述这个系统的演化。因此，根据维格纳的研究，测量后，猫不是处于一个确定的死态或活态，而是处于实验室的所有内容：辐射原子+猫+朋友组成的一个大系统的量子叠加态。谁是正确的？维格纳的朋友看到猫处于一个确定的结果，还是悬置在一个不死不活的中间状态，直到维格纳打开盒子才确定猫的死活？我们需要诉求坍缩来调和这两种观点吗？如果是这样，那么何时、如何和为何坍缩发生？维格纳把一个封闭的物理系统看做是一致演化的是否正确？等等。这些都是需要回答的问题。

信息方法旨在干净利落地削减这些诡辩式的问题。根据信息方法，维格纳和他的朋友大可不必意见不合。因为，如果量子态不表征世界上事物的客观状态而是表示某人拥有的信息，那么维格纳能认为辐射原子+猫+朋友组成的大系统处于一个量子叠加态，而他的朋友能认为猫处于死态或活态。毕竟，认知态抑或信念态不对应于事物的客观态。对于世界上真实发生的客观事态，他们看法上可以完全一致。但是现在，只是由于朋友在实验室内而维格纳在实验室外，他们获取的信息不同，从而造成了不同的认知态或说信念态。当维格纳进入实验室获取了更多的信息时，他将会更新他的认知态或信念态，但由于更新的是认知态或信念态，不与物理世界客观事态的变化相对应，因此这一认知态或信念态的更新并不神秘，自然也不必加以解释。一句话，量子信息理论的诞生引发出用信息非物质主义解决量子力学的概念困难的研究策略，通过把量子态看做信念态，试图把量子力学中的概念困难变为非问题。然而，这种方法是否适当值得怀疑。

3. 反对信息方法

贝尔准确地指出，这种求助信息概念来解决量子力学中棘手问题的研究径路存在问题：如果物理学精确表述的是信息，那么是什么的信息？是谁的信息？就第一个问题而言，如果量子态表征的是我们的信息，那么"是我们的什么信息？"只有两种可能的回答：①是我们的实验结果是什么的信息；②是测量前系统中事物状态的信息。这两种答案都不是信息论者所乐意接受的。就第二种回答而言，信息是测量前系统拥有的性质，这些性质不由量子态描述，而由隐参量描述。把量子态看做信息是为了避免令人烦恼的非定域坍缩，如果现在为了避免非定域坍缩而引入隐参量，情形只能更糟，因为隐参量会在量子力学中表现为非定域性。因此，如果信息论者采取第二种回答，似乎是弄巧成拙。

再来看第一种回答。如果量子态表征的信息是实验结果是什么的信息，那么困难是会滑向工具主义。工具主义认为科学理论不寻找描述支配不可观察事物的定律，而只是充当预言实验结果的手段。量子态的工具主义观点把量子态理解为只是一种计算测量结果统计性的设置。如果诉求信息最终只是把量子理论发展为一种工具主义形式，那么我们并没有获得一种特别有趣的量子力学解释，更谈不上新颖。对于量子力学的创建者来说，工具主义可能是一种进步的认识论教义，但是现在很少有人再这样认为。作为一种用来解释量子力学的选择策略，工具主义拒绝提出问题，没有认真地考虑量子力学的概念基础。

标准的量子态工具主义在对量子力学作解释时，拒绝给出单个系统的任何描述，而只对系综的测量结果作出断言。因此，在工具主义看来，不能问在双缝实验中单个电子如何运行，只能问对许多电子来说，它们的预期观察结果是什么。也就是说，标准的工具主义通过保留在统计层面，坚持量子态不描述单个系统，坍缩不是一个真实的过程，而只是人们期望的一个统计学变化，规避与测量和非定域性相联系的问题。

但是，如果我们坚持认为信息的引入允许我们谈论单个系统，而不仅仅是系综，那么量子力学的信息研究径路是有价值的。因为，如果认为量子态是关于单个系统的信息，那么，由于不同的作用者有不同的系统信息，因此不同的作用者能给系统指派不同的态。但是，这不意味着这些作用者的认识是矛盾的，不同在于所获得的信息不同，而不在于客观事态的不同。在维格纳-朋友的场景中，没有神秘的坍缩，两个作用者只是把不同的认知态赋予被测系统；两个认知态都是正确的，但是都不是被测系统的客观属性。

然而，这种研究径路面临的困难是：按照个人知识或信息来描述量子态将典型地卷入信息的日常语义或认识概念，同时涉及在量子信息理论和经典信息理论中信息的技术概念。信息的日常概念和信息的技术概念是截然不同的两种概念。这就需要回答：态表征什么信息，是关于 p 的信息还是关于 q 的信息，p 和 q 两个惯用语表达的是信息的日常概念。同时，态表征多少信息，谈论的又是信息的技术概念。这就需要区分信息的日常概念和技术概念，混合使用两种不同的概念会导致对"信息"一词理解上的混淆。在信息理论中的信息概念与信息的日常语义或认识概念没有直接的联系，信息的语义或认识概念是信息非物质主义形而上学产生的主要原因。

事实上，一旦我们在日常语义下使用信息的概念，我们就需要承认"信息"一词如同"知识"一词一样，是真实的。也就是说，有信息 p，要求情形是 p。恰如我不能知道 p，除非真的是 p；我也不能有 p 的信息，除非是 p。如果把单个系统的量子态理解为信息，那么面临的困难是信息的真实性限定了信息的客观性，而客观性是信息方法从一开始就避免的。也就是说，如果承认信息和知识是真实的，就会有如下的论证形式：如果量子态表征我们所拥有的知识或信息，那么事态必定表现为我们所知道的情形。如果我们知道一个系统的测量结果的概率分布，那么这个概率分布必定客观地是这样。这是一个由系统的属性决定的、与我们的知识是对还是错不相关的问题。

以在 EPR 佯谬中艾丽丝和鲍比利用纠缠态实现量子远程通信为例。艾丽丝和鲍比是类空分离的，每人拥有纠缠粒子对的一半纠缠态。如果艾丽丝测量她的一半纠缠态，因此她随后获悉了鲍比的纯态，那么鲍比的系统必定客观地处于那个态。但是，现在一个确定的事实是在鲍比位置进行的测量将有一个确定的结果，而不是测量前鲍比所处的不确定的混合态。再次，我们开始谈论系统拥有的客观性，而且能够远距离改变系统的客观属性。如此看来，信息方法似乎搁浅。

毕竟，采纳"信息"的概念，并不是让我们摆脱客观性。因此，如果说按照认知态来分析量子态的方法有所付出的话，那么付出的一定是信念态，而不是客观知识态，因为相信 p 不要求真的是 p。

4. 如何理解自然界是量子的

惠勒的"物理存在产生于信息"的提议倡导的是一种非物质主义形而上学。宰林格基于这种非物质主义形而上学认为，系统"表示"一个命题的真值，只表示对于可能的测量结果能说些什么。测量结果描述的也不是独立于心灵的外在世界，属性是根据观察结果赋予物体的，只要它们与进一步的观察结果不相矛盾就一直保持。因此，物体实际上是联结观察结果的有用建构。但是，不同作用者的"精神建构物"的主体间一致性要求，抑制了极端的主观主义。

宰林格认为他的基本原理：一个基本系统表示一个命题的真值，只携带一个信息位，对应于实验问题的"是"或"否"的回答，为惠勒的问题"为什么世界是量子的"提供了一种可能的回答。他认为，我们能对世界说些什么，决定了量子理论的结构。因为我们必须用命题表达能对世界说些什么，又由于最基本的陈述是单称命题，因此如果最基本的系统表示的只是一个单称命题，就得到量子化结构。然而，实际上，只当命题是复合希尔伯特空间上的投影算符时，才得到量子化结构。因此，就惠勒的问题，真正需要回答的是：为什么必须以量子化方式来描述世界？宰林格的基本原理不能回答这个问题。宰林格说："我们能对自然说些什么，对于什么可能为'真'有本质贡献"，这个类似于玻尔的说法只能增强人们的信念：量子信息理论的兴起支持了信息非物质主义。

然而，我们能对自然说些什么，真的为自然界可能为真的东西提供了本质贡献吗？因此，物理学是关于我们能对自然说些什么的理论描述吗？上述说法的背后有一个非常明显的认识困境。简单说来，我们需要说明我们能对自然说些什么的相关约束来自哪里。诚然，这些约束可能来自世界实际存在的方式，而不可能只是一个语言问题。当然，作出什么陈述依赖于我们拥有的概念。通常，为了成功地作出陈述，我们需要遵守合适的语言规则。但是，争议的要点是：什么能使一组概念更适合我们的科学理论学说的建立？例如，为什么我们必须用不可对易的量子可观察量取代对易的经典物理量。正如奎因（W. Quine）清楚表达的："……总体说来，真理依赖语言和语言之外的事实。如果世界格局不同，陈述'朱尼厄斯谋杀凯撒'就为假；如果'谋杀'一词碰巧有'发生'之意，这一陈述也为假。"（Quine，1953）我们要求世界提供语言之外的要素，正是这些语言之外的世界要素使得一组概念比另一组概念更为有用，而且，如果真理没有一个语言之外的要素，我们拥有的只能是分析真理，这显然不再是物理学。

正是由于世界具有不可通约的性质，我们才需要改变我们的理论描述。例如，随着黑体辐射实验揭示出世界具有与经典性截然不同的量子性，我们的理论描述也从经典物理学变为量子物理学；面对经验的成见，我们也需要不断修正我们的理论。概略说来，是世界的存在和运行方式决定我们能对世界说些什么，最终决定什么概念在我们的理论学说的建立中最适合。世界的存在和运行方式不依赖于我们的描述和形式体系。不承认这一简单的真理，就不能真正回答惠勒的问题："为什么世界是量子的？"我们不能期望从一个简单的定义陈述，如宰林格的基本原理，得出一个为真的经验真理，如一组实验问题的正确结构。

虽然玻尔似乎把物理学的真正任务集中于物理学的描述层面，认为物理学只关注我们能对自然说些什么，而不是自然实际上是什么，但是，如果把玻尔的评论适当地理解为一个语义上溯（semantic ascent）的例子，这一评论显然并不支持非物质主义。语义上溯始于卡尔纳普，从物质模式到形式模式。粗略地说，从谈论事物到谈论语词。正如奎因所说的，"语义上溯从用某种术语谈论到谈论术语"。但是，这种语义上溯并不适用于物理学。诚然，在语义层面的意义上，没有量子世界，即如果我们采用语义上溯，物理世界不将是我们的主题。这不仅在量子力学中为真，而且在经典力学中也为真。但是，这只是因为我们正在谈论语词而不是世界，正在谈论各种术语而不是术语所指称的物。

因此，我们不能通过语义上溯逃避量子力学的解释问题。语义上溯本质上没有豁免我们消解还是发展量子力学的解释。世界不因为我们能谈论用以描述它们的术语而消失。始终折磨量子理论的解释问题涉及我们在一个理论中使用术语作出断言时应该采取什么立场，实在论、工具论，抑或其混合？因此，可以认为玻尔的"没有量子世界""物理学关心的是我们能对自然说些什么"的评论，是一种无害的语义上溯的平凡结果，而不是非物质主义的颂歌。

总之，量子信息理论是一个内容丰富且有吸引力的哲学研究主题，对于我们理解量子力学可能会有新的洞见。但是，量子信息理论的哲学探讨诱发出信息非物质主义和工具主义的哲学思潮，这并不是特别有吸引力的哲学新洞见，在量子理论的初创期就曾流行过。如果说非物质主义和工具主义在量子理论的初创期是进步的认识论教义，那么现在借用信息概念进行新的包装修饰也只是新瓶装旧酒。考虑量子信息理论能否解决量子力学的概念困难，如测量问题和非定域性，直接的方法是把量子态看做信息，认为量子信息支持信息非物质主义。然而，这种方法没有厘清信息的日常语义概念和技术概念。信息的日常语义概念或认识概念是信息非物质主义形而上学产生的主要原因。如果在日常语义概念下使用信息，认为量子态是信息或信念态，那么将会导致信息方法从一开始就规避的客观性问题。间接方法是企图通过反思量子信息理论现象，来获得关于量子理论结构的一些有用的东西，从而为调查量子力学结构提供新的分析工具。间接方法是一种值得探讨的研究径路，但是宰林格的基本原理并不十分成功，这种尝试虽然产生于量子信息理论的新洞见，但是始终与哥本哈根学派的工具主义和非物质主义思想线路纠缠在一起，不能为物理学共同体广泛接受。

因此，我们需要提出一种看待信息的新方式，用当代的哲学新观点来审视信息概念，而不是回到过去进行老生常谈。从结构实在论的视角出发，信息是量子信息理论的结构要素，是一种建构的结构实在，也是一种新的自然类，信息和物理存在都有客观的本体论地位，它们的本体论地位的优先性取决于具体的实验情境。最近，这种结构实在论的认识进一步为结构经验论的观点所扩展。根据结构经验论，信息是一种结构的经验建构，离不开具体的实验情境，因而是经验的，但也是客观的。

四、从建构结构实在论的视角看信息理论范式

"信息是物理学"还是"物理学是信息"？这可以说是一个"先有鸡，还是先有蛋"的两难困境。最近，关于量子信息的哲学研究是认为：惠勒倡导的信息理论范式——"物理存在产生于信息（it from bit）"正在持续不断地向前推进。从纯信息原则可以推导出量子理论乃至全部物理学概念。具体说来，我们可以把所有的物理学概念，诸如能量、电荷、惯性、相对论协变、引力，恢复为量子信息处理的特征，从而实现惠勒的梦想：物理世界由信息元组成。在此，奥卡姆剃刀在"物理学是信息"还是"信息是物理学"两个范式的遴选上起着重要作用。在两个假设之间，奥卡姆剃刀将确定地选择理论假设最少的那一个。惠勒的"物理学是信息"的假设似乎最为经济，因为如果认为量子理论是信息，那么这相当于单从量子理论就能推出整个物理学，唯一需要保持的是通常的方法论原则，如定域相互作用假设。

随着量子信息科学的到来，信息理论范式真的是自然向我们揭示的真理吗？物理世界真的是由信息元组成的吗？如果说"物理学是信息"甚或说"物理世界是信息"，我们将会得到什么样的哲学结论？下面我们首先说明信息理论范式

的最新研究进展；其次分析信息理论范式的哲学导向；最后从建构结构实在论的视角给出理解量子信息和量子物质关系的一种可供选择的哲学透视。

1. 信息理论范式的三个研究新进展

最近，对于信息理论范式的倡导主要基于三个研究新进展。第一个研究进展是认为"时空和狭义相对论产生于信息处理"。为了理解狭义相对论如何基于信息范式附随于信息处理，研究给出狭义相对论如何从计算中产生的"视觉证据"，表明洛伦兹时钟变慢和空间收缩仅仅是由一台量子计算机上的事件计数推导出来的。在这种信息方法中，真正的实体，即观测原始物，是事件。我们正是通过在事件之间建立起的一组因果联系构想出关于事件的理论。事件是原始概念，它们不在时空内发生，而是相反，时空是从事件的网络中产生出来的建构物。现在的目标是从事件的网络中推出被赋予相对论协变的时空。因此，时空，作为事件网络的一个派生概念，不再是一个"真正的实体"，相反附随于信息处理，事件才是真正的实体和原始概念。狭义相对论也是如此，也是计算的产物，即事件记数的结果。以此方式，物理学蜕变为纯粹的数字计算，即信息。

信息范式的第二个进展是：在没有狭义相对论的前提下，狄拉克方程能作为自由信息流获得。这意味着狄拉克场由与纯信息传输相对应的量子信息处理模拟。自由量子场只是对沿着量子环路自由传播的量子信息的描述。环路中的一切事物都是数字的：时空由事件记数产生，时空的度规因此是一维的。而且，信息方法也提供了惯性质量和普朗克常数的信息理论意义。因此，量子场论和在量子场论中的所有实体都能从量子环路中的量子信息处理推导出来，量子场论的实体本质上不再是物理实体，它们全部都是信息。当场质量等于普朗克质量时，狄拉克方程中的信息流完全停止。

信息理论范式的第三个进展是"引力的信息起源和引力质量的信息意义"。根据洛埃，量子信息与霍金辐射存在的纠缠关联表明，量子信息可能在理解量子引力方面起着关键的作用。最终，如果我们能连续地实现费曼的量子模拟图像，可能某一天我们不但能模拟电子和基本粒子的行为，而且能模拟宇宙本身的行为。模拟整个宇宙要求有一个与宇宙一样大小的量子计算机，但是这并不应该成为我们前进道路上的障碍。为此，信息纲领主张，今后对于引力的研究可能有两条研究线路：第一条可能的研究线路是等效原理的强版本，即惯性质量和引力质量实际上是相同的信息实体。因此，引力一定是一个量子效应。这意味着引力应该在自由场层次显露，我们应该在纯信息流的量子信息处理中考虑信息效应。如果我们不相信强等效原理，那么第二种可能的研究线路是考虑一个具有动力学因果联系的量子计算网络。因果联系可能为另一个度规场图像的环路程式化，或者说我们甚至可能想放宽量子理论的因果性，考虑一种三次量子化，在三次量子化中，作为因果联结的系统变为某些更高层次系统的量子态。

毋庸置疑，这些基于信息理论范式的考虑是有趣的，因为它们提供了一个宏伟的蓝图：所有物理学都可以从信息中推导出来，从而可能消解物理学特别是量子理论中的概念困难。然而，不顾信息理论范式在操作方法上可能取得的伟大成功，对于物理世界的理解，这可能只是一个华丽而舒适的软枕。毕竟，量子数字模拟不等于真实的物理世界。引力可能是一个量子效应，信息理论范式确实具有新颖的洞见，可能有助于我们理解物理世界特别是量子世界的概念困难。但是，如果物理世界和物理学理论，包括所有的物理实体和实验结果，都被认做是信息或信息实体，那么信息理论范式将会把我们导向哪里？信息非物质主义和工具主义真的是一种好的哲学选择吗？

2. 信息理论范式的哲学导向

信息理论范式始于 20 世纪七八十年代，随着量子信息科学的到来，哲学家和物理学家都想知道量子信息理论是否最终有助于我们解决量子力学的概念困难。特别说来，量子信息理论是否能阐明量子力学中臭名昭著的测量问题和非定域性问题。如果说量子信息理论提供了一种思考世界的新方式，那么物理学理论的基本研究主题——物质是否最终会由非物质的信息取而代之？对量子信息理论的一种哲学思考是导致了信息理论范式。信息理论范式的原则是信息原则，信息原则断言信息处理的基本性质，如通过操纵物理系统执行某种任务的（不）可能性。在这种方法中，信息处理规则决定物理学理论，即我们通过处理信息能确定物理学理论，甚至物理世界，这与惠勒的纲领"物理存在产生于信息"相一致。根据惠勒，"所有物理上的事物都起源于信息理论"。

信息理论范式倡导世界的基本理论可能只是关于（非物质的）信息的理论，而不是关于事物（物质）的理论，这在某种程度上与哥本哈根学派的非物质主义和工具主义思想线路一脉相承。特别说来，玻尔曾说"没有量子世界。只有一个抽象的量子物理描述。认为物理学的任务是探究自然的奥秘是错误的。物理学是关于我们能对自然说些什么"。许多物理学家，特别是相信隐参量的物理学家可能并不情愿接受这一新观点，但是，从信息理论范式的视角出发，在当前的物理理论框架内，粒子和时空概念本身作为本体论是非常不一致的，粒子是场的一个量子态，在贝叶斯方法中这是一个主观实体，没有事件的时空是一个"非存在（no-being）"，然而它拥有一个性质：度规。因此，信息理论范式的一个非常大胆的革新是用一个由纯信息组成的瞬逝宇宙取代由在闵可夫斯基时空中的粒子组成的世界。

物理世界由纯信息组成的瞬逝宇宙取代，这确实是本体论上的一个巨大改变。在这个纯信息宇宙中，所有存在，包括所有粒子、时空都变为主观实体或非存在。但是，这听起来相当奇怪。如果物理学只是关于信息的学说，甚至更令人惊讶地说，物理世界本身只是信息，那么信息理论范式不但使得物理世界变得神秘和梦幻般，而且无论如何似乎与我们的日常信念相矛盾。根据日常信念，物理学是关于物体的物理结构和支配这些结构的定理的理论，因此物理学是关于分子、原子、恒星和电子，以及其他东西的结构的学说。事实上，如前所述，如果把玻尔的评论适当地理解为一个语义上溯的例子，这一评论则并不支持非物质主义。因为在语义层面的意义上，物理世界不将是我们的主题。世界不因我们能谈论用以描述它们的术语而消失。

信息理论范式除了倡导信息本体论，还倡导信息认识论，试图通过回答量子信息理论是否最终有助于我们解决量子力学的概念困难，在更大程度上说明信息概念可能在量子理论的产生上有不可估量的作用，通过一个适当的公理化就能用信息理论术语更明白易懂地产生出所有物理学，从而解决物理学特别是量子力学中的概念困难。具体而言，如果说粒子是场的"量子态"，是贝叶斯方法中的主观实体，而不是客观的物理态，那么信息理论范式就能通过量子态的认识概念削减量子力学的认识论问题，回答量子力学中的测量问题和非定域性问题。

最近已有一些研究探讨量子态的认识概念，这些研究是说量子态不描述量子系统的信息，而是反映了作用者与系统的认识关系。因此，根据量子态的认识概念，"我们不能在实在和我们关于实在的知识、实在和信息之间作出区分"。毕竟"如果不运用我们关于实在的信息，就没有办法指称实在"（Zeilinger, 2005）。换言之，根据量子态的认识概念，不可能有不依赖于作用者的"真实"的系统态，因为这样一个态与态的认识概念不相容，态的认识概念强调主体性，允许不同的作用者可以有不同的知识态，因为对于相同的系统，不同的作用者有不同的知识，这依赖于不同作用者的不同的认识条件。

因此，在信息理论范式中，量子态的认识概念似乎消解了量子测量的棘手问题。简单说来，如果我们把波函数即量子态解释为指称客观态或一个物理系统的"真实"态，那么在量子测量中量子态的坍缩必然卷入一个要求说明的物理过程。然而，如果波函数只是表示测量结果概率的知识，那么波函数的突然改变指的是知识的改变，而不是在某一微观系统中发生的物理改变。因此，就不必从物理上说明量子态的坍缩问题。只要我们承认不同的作用者有不同的知识，难以解决的量子测量问题就变得容易处理。例如，在薛定谔猫佯谬中，猫是死是活，在实验室外和实验室内的作用者可以有不同的认识态，这里没有坍缩发生，只有观察者基于不同的所获信息给出的不同认识态。

然而，把量子态理解为认识态，一个用来计算测量结果的统计性的设置，不可避免地会滑向工具主义或操作主义。如果诉求信息最终仅仅是要发展为一种工具主义形式，那么我们并没有获得一个特别有趣的解释教义，更谈不上新颖。一个产品因其重新包装了华丽的外表，我们就相信它值得购买显然是错误的。对于量子力学的创建者来说，工具主义可能似乎是一个令人信服的进步的认识论教义，但现在几乎不能这样认为了。

总之，随着量子信息科学的到来，量子信息理论可能提供了看待物理世界的新洞见，导致我们从一个不同的视角看待量子理论和整个物理学。哲学家也期望把量子信息理论看做一个特别有用的哲学源，而不仅仅是量子理论的一个应用工具。然而，信息理论范式——物理存在产生于信息所诱发的信息非物质主义和工具主义并不是特别有趣的哲学结论。关于量子信息更为深刻的哲学洞见仍然被期待。

3. 量子信息：一种新的自然类

对量子信息的哲学探讨与量子信息科学的理论和实验研究密不可分。只要量子信息的理论和实验不断向前推进，量子信息的哲学探究就始终是我们的任务。目前，物理学家和哲学家对于量子信息潜在的哲学暗示的探究仍然处于一个两极对立的两难困境。"物理学是信息"还是"信息是物理学"？答案似乎非此即彼。初看起来，量子信息和量子物质的关系似乎十分脆弱。信息是非物质的，它更像是一个概念而不是事物。量子信息比经典信息甚至更缥缈不定。相反，物质是固体材料，可靠而实在。量子物质也特别稳固，量子力学确保了基本粒子和原子的稳定性，这些基本粒子和原子是自然的建筑砖块。物质似乎是关于能量和稳定性的，因而对于物质世界来说非常重要，但量子信息对于揭示物质世界的结构更为重要得多，因为信息不是像它可能看起来的那样非物质。在统计力学中，熵实际上是体现原子和分子的微观运动的一种信息形式。普朗克 1901 年黑体辐射的论文是关于量子物质的第一篇论文，也基本上是关于信息和量子力学的论文，普朗克建立起了统计定义的信息和熵之间的比例常数。

现在，量子信息和量子物质的关系正在为量子信息理论和实验研究所揭示。在过去的几十年，量子信息理论已超越它发展初期对于量子力学基础进行深奥研究的作用，变为量子物质科学的有机组成部分。当它与量子物质理论的关系变得更为复杂和更为密切时，量子信息理论有可能阐明物理学中一些深奥的秘密。迄今为止，量子信息理论已提议了在量子物质中范围广泛的基本实验，如宏观量子相干的说明。在量子物质的输运理论和量子信息理论之间产生不可预期的关联。

此外，最近的实验研究也表明，通过相继测量系统的两个互补变量，可以直接测量波函数，即包含相关物理系统所有信息的量子态。在这一直接测量方法中，波函数表现为测量仪器的指针改变。在这个意义上，这一方法提供了对于量子态的一个简单而无歧义的操作定义：量子态是对一个参量进行强测量后对另一个互补参量进行弱测量的平均结果。这个方法能看做是把系统的量子态转录为指针的量子态，这是量子信息的一个非常有用的协议。

如此看来，量子信息的理论和实验研究已向我们显露了量子信息和量子物质内在的微妙关系。从建构结构实在论的视角出发，我们认为，物理实体或量子物质，如各种粒子，都是通过展示其内禀和本质（因果有效的）特征的结构关系构成的。同样，量子信息也是由展示其内禀和本质（因果有效的）特征的结构关系构成的，因而能被看做一种新的自然类。自然类是与纯主观建构相对应的，因为尽管量子信息或量子物质（如各种粒子，即夸克、胶子等）是科学家遵循结构方法构想的，但是这些概念必须得到自然的认可。从结构的进路看，量子信息和量子物质之间的关系既不是绝对的量子物质源于量子信息，也不是绝对的量子信息源于量子物质，前者容易滑向信息非物质主义和工具主义，后者容易被贬斥为朴素唯物主义。

在建构结构实在论的视阈下，量子信息作为一种新的自然类，是信息实体；与物理实体一样，它们的组分都不是一个固定的自然类成员，而是一个历史建构的、可修正的自然类表现，会经受一次又一次的重构。新的自然类的这种灵活性和开放性根源于：一组可以使一个"类"得以构成的结构关系的位形不可避免地会发生改变。随着结构知识的增加、某些核心和外围陈述的重新配置，以及一些描述本质或非本质特征的核心陈述的功能的改变，位形的定义特征相应地也会改变。结果，一个类的身份认同指称或内容，形而上或形而下的典型特征，也都发生了改变。

也就是说，所构成的因此也是所设想之物是一种不同于原初之物的新的自然类。这样一个重新确定位形的过程的完成实质上是一场科学革命，通过这场科学革命，理论家改变了他们的本体论承诺，进而改变了整个理论的本体论取向。因此，承认结构上构成的自然类的可变性，既为顺应在科学发展中明显的本体论不连续性，也为顺应科学发展中更深刻意义上的指称连续性提供了理论资源，这似乎是表达库恩对科学实在论挑战的最佳可能方式。

在这样一个认识过程中，自然类的构成和重构不是一步就可以完成的，可能需要许多步才能完成。确切地说，这些步骤把对自然界的一个客观的、处于不断进行之中的重新确定的位形，指称为实体的等级层次，科学家能以各种各样的方法接近它们，这取决于不同的情境和视角。在此，客观性概念不是一个与人类参与不相干的概念，那是一个幻想。确切地说，客观性是用自然界反抗任何随意的人为建构来定义的。而且，和物理实体一样，信息实体也会通过动力学的因果相互作用，因果有效地产生现象实体，从而成为物理世界基本实体的候选者，从这个意义上讲，量子信息和量子物质享有同等的本体论地位。因为就本体论类别是类别而言，没有哪个类别能宣称优先于其他类别；它们相互构成，共存于物理世界的结构网络中。当然，上述关于类别的声称本质上不意味着我们不能在可能发生的具体情形中作出优先性声称。例如，调查一个特殊的类别实例是否本体论优先于另一个类别实例是相当合理的。更特殊地说，一个明确属性的存在性和同一性由其特殊的类律因果力构成，类律的因果力赋予具有这种属性的实体某种气质，以某种方式行为，并在给定情境中形成某种关系。因此，量子信息和量子物质，哪一个更具本体论的优先性，取决于具体的实验情境和研究视角。当它们在结构中产生现象实体的因果有效力处于不同的配置当中时，就会形成不同的本体论优先性情景。

综上所述，我们分析了信息理论范式——"物理存在产生于信息"及其最新研究进展。我们对于信息理论范式所倡导的信息非物质主义和工具主义持适当的批评态度，因为非物质主义和工具主义并不是量子信息理论带给我们的哲学新洞见。我们从建构结构实在论的视角出发，认为量子信息是一种新的自然类，属于信息实体。信息实体和物理实体一样，也会通过动力学的因果相互作用，因果有效地产生我们可以直接感知的现象实体，从而内在地成为结构研究进路中基本实体的候选者。但是，不可否认，量子信息和量子物质的本体论优先地位具有一定的情境性。在可能发生的某种具体情形，量子信息在决定物质的量子力学方面起着重要作用，从而具有本体论优先性；但是在可能发生的另一种具体情形，量子物质由于在决定物质的量子性方面起着更为重要的作用，因而其本体论地位要优先于量子信息。只有以一种辩证统一的观点来看待量子信息和量子物质的关系，才能更好地理解物理世界的结构特征及其与我们知识之间的关系。

五、从兰道尔原理驱除麦克斯韦妖看信息与存在的结构关系

可以说，在信息哲学研究中，信息与存在的关系问题是非常重要的一个认识论问题。传统的认识是，物质是信息的载体，信息向我们通报物质的性质、状态、关系及其变化过程。观察者通过信息认识物质及其变化特征。物质、信息和观察者三者之间的关系是：物质→信息→观察者。然而，惠勒把这一传统认识颠倒过来，把观察关系置于解释链的最底端，认为三者之间的关系应该是：观察者→信息→物质。他的著名断言"物理存在产生于信息（it from bit）"说的是：宇宙是一个信息处理系统，所有的存在，包括所有的粒子、所有的力场，甚至时空连续系统本身，它们的行为方式和存在本身都由信息所规定，因此最终必须遵循信息理论的描述。正是因为这个信息处理系统，物质表象才会在更高的实在层面上出现。也就是说，"物理存在产生于信息"的真正含义是"信息构成物理存在"。

"信息产生于物理存在"还是"物理存在产生于信息"，近年来，量子信息理论的研究进展表明信息理论熵与热力学熵等价。这意味着信息与存在不是谁产生谁的单一关系，而是有更深刻的含义。特别说来，最近围绕信息热力学的基本原理——兰道尔原理（Landauer's principle）驱除麦克斯韦妖的有效性争论，更凸显出阐明信息与存在结构关系的重要性。

1. 对兰道尔原理有效性的质疑与回应

1961年物理学家兰道尔（Rolf Landauer）讨论了物理学定律对于计算机功效的限制。他表明，在计算中不需要的信息是一种浪费，需要做功来去除。在温度为T的条件下，删除记存器中一个比特的信息，至少消耗功$k_B T\ln 2$（k_B是玻尔兹曼常数）。这就是著名的兰道尔原理。兰道尔原理的重要意义是建立了信息理论和热力学的一个基本联系，这一原理已成为信息处理热力学的重要基础之一。然而，不顾兰道尔原理的重要意义，长期以来，一直对兰道尔原理驱除麦克斯韦妖的有效性存在质疑。对兰道尔原理的除妖能力的质疑主要是认为兰道尔原理建立在热力学第二定律的基础之上，而热力学第二定律尽管是宏观世界的一个非常普遍的原理，但是当把它应用于微观领域和信息处理过程时，就需要更仔细的考

虑。因为麦克斯韦构想出来的精明小妖似乎原则上有可能破坏热力学第二定律的统计形式。

最近，对于兰道尔原理的有效性，更确切地说，对于兰道尔原理辩护论据的可靠性，美国匹兹堡大学的科学哲学教授诺顿（J. D. Norton）再次提出质疑。诺顿认为兰道尔原理作为计算热力学研究中的一个基本命题，只是一个有趣的猜想，缺乏坚实的基础，没有成功地说明麦克斯韦妖不能破坏热力学第二定律。所有的支持性论据都是模糊的、似是而非的，本质上依赖于一个方便的、无效地执行的耗散删除过程，而不是从删除自身的某些本质特征推导出兰道尔原理。诺顿主要从两个方面质疑兰道尔原理的辩护不成功。首先，他批评兰道尔原理的直接证据依赖于以下两个不正确的假设。

第一，"删除必须压缩记存器的相空间"。根据兰道尔原理，在计算热力学中，"逻辑不可逆"的操作，即扔掉计算机以前逻辑态中信息的操作，必然要压缩计算机的信息负载自由度所跨越的相空间。考虑一个一分子记忆装置，其信息被编码在一分子气体中，这个分子被捕陷在一个容器的左边或右边，对应于0位或者1位。删除记忆装置中的信息意味着执行逻辑操作，使记忆态回到0位，而不管其初值是什么。这一删除操作抹去了记忆初值的任何痕迹，使得我们不再能获悉删除前记忆态的信息。这相当于合并信息处理装置的两个逻辑不同的路径，压缩发生在两个可能的前驱路径与一个后继路径相联系的任何时候，当一台图灵机的磁头从两个子程序的任何一个回到主程序时，都会实现对于相空间体积的一个压缩。

诺顿认为这个论据不正确。在诺顿看来，分子在删除前不与整个容器的可获取相体积相联系。它确定地只占有一半的体积。在哪一半随情形而定，但始终是在一半，而不是全部。因此，删除操作根本不必减少可获取相体积，只需重置分子到其可获取的一半相空间。所以兰道尔原理的直接论据：删除必须压缩相空间，从而减少热力学熵$k_B \ln 2$，这一定由周围环境一个至少加倍的相体积所补偿，相应地周围环境的熵至少提高$k_B \ln 2$，不成立。

站在信息理论的立场，诺顿的这一反驳不成立。就一个正则热力学系统而言，按照刘维定理，系统演化的概率分布表现为一个不可压缩的流，因此无论是否插入或去除隔栅，概率分布一定保持不变并延伸至整个记忆区，而不是一半。系统不是各态历经的，但是可获取的相空间是全部，并保持不变，插入或去除隔栅不影响一分子记忆装置的可获取相空间，因此既没有熵增也没有熵减。在此，相空间守恒的事实是系统演化的主要限制，也是概率分布的一个基本约束条件。

关于兰道尔原理，最近量子信息理论的创建者舒马赫给出了一种定性的表述：信息删除过程总会伴随有其他效应。著名物理学家贝内特称兰道尔原理的舒马赫形式为兰道尔原理的标准形式（弱形式），强调应该在大多数情况下保持不受破坏。根据兰道尔原理的舒马赫形式，兰道尔原理中所说的压缩相空间并不是让计算态的相体积减半，在合并两个计算态的过程中，其实每个记存器的相体积不变，但是一些其他宏观变量一定发生了改变。就刘维定理所说的不可压缩的相空间，在哈密顿演化下，相空间的体积大小不变，但是相空间的包络线或说形状发生了改变。因此，即使从信息理论的解释来看，相空间守恒也不违背兰道尔原理。

第二，"额外的热力学熵产生于随机数据的概率不确定性"。诺顿认为这个假设使用了非法的系综，误认为热力学熵与信息理论熵等价。实际上，分子作为随机数据只有一半可获取相空间，对应于一个概率混合。相反，在一个正则系综的热力学态，分子可获取的相空间为整个容器。随机态和热力学态在相空间可获取性上的差异赋予两个态不同的热力学性质。它们在热力学熵上相差$k_B \ln 2$。

站在信息理论方法的立场看，诺顿的反驳采用了一种绝对的热力学熵定义，即认为在插入隔栅后，分子"实际"处于热力学态L或R，而不是处于一个热力学混合态，从而在熵计算公式中排除了信息理论项，减少热力学熵$k_B \ln 2$。实际上妖的记忆删除前，内在于妖，分子确定地处在容器的左边L或右边R，但是对于外部观察者而言，一分子妖的记忆态是处在L或R的一个可能混合态，而不是一个实际的L态或R态。因此，应该把妖和机组成的联合系统看做一个热力学混合态，熵是与这个混合态的概率分布相联系的一个熵，而不是诺顿的排除了信息理论项的绝对热力学熵。

诺顿批评兰道尔原理的间接证据逻辑不一致：证据预设了热力学第二定律的统计形式和兰道尔原理的有效性；然而论证却采用了一组可以破坏这两个预设的推理过程。具体说来，兰道尔原理的间接证据经常使用的标准的论证过程具有任意组合的随意性，既可以建构其净效应是：分子和妖都回到了初态，同时热完全转化为功的环路过程，这直接与热力学第二定律的开尔文形式相矛盾；也可以建构无耗散的删除过程，这又与兰道尔原理相矛盾。因此，间接证据不能说明寻求破坏热力学第二定律的麦克斯韦妖的失败。兰道尔原理的辩护不成功，兰道尔原理的一个适当辩护仍然被期待。

站在信息理论的立场，兰道尔原理能否除妖或说挽救热力学第二定律，在一定程度上依赖于如何阐释热力学第二定律的统计内容。诺顿对于正则热力学系统的统计形式采取了限制性定义，因此诺顿对于兰道尔原理除妖能力的反驳实际上与兰道尔原理的真理性不相关。诺顿的论证既不能削弱信息理论方法，也不能证明兰道尔原理的真或假。下面我们来具体分析信息理论熵与热力学熵的等价性，阐明兰道尔原理的有效性，揭示信息和存在的结构关系。

2. 信息理论熵与热力学熵的等价性

热力学熵是一个态函数，有两种形式化的表述。一种与系统和环境之间的热交换相关，由克劳修斯（不）等式 $dS = dQ/T$ 给出，其中，dQ 是热交换，T 是绝对温度。这个熵定义只适用于平衡系统和准静态、可逆过程。另一种表述与一个物理系统的可获取相空间的体积相关，由玻尔兹曼的统计形式给出 $S_B = k_B \ln \Omega$，其中，k_B 是玻尔兹曼常数，Ω 是一个系统用以产生一个给定的宏观态所历经的相空间的体积（或说微观态数）。两种形式的热力学熵是等价的。玻尔兹曼熵是宏观的克劳修斯平衡熵的一个微观解释形式。

信息理论熵（这里指的是经典信息理论）是概率分布的一个函数，通常采用吉布斯的统计形式：$S = -k_B \sum_i p_i \ln p_i$，其中，$p_i$ 是系统占用微观态 i 的概率，根据诺顿，这个概率分布可以根据相空间中一个给定系统的所有可能实现的一个系综平均来计算，运用各态历经假设，p_i 的系综平均值等于 p_i 的时间平均值。因此，在诺顿看来，吉布斯形式的信息理论熵不具有热力学的意义。当吉布斯公式应用于删除前后的概率分布时，得到的只是信息理论熵改变 $k \ln 2$。没有进一步的假设，它不产生由克劳修斯公式定义的热力学熵改变。只在特殊的情形中，当吉布斯形式的熵计算公式中概率分布是系统可获取全部相空间的体积的一个正则分布时，适用于正则系综的吉布斯熵或说统计熵才能与热力学熵等价。然而，对于随机数据的概率分布来说，这个可获取性条件不满足。因此，认为额外的热力学熵产生于随机数据的概率不确定性，完全是一种滥用。

然而，站在信息理论方法的立场看，诺顿对于正则热力学系统的统计形式采取了一个限制性的定义：不仅要求系统的微观动力学在相空间遵守哈密顿方程，而且要求系统有各态历经的性质以确保参量的长时间平均接近于相平均，进而要求系统实际可获取的轨道决定概率分布。实际上，一个"正则热力学系统"的概率分布能采用一个认识论的形式，概率分布可以解释为人们对系统确切的微观态缺乏知识的测量，熵是与这个分布相关的一个熵。因此，信息理论方法能推广热力学第二定律的陈述，允许把不同的热力学系统看做一个概率混合，从而有一个包含混合态的可供选择的熵定义 $S = \sum_i p_i S_i - k_B \sum_i p_i \ln p_i$，其中，$p_i$ 表示不同热力学系统各自的概率，S_i是第i个系统的热力学熵，第二项是描述混合态的信息理论熵。由此可见，熵不是诺顿所强调的是系统"实际所获取态"的一个函数，而是妖和机组成的联合系统的混合态的一个函数。也就是说，在对热力学第二定律的建构上，信息理论熵和热力学熵共同发挥作用。

可见，在信息熵和热力学熵等价性问题上，不同的理论预设或者说对于正则热力学系统的不同理解导致了不同的结论。然而，任何物理系统的态都是相对于它所实际关联的系统而言是确定的。系统的态相对于观测者的态而定义。对于相同的系统，不同的观测者也会有不同的知识，因此删除的功付出应该是相对于不同的观测者而言的，熵也应该是相对熵或条件熵。因此，兰道尔原理所表明的在环境温度为T的条件下，删除系统S的测量信息的功付出公式应该写为$W(S|C)=H(S|C)kT\ln 2$，其中，$W(S|C)$描述对于观测者C而言的删除功付出，$H(S|C)$表示观测者C对于被测系统S的不确定性。对于经典妖而言，他知道分子气体的位置，因此没有不确定性，从而$H(S|C)=0$。因此，他不必做任何功就可以删除系统的信息，即他可以查阅他的记录以核实系统的态，从而用一个可逆的变换把分子重置到0位，此即没有耗散的删除。然而，从外部经典观测者的视角来看，由于不像经典妖，对于将被删除的态没有可获取的信息，他完全不知道系统的状态，因此他对于系统的描述是一个完全的混合态，即对于系统的状态具有最大的不确定性，对于一分子气体而言，这个不确定性$H(S|C)=1$。因此，他能通过让系统和热库相互作用来执行一个简单的删除过程，这个删除过程的功付出是$k_B T\ln 2$。

如果以这种相对熵或条件熵的观点来考虑删除的熵付出，就可以化解在理解信息理论熵与热力学熵等价性上产生的矛盾。在信息理论热力学中，信息的删除必然会有功付出。功付出就产生热力学熵，信息的不确定性、相对性就产生信息理论熵。因此，信息理论熵与热力学熵二者具有内在的统一性。最近的信息理论研究也确实表明，当物理执行最优化的信息处理时，信息理论熵与热力学熵等价。这就打破了传统的信息和存在二分的观念，信息和存在不是"信息产生于存在"或"存在产生于信息"的单线式结构，信息与存在是互为镜像的整体性网络结构关系，它们共同建构物理世界的结构实在。

3. 量子麦克斯韦妖与量子信息删除

当把围绕兰道尔原理的有效性展开的讨论延伸至量子情形时，我们发现许多经典直观的思想不能保持。例如，在讨论经典热力学环的信息删除时，信息理论解释认为插入或去除隔栅是一个可逆的过程，没有熵减或熵增。如果说在经典热力学环中，认为插入或去除隔栅没有功付出是正确的，那么在量子热力学环中，具有量子相干性的系统充当工作物质，由于势阱的大小有限，插入或去除隔栅的过程会改变势阱的边界条件，对系统的本征谱产生影响，因此应该认为插入或去除隔栅的过程是一个合法的热力学过程。插入隔栅的过程相当于增高了势垒。在量子力学中，能级因此发生变化，贡献量子热力学功。在去除隔栅期间，隧穿效应使得本征态不再局域在一边，而是隧穿至势阱的两边，这也是一个热力学过程，有热力学功变化。

事实上，在量子热力学环中，一个初态具有量子相干性的麦克斯韦妖能通过与系统的有效温差，增强热机+妖形成的整个工作物质对外做功的能力。当妖冷却到绝对零度时，妖协助分子能对外做最大的功，这实际上提高了量子热机的效率。如果量子热机在低温妖的协助下执行一个可逆的删除过程，热机的效率能达到卡诺环的效率，从而建立了一个最优化的热力学环方案。但是，无论执行可逆删除还是不可逆删除，量子热机的效率不会超出卡诺环的效率，因此妖的存在不会破坏热力学第二定律。

特别说来，就经典热力学环中一分子记忆装置的可获取相空间，诺顿的直觉论证在量子情形不再适用，因为很难认为一分子量子妖的记忆态只有一半可获取相空间，分子的客观态与我们外部观测者的知识不相关，我们（或妖）的测量不会改变分子的状态。量子分子具有势垒穿透效应，能隧穿至整个势阱，即使分子的能量远远低于势阱的高度。而且，相当神奇的是，我们根本不能通过探查量子位来确定它的纯量子态是什么。量子力学告诉我们，不存在拥有量子态确定知识的内在者，我们只能获取有限的量子态信息。因为当我们探测量子态时，量子态会发生"坍缩"，从测量前的叠加态以一定的概率跃迁进不同的本征态。所以，从外部观察者的视角看，我们的测量会改变量子分子的状态，使得它们以一定的概率"坍缩"进左边的势阱或右边的势阱，其概率分布由测量前的正则分布转变为一个随机的混合。

但是，测量过程的目的是传输信息。从量子妖的视角来看，测量是与被测系统建立量子关联即纠缠，量子记忆态中的信息在测量过程保持不变，因为任何想获取量子记忆的操作都会改变它。保持记忆态信息不变的条件是量子记忆态能与一个更大的系统如环境发生关联，这个联合态的信息在信息传输的整个过程保持不变。因此，就量子分子、妖和环境组成的更大的系统而言，没有"坍缩"发生，量子信息始终保持在联合系统中，只不过，由于妖和环境处于一个热交换的过程中，妖和环境相互作用的结果使得一分子气体和妖记忆态之间的量子关联传输到了环境中。

考虑一个复合量子系统，这个量子系统包含两个信息负载亚系统 S 和 A，以及一个环境 E。S 表示一分子气体，A 表示妖的记忆态，二者最初是关联的，妖的记忆态中最初有一分子气体态的信息，反之亦然，因为测量从二者之间的相互作用开始，相互作用的结果是妖的记忆态与量子分子的态发生了关联，产生了量子纠缠态，但是一分子气体和妖记忆态的联合系统与环境是隔绝的。量子交互信息（或说关联熵）能看做是对最初编码在妖记忆态中的一分子态的信息的测量，或说对一分子气体和妖记忆态的量子关联的测量。删除操作是一分子气体、妖和环境的一个幺正时间演化，由整个系统的哈密顿量支配，在这个动力学演化过程中，妖的记忆态与环境发生耦合，相互作用，而一分子气体保持孤立。妖和环境的相互作用通常是减少了一分子气体和妖记忆态之间的量子关联，导致妖记忆态完全退相干为一个正交指针态的混合，因此"删除"了最初编码在妖记忆态中一分子气体态的部分信息。这就是所谓的通过退相干删除。删除的熵付出是以一分子气体和妖记忆态之间量子关联的损失为代价的。这个减少了的量子关联或量子交互信息传输到了环境中，因而环境的熵增加。

这个删除过程的功付出可以表示为 $W(S|Q) = H(S|Q) kT\ln 2$。其中，$H(S|Q) = H(SQ) - H(Q)$ 是冯·诺依曼条件熵。由于一分子系统 S 和量子妖 Q 的联合态是纯态，量子妖与环境相互作用，Q 的约化记忆态是完全的混合态，因此，对于一个量子比特的信息而言，$H(S|Q) = 0 \sim 1$。这意味着对于量子妖而言，冯·诺依曼条件熵可能是负的，因此，删除的功付出可能是负的，即删除能产生功，这是在经典情形中所没有的特征。然而，这个删除过程的负功付出并不破坏热力学第二定律，因为它不是一个环路过程，分子和妖记忆态的量子交互信息传输到了环境中。这个负功付出也不违反兰道尔原理原初的无条件形式：如果对于被删除的数据没有任何信息可获取，删除付出始终是正的。因为，如果我们采用兰道尔原理的舒马赫形式，删除一个初始与妖纠缠的量子位虽然可能是负功付出，但是删除不是唯一的结果，因为纠缠被破坏。也就是说，删除的负功付出消耗了纠缠，这只能通过做功来恢复。因此，负功付出的删除与兰道尔原理（至少是它的弱形式）相一致。

综上所述，兰道尔原理通过表明信息删除必然伴随有其他热效应，建立了热力学和信息理论之间的一个基本联系。兰道尔原理的失效不但会在热力学中，而且会在量子信息理论中产生深远的影响。一方面，所有破坏兰道尔原理弱形式的过程都能用来破坏热力学第二定律。另一方面，兰道尔原理的破坏将会对量子信息理论中的一些重要结论产生严重的后果，如非克隆定理等，这些定理都是借助于兰道尔原理推导出来的。最近的一些研究表明，兰道尔原理不仅在与外界热库有强和弱相互作用的经典系统中保持得很好，而且在弱阻尼和强耦合的量子领域也能得以保持。由于删除的付出，无论是经典妖，还是量子妖，都不能破坏热力学第二定律。如果说在经典领域对兰道尔原理的除妖能力存在争议的话，那么在量子领域由于量子相干性的存在，量子妖比经典妖更具效能，量子妖可以通过可逆的删除操作提高热机的效率，但不会超出卡诺环的效率，因而妖的存在不会破坏热力学第二定律。如果考虑量子纠缠和量子退相干的话，退相干的存在会减少量子妖充当热机的效能。为了减少退相干而定期对妖量子记忆执行的清除操作，也使得兰道尔原理在量子领域更具效力。因此，对于兰道尔原理可靠性的质疑是难以成立的。

兰道尔原理成功地建立起热力学和信息理论之间的基本联系，促使量子信息理论揭示出信息与存在是我们建构对物理世界的认知时不可或缺的结构要素。特别是在量子世界，信息作为量子存在的建构者的地位更明显地凸现出来，甚至可以说，量子存在的结构实在性内含信息的结构要素。但是，这不意味着"存在产生于信息"或"信息产生于存在"。信息和存在是一种共在、平权、互为镜像的结构关系，它们整体性地建构着物理世界的结构实在。它们的本体论优先性地位取决于具体实验情境中约束条件的变化。这种结构实在论的观点与唯物主义的辩证统一的实在观具有相同的实质内涵。

六、量子信息技术与第二次量子革命

19世纪和20世纪之交，人类发生了第一次量子革命。这次革命源起于物理学家企图从理论上解释黑体辐射实验。革命的结果是颠覆了经典理论，产生了量子理论，进而产生了波粒二象性的基本思想：物质粒子有时行为像波，光波有时行为像粒子。这个简单的思想几乎是所有与第一次量子革命相关的科学技术突破的基础。一旦人类认识到电子如何像波一样地行为，就能理解元素周期表、化学相互作用和电子波函数，而这些是电子半导体物理学的基础。稍后的技术发展是推动了计算机芯片的工业化和信息时代的到来。另外，当人类认识到必须把光波看做粒子时，就能理解光电效应产生的机制，因此可以建构太阳能电池和照相制版机。光子概念的提出也使人类理解了激光。到20世纪末，量子力学的第一次革命已逐渐发展成为支撑现代社会发展的许多核心技术，如半导体技术、微电子技术、激光技术等。

21世纪我们有望迎来第二次量子革命。第二次量子革命将肩负起推动我们这个世纪许多核心科技取得突破性进展的重任。量子信息技术是第二次量子革命的主导性技术。量子信息技术允许我们组织和控制由量子物理学定律支配的复杂系统的构件。众所周知，技术革新世纪的主导趋势是微型化：建造越来越小型化的装置。最终产生出纳米尺度的、作用力接近普朗克常数的设备。在这一点上，未来具有推进作用的实用技术的设计必须基于量子原则。量子信息技术比实用技术更为基本，主要是利用量子力学的原理，对在经典框架内能够实现的行为进行极大的改进，实现全新的信息处理任务。

在第一次量子革命中，我们用量子力学理解已经存在的事物。我们能够说明元素周期表，但是不能设计和建造我们自己的原子；我们能够说明金属和半导体的行为，但是不能太多地操纵它们的行为。科学和技术之间的不同是技术能够设计我们周遭所需之物，而不仅仅是解释它们。在第二次量子革命中，人类不再是量子世界的被动观测者，我们正在积极地运用量子力学改变我们物理世界的量子面貌。我们正在把我们的物理世界转变为我们自己设计的、为我们所用的高度非自然的量子态。例如，我们能够制造新的人工原子，这些人工原子有我们人类自己选择的电子和光学属性。我们能够在实验环境下创造在宇宙中不可能存在的量子相干态或纠缠物质和能量。这些新的人造量子态有新奇的敏感性和非定域关联，它们已经广泛地应用于量子计算机、量子通信系统等量子信息技术的研发上。因此，尽管量子力学作为科学已经完全成熟，但是量子信息技术作为技术正成长为一个新兴的研究领域。人类正处于充分利用这些新发展的绝佳时机。

1. 量子信息技术与第二次量子革命的开始

量子信息技术在一定意义上源起于人类对量子理论所预言的非定域关联、纠缠等量子效应的理解和认识。1935年爱因斯坦等发表的著名的EPR佯谬论文最先认识到这些效应。他们指出某些仔细制备的量子系统有非定域性、纠缠和非经典关联。这些EPR关联不仅仅是通常的波粒二象性的表现，而且是一种新型的更高层次的量子效应。这种量子效应十分脆弱，对于环境非常敏感，因此它们只能显现于精确设计的人工量子建造物中，而不能在自然界中存在。事实上，直到大约20世纪80年代，才有了这些非定域EPR效应的第一个物理实验证明。

1980~1994年，关于非定域量子关联的理论和实验研究一直是量子力学基础研究中的一个模糊分支。然而，1994年两个突破性进展改变了一切。当时发生的两个关键性事件开启了量子信息技术革命。一个是英国人给出的一个实验证明：运用非定域的光子关联能在4公里的光纤上，制造一个不可破译的量子密码密钥分配系统。另一个是对量子计算机利用脆弱的非定域量子纠缠，对一些难以解决的数字问题提供指数增长的计算能力的理论探讨。因此，1994年全世界都知道量子纠缠是一个重要的技术工具，而不仅仅是理论上的一个神奇特征。进一步的发展就催生出迅速增长的量子通信和量子计算领域。

这些研究领域提供了把其他应用量子技术捆绑在一起的理论支持，提供了把一个主题的进展与另一个主题的进展联结起来成拱形的理论和解释框架。现在世界范围都在努力建造简单的量子信息处理器。这些装置离一般意图的量子计算机还很远，但可能是具有特殊目的的功能强大的机器，如用来解码的因式分解机。但其至是这种研究结果也需要十年或更远的时间来完成，因为我们需要知道如何设计宏观构造物的纠缠态。科学家已提议用许多物理系统建造量子计算机。每个特殊系统都要求在它们各自领域有巨大的进展，因此加速了许多不同的量子技术的发展。这些量子技术特别是量子信息技术是第二次量子革命的催化剂，具有强劲的发展势头和广阔的应用前景。

2. 量子信息技术的重要发展及面临的困境

第二次量子革命的开启离不开一些核心量子信息技术的发展。量子计算和量子密码术是量子信息的核心技术。量子计算利用非定域的量子纠缠提供了一个运行速度以指数增长，超强超快的计算机运行程序。量子计算运行速度的提升无疑对大数计算十分便利。但是，量子计算的这种革命性力量恰似一把双刃剑，在提升量子运算速度的同时，也对配有公钥密码系统的量子计算机的安全性造成威胁。当前，在因特网上广泛使用的所有公钥密码系统都依赖于经典计算机不能迅速因子化数字，即不能快速破解数字，从而确保了网上交易的安全性。但是，量子运算是这些"招人喜爱的应用程序"的码破译者：瞬间裂解密码，这在经典机器上需要上百万年才会完成。

幸运的是，量子力学一手拿走的东西，另一手又馈赠了许多。当前，为了应对超强超快的量子计算带来的能破坏一些最好的公钥密码系统的技术风险，量子密码术已经有了很大的发展。量子密码术利用量子力学的原理能确保秘密信息的安全分布。在这一协议中，信息发送者和接收者双方能通过一个公共信道创造密钥位，然后用这个密钥位来执行一个经典的私钥密码系统，从而实现双方安全通信。在此，量子密钥分布作为一个安全的信息传输协议，只要求量子位能以低于某一阈值的错误率在公共信道上通信。而量子信息的属性：信息获取即意味着信息破坏、量子态的非克隆定理，确保了在公共信道上合成密钥的安全性。

也就是说，随着量子密码术的发展，配有公钥系统的量子计算机当与量子密钥分布系统结合在一起时，就会给出一种传输安全数据的量子新方式。这种秘密数据传输方式证明是不可破译的，能够免受信息窃取的攻击。这不仅仅是由于海森伯的不确定性原理确保了窃听者在信息获取上的不确定性。更重要的是量子态的神奇特征（任何窃取量子信息的行为都会破坏正在传输的信号）及量子态的非克隆定理（窃听者不能复制在发送者和接受者之间传送的量子态）。这就解决了配有公钥系统的量子计算机在信息传输上可能会遭受威胁的问题。这也是欧美商业利益集团不惜巨资发展商务量子密钥分布系统的原因所在。

可以说，量子密码术在安全传输信息上的革命性作用，极大地提升了量子密码术在量子信息技术发展中的核心地位。但是，量子信息技术的研发和应用是一个庞大的系统工程，单有量子密码术远远不够，非常关键的是要制造出量子计算机。然而，当前量子计算仍然处于婴儿期，量子计算机的制造更是有待时日。在缺少重要的配套设施的条件下，量子密码术一时很难从实验室全面走向社会，走向商业应用，广泛普及于民众。另外一个不可忽略的事实是，长久以来人们普遍使用的经典保密技术仍然能满足当前人们的需要。

众所周知，在20世纪70年代公钥密码发明之前，所有密码系统都是在私钥密码原理上操作的。私钥密码系统是一个比公钥密码系统古老得多的密码形式。在私钥密码系统中，如果张三向李四发送秘密信息，张三必须有一把编码密钥来对他的信息加密。李四则必须有一把配套的解码密钥来对张三发送来的信息解密。一个简单但仍然高度有效的私钥密码系统是所谓的一次性密码本。张三和李四最初有相同的 N 位密钥，张三对他的 N 位信息进行编码，方法是把他的信息和随机密钥位加在一起，然后通过公共信道发送给李四，李四对收到的加密信息进行解码，方法是减去密钥位，恢复原初的信息，从而实现信息的安全传输。

这个系统的最大特征是只要确保了密钥串的私密性，即只要张三和李四所使用的协议是成功的，就可以证明信息传输是安全的。一个窃听者总能干扰信道，但是张三和李四能探测到这个人为干扰，进而宣布干扰失败。对于窃听者使用的任何窃听策略，张三和李四总能保证窃听者一无所获。相反，公钥密码系统的安全性依赖于一个未经证明的数学假设：经典计算机在解决某些问题如对大数因子化上存在困难。尽管从20世纪70年代以后，公钥密码系统使用广泛，并且更为方便，但是一个未经证明的数学假设的基础是不牢靠的。随着量子计算的发展，公钥密码系统的安全性问题最终暴露了出来。所幸量子非克隆定律和量子信息获取即意味着信息破坏的特征为开发量子密钥创造了绝佳条件。但如前所述，量子密钥的广泛使用有待量子计算机技术的成熟和普及。

另外，私钥密码系统的主要困难是密钥位的安全分布。特别说来，只当密钥位数与编码信息的长度至少一样大时，一次性密码本才是安全的，并且密钥位不能重复使用。因此，对于一般的使用来说，这种方案就显得不切实际。信息的长度越长，需要的密钥位就越多，这会造成需要大量的密钥位的困境。而且，密钥位必须提前发送，在使用前需谨慎地监管，在使用后需彻底破坏掉；否则，在不破坏原初信息的情况下，原则上讲这种经典信息能够复制，因此威胁了整个协议的安全性。在这方面，量子密钥显然占据优势。然而，不顾这些缺陷，目前，私钥密码系统诸如一次性密码本仍旧在使用。对于普通民众来说，只要过一段时间修改一次密码，传统的密钥系统仍然不失为一种安全的信息传输方式。

上述研究表明我们手中已握有朝向一个光明未来的量子信息技术的进展。从理论上讲，量子密码术的确是一种更为安全的信息传输协议。量子密码术的安全性源自量子信息的本质特征：信息获取即意味着信息破坏，量子态不可克隆。近年来量子密码术也取得了重要的实验进展。然而，就现实而言，量子密码术的广泛应用仍然有待于配套技术及市场等相应条件的成熟。当前量子计算仍然处于婴儿期。由于量子态的环境敏感性等退相干效应的存在，量子计算机的发展和面世可能需要等待更久。因此更适度地说，我们只是刚开始沿着这条路蹒跚学步。当前努力研究的成果仍然是非常基本的科学，诸如量子力学与计算机科学相结合的量子计算科学，量子力学与信息理论相结合的量子信息理论科学，我们需要付诸巨大的努力，把这些最超前的研究计划推向发展阶段。

对于量子密码术来说，尽管有一些发展势头喜人的开端，但是全面的商业应用仍然十分遥远。这不仅仅是一个科学技术问题，而且涉及市场问题。市场不管你技术原理是否成熟，主要考虑的是经济成本和经济效益。量子通信无非是保密，安全无误的传递信息，但是这需要投入大量的资金来建设量子通信设备，代替之前的经典通信设备。目前，对于大众而言，保密不见得非用量子通信设备，经典通信也可以保密，如过一段时间修改一次密码。

恩格斯曾说："社会一旦有技术上的需要，这种需要就会比十所大学更能把科学推向前进。"① 量子信息技术的迅猛发展离不开社会需求的推进作用。但是，当前量子通信由于某些技术、经济成本和市场等一系列制约性因素的存在，还不是全社会、广大民众当下的必然选择，尽管在未来有可能是人们的必然选择。从当前来看，量子通信和经典通信这两个新旧范式还没有发生彻底的转换，量子信息技术革命仍然处于实验室或论著阶段，在引爆一场像第一次量子革命那样急剧的科技革命之前，仍然有很长的一段路要走。

本 章 小 结

本章考察了量子信息理论的概念基础、基本内涵和哲学研究进路。考察了量子信息技术的发展对于第二次量子革命的推动。特别是就物理学家和哲学家感兴趣的用量子信息理论来重构量子力学，消解量子理论的概念困难和量子佯谬进行了讨论；指出运用量子信息理论的视角来对量子力学的基本问题进行哲学研究，需要妨止工具主义和非物质主义的泛滥。就信息和物理存在谁为第一的问题，我们结合当前理论科学的研究前沿，以兰道尔原理对于麦克斯韦妖佯谬的消解为案例，进行了较为深入具体的考察。站在建构结构实在论的视角，我们指出，既不是"信息产生于物理存在"，也不是"物理存在产生于信息"，信息和物理存在是一种共在、平权、互为镜像的结构关系，它们整体性地建构着我们对于物理实在的认知结构。它们的本体论优先性地位取决于具体实验情境中约束条件的变化。这种结构实在论的观点与唯物主义的辩证统一的实在观具有相同的实质内涵。

---

①《马克思恩格斯选集》第 4 卷，1995 年，第 732 页。

结束语

世界的本质是量子的

量子物理学已有 100 多年的历史了，但只是在近年来，随着技术的迅速进展，才有可能对量子物理学的基本问题进行更为精确的研究。对于量子物体的控制能力的不断精确化是走向实际应用的一个特别重要的前提条件。明显的例子是量子信息技术。在这一技术发展中，信息科学家、数学家和物理学家联手工作，目的是在信息处理和传输中更好地利用量子物理学的定律。这一研究领域当前正在经历一个快速且极富成效的发展阶段，堪与 20 世纪 30 年代通信和数据处理的基本数学原理的创立相媲美。这一研究基础是在量子物理学中居于核心地位的纠缠性质，使得一种全新的信息处理方法成为可能。当数学家和信息科学家更感兴趣量子代数的新结构时，实验物理学家则更看重新硬件的研发。原子-光子体系在这一情境中特别激动人心，因为在这种情境中，光-物质相互作用很强，这对于产生纠缠的原子-光子态是一个重要的先决条件。量子通信技术、量子密码术显然开启了神奇的可能性。

这意味着，在量子物理学被发现的 100 多年后，量子物理学丝毫没有失去它的革新潜能。我们必须把量子物理学看做是现代物理学的一切未来发展的基础。尽管这一理论的最初发展是用来说明原子领域的现象，但是近年来激动人心的实验和理论新洞见，导致它的有效性范围扩展至更大、更复杂的物体。这不但导致对于量子物理学的一个基本的新看法，而且也使得信息和通信科学中的新应用成为可能。例如，量子远程通信、量子计算、量子密码术等都是具有广阔应用前景的量子技术，有望革新我们的生活方式，带来一场新的量子革命。

就观念方面的革新而言，随着量子理论的发展和退相干解释纲领的提出，一个轮廓较为明晰的新的世界观已经呈现在我们面前。

首先，自然在最基本的层次上是一个量子宇宙。因此，不连续性才是自然的真正属性，在时间和空间上表现出的平滑性实则是从这个不连续性渐变过来的，即空间、时间和时空都是突然出现或自然发生的性质。退相干提供了呈现这些性质的物理机制。但是，在退相干过程中，环境的作用是关键性的。虽然这种突然出现的，有人称做"突创论"的确切性质，仍然是一个在科学和哲学上有争议的问题。在科学上争论的一个问题是：需要详细说明哪一个不相关的亚系统将充当相关亚系统的环境；在哲学上争论的一个问题是：需要说明"突创论"的起源问题。

其次，宇宙的量子性迫使我们接受一个普遍的运动学上的非定域性。量子系统之间的纠缠是一个实验实在。纠缠在哲学上最迷人的地方是它的动力学起源的神秘性。一些物理学家和哲学家可能想把运动学上的纠缠划归为一个非理性事实状态。然而，这种化归和波函数的"坍缩"约定一样不令人信服。因为纠缠是外部世界的一个特征——能在实验中再现它，而且已成为量子通信和量子计算等技术革新的核心特征——因此，只要纠缠的因果起源不能得以确定，一个巨大的解释性缺口就会存在于现代物理学的中心。具有讽刺意味的是，爱因斯坦可能最终是正确的：量子力学仍然是不完备的。因此，如果我们能找到纠缠的原因，那么我们关于因果关系的概念模式就会彻底改变。

最后，根据新的世界观，我们所熟悉的经典粒子及其所有属性仅仅扮演着一个出现的存在。还有我们所熟知的波粒二象性，如果情形证明量子力学居于至高的支配地位，那么它可能不得不理所当然地引退。当然，这不排除物理学家在非经典意义上谈论"粒子"和"波"。只不过是说，如果退相干解释纲领和融合广义相对论和量子理论的努力是成功的，那么量子化的圈或弦的基本振荡将产生粒子。因此，面对在经典世界中令人困惑的量子系统的性质，这表面看似不能削减的波粒二象性证明只是一个解释性策略。

特别说来，就量子力学中颇能引发争议的测量问题，我们立足科学前沿提出，在量子测量过程中，相干性的消失、量子概率转化为经典概率可能是一个热力学的热化过程，即只要环境足够大，系统部分的分布由于量子纠缠会自动地变成热力学的分布。这是一个客观的量子概率转化经典概率的动力学过程，不是我们无知的表现，也不是主观意识参与的结果。在量子-经典的过渡区，环境的监控起着目击证人的作用，量子达尔文主义让经典性客观地呈现。这里没有正统解释中的"波包坍缩"，只有退相干。因为测量的本质是被测系统与测量仪器包括环境的相互作用，相互作用的结果是相干性转移到了环境中。这是一个客观的自然而然发生的退相干过程。根据量子达尔文主义，笼统地谈论系统的量子性质是没有意义的，多数观察者得到一致结果才是真正的量子性质。量子性质是在环境和众多测量仪器作用下衍生的（emergence），这些性质在宏观意义下是客观的，不依赖于个别观测者。由于测量的目的是获取信息，但是量子态的叠加性、非克隆性，以及纠缠特征告诉我们，绝大多数的量子态的信息不可获取，我们通过测量获得的只是量子态呈现出的部分信息。因此，遵循不可分离性、非个体性、非定域的、非充分决定论的因果关系的量子世界，对我们来说，总是显得那么神秘莫测。

此外，随着量子信息理论和信息技术的发展，人们对于量子力学有了新的定位：量子力学是一个关于亚系统相互拥有相关信息的理论。量子信息理论可能是量子力学理论研究的新方向，有望解决量子力学的概念之争。但是，在运用量子信息理论来重新思考量子力学的基本问题时，也特别需要警惕信息工具主义和非物质主义哲学思潮的泛滥。就信息与物质或物理存在之间的关系，从建构结构实在论的视角看，"信息是物理学"的物理主义观点和"物理学是信息"的信息主义观点，都过于绝对。"信息与物理存在"平权、共在，共同建构着我们对于物理世界认知的结构实在性。同时，应该区分两种信息概念。一种是物理学上的信息概念，另一种是日常语义上的信息概念。在信息理论中的信息概念与信息的日常语义或认识概念没有直接的联系，信息的语义或认识概念是信息非物质主义形而上学产生的主要根源。

总之，人类对于自然的理解经历了持续的演变，这也导致了对于新概念的持续需要。因为科学要求概念理解，而这种理解又用到基本的哲学观念。科学和哲学之间的辩证关系一直在人类文明的历史长河中延续。相对论和量子理论都是很好确立的科学理论，它们的概念革新曾勾勒出了一个新的世界观的模糊轮廓，最近的发展又使这一新的世界观呈现出更为明确的轮廓。如今，一场关于量子引力、退相干和纠缠的重大的科学革命似乎正在进行之中，这场革命将革新我们关于自然的观念，再次提升哲学和科学之间的辩证关系。

参考文献

彼得·阿特金斯. 2007. 伽利略的手指. 许耀刚, 刘政, 陈竹译. 长沙: 湖南科学技术出版社.
成素梅. 2006. 在宏观与微观之间——量子测量的解释语境与实在论, 广州: 中山大学出版社.
桂起权, 姜小慧. EPR 悖论、量子实在的弱个体性与远程关联. 哲学评论, 8: 51.
李宏芳. 2006. 量子实在与薛定谔猫佯谬. 北京: 清华大学出版社.
李政道. 2000. 对称与反对称. 北京: 清华大学出版社.
刘辽, 赵峥, 田桂花, 等. 2008. 黑洞与时间的性质. 北京: 北京大学出版社.
罗杰·彭罗斯. 1998. 皇帝新脑. 许明贤, 吴忠超译. 长沙: 湖南科学技术出版社.
史蒂芬·霍金. 2002. 果壳中的宇宙. 吴忠超译. 长沙: 湖南科学技术出版社.
伊·普里高津, 伊·斯唐热. 1987. 从混沌到有序. 曾庆宏, 沈小峰译. 上海: 上海译文出版社.
约翰·巴罗, 保罗 C W. 戴维斯. 2009. 宇宙极问. 朱芸惠, 罗璇, 雷奕安译. 长沙: 湖南科学技术出版社.

Albrecht A. 1992. Investigating decoherence in a simple system. Physical Review, D (46): 5504-5520.

Aspect A. 1982. Experimental test of Bell's inequalities using time-varying analyzers. Phys. Rev. Lett, 49: 1804-1807.

Aspect A, Grangier P, Roger G, et al. 1982. Experimental realization of Einstein-Podolsky-Rosen-Bohm gedanken experiment: a new violation of Bell inequalities. Physical Review Letter, 49 (2): 91-94.

Bacciagaluppi G. 2000. Delocalized properties in the modal interpretation of a continuous model of decoherence. Foundations of Physics, 30: 1431-1444.

Barbara M T. 2002. Detecting quantum entanglement. Theoretical Computer Science, 287: 313-335.

Bassi A, Ghirardi G C. 2003. Dynamical Reduction Models. arXiv: quant-ph/0302164v2.

Bastin T. 1971. Quantum theory and Beyond. Cambridge: Cambridge University Press.

Bell J S. 1987. The Speakable and Unspeakable in Quantum Mechanics. Cambridge: Cambridge University Press.

参 考 文 献

Bell J S. 1990. Against measurement//Miller A I. Sixty-Two Years of Uncertainty. New York: Plenum Press.

Bene G. 2001. Quantum origin of classical properties within the modal interpretation. http://arxiv.org/abs/quant-ph/0104112 (2001).

Bennett C H. 2003. The Thermodynamics of Computation—A Review//Maxwell's Demon 2: Entropy, Classical and Quantum information, Computating Leff H S, Andrew F Rex. Institute of Physics Publishing, Bristol and Philadelphia: 283-318.

Bennett C H. 2011. Forgetting and Erasing. Conference: Quantum Information and Foundations of Thermodynamics (QIFTW11). ETH Zurich.

Bennett C H, Shor P W. 1998. Quantum Information Theory. IEEE Transactions on Information Theory, 44 (6): 2724-2742.

Bergmann H. 1929. Der Kampf um den Kausalgesetz in der jungsten Physik. Braunschweig: Fr. Vieweg.

Bohm D. 1952a. A suggested interpretation of the quatum theory in terms of hidden variable. Phys. Rev, 85: 166.

Bohm D. 1952b. Suggested interpretation of the quantum theory in terms of "hidden variables". I and II, Physical Review, 85: 166-193.

Bohm D, Hiley B J. 1989. Non-Locality and Locality in the stochastic interpretation of quatum mechanics. Phys. Reports, 172: 93.

Bohm D, Hiley B J. 1993. The Undivided Universe. London: Routledge.

Bohr N. 1935a. Quantum mechanics and physical reality. Natura, 136: 65.

Bohr N. 1935b. Can quantum-mechanical description of physical reality be considered complete? Physics Review, (2) 48: 696-702.

Bohr N. 1949. Diskussion mit Einstein uber erkenntnistheoretische Probleme in der Atomphysik//Schilpp P A. Albert Einstein als Philosoph und Naturforscher, Kohlhammer, Stuttgart 1955.

Bohr N. 1972. Niels Bohr: Collected Works (L. Rosenfeld, general editors). Amsterdam, New York, etc.: North-Holland.

Bohr N. 1985. Niels Bohr: Collected Works: Foundations of Quantum Physics I (1926-1932). Amsterdam: North-Holland.

Born M. 1926. Quantenmechanik der Sto βvorgänge. Z. Phys, 37: 863-867.

Bub J. 1997. Interpreting of Quantum World. Cambridge: Cambridge University Press.

Bub J. 2004. Quantum Mechanics is about Quantum Information. quant-ph/0408020

Bunge M. 1959. Metascientific Queries. Charles C Thomas: Publisher.

Butterfield J. 1996. Whither the Minds? Brit. J. Phil. Sci., 47: 200-221

Cao T Y. 2010. From Current Algebra to Quantum Chromodynamics: A Case for Structural Realism. Cambridge: Cambridge University Press.

Cao T Y. 2003a. Appendix: Ontological Relativity and Fundamentality-Is QFT The Fundamental Theory? Synthese, 136: 25-30.

Cao T Y. 2003b. Structural Realism and the Interpretation of Quantum Field Theory. Synthese, 136: 3-24.

Cao T Y. 2003c. What is Ontological Synthesis? Synthese, 136: 107-126.

Chang H, Cartwright N. 1993. Causality and Realism in the EPR Experiment. Erkenntnis, 38: 169-190.

Chiribella G, D' Ariano G M, Perinotti P. 2011. Informational derivation of quantum theory. Physical Review A, 84: 012311.

Clifon R, Bub J, Halvorson H. 2003. Characterizing quantum theory in terms of information-theoretic constraints. Foundations Phys, 33: 1561-1591.

Clifton R. 1996. The properties of modal interpretations of quantum mechanics, Brit. J. Phil. Sci, 47: 371-398.

Clifton R. 2002. The subtleties of entanglement and its role in quantum information theory. Philosophy of Science, 69 (S3): S150-S167.

Daneri A, Loinger A, Prosperi G M. 1962. Quantam theory of measurement and ergodicity conditions. Nuclear Physics, 33: 297-319.

Daumer M, Durr D, Goldstein S, et al. 1997. Naive realism about operatas. Erkenntnis, 45: 379.

Davies W. 2004. John Archibald Wheeler and the clash of ideas, in Science and Ultimate Reality: Quantum Theory, Cosmology, and Complexity. Cambridge: Cambridge University Press.

Davies W, Brown R. 1986. The Ghost in the Atom. Cambridge: Cambridge University Press.

De Muynck W M. 2004. Towards a Neo-Copenhagen Interpretation of Quantum Mechanics. Foundations of Physics, 34 (5): 717-770.

Deutsch D. 1996. Comment on Lockwood. The British Journal for the Philosophy of Science, 47: 222-228.

Dewitt B S, Graham N. 1973. The Many World Interpretation. Princeton: Princeton University Press.

Dickson W M. 1995. Is there really no projection postulate in the modal interpretation? Brit. J. Phil. Sci, 46: 197-218

Dieks D. 1994. Modal interpretation of quantum mechanics, measurements and macroscopic behavior. Physical Review A, 49: 2290-2300.

Donald M. 1998. Discontinuity and continuity of definite properties in the modal interpretation//Dieks D, Vermaas P. The Modal Interpretation of Quantum mechanics, Kluwer Dordrecht.

Dong H, Xu D Z, Cai C Y, et al. 2011. Quantum Maxwell's demon in thermodynamic cycles. Physical Review E 83, 061108: 1-12.

Duwell A. 2003. Quantum information does not exist. Studies in History and Philosophy of Modern Physics, (34): 479-499.

D'Ariano G M. 2010. Physics as quantum information processing. http://arxiv.org/abs/1012.2597v1 [quant-ph] 12 Dec

D'Espagnat B. 1971. Conceptual Foundations of Quantum Mechanics. Menol Park: Benjamin.

D'Espagnat B. 2000. A note on measurement. Physics Letters A, 282: 133-137.

Einstein A. 1948. Quanten-Mechanik and Wirklichkeit. Dialectica, 2: 320-324.

Einstein A, Podolsky B, Rosen N. 1935. Can quantum-mechanical description of physical reality be considered complete? Physical Review, 47 (10): 777-780.

Everett H. 1957. Relative State Formulations of Quantum Mechanics. Reviews of Modern Physics, 29: 459-462.

Faye J. 1991. Niels Bohr: His Heritage and Legacy. An Anti-Realist View of Quantum Mechanics. Dordrecht: Kluwer.

Feyerabend P K. 1963. How to be a good empiricist. British Journal for Philosophy of Science, 13: 52.

参 考 文 献

Fine A. 1982. Some local models for correlation experiments. Synthese, 50: 279-294.

Folse H J. 1985. The Philosophy of Niels Bohr. Amsterdam: North-Holland.

Frank P. 1928. Uber die "Anschaulichkeit" physikalischer theorien. Naturwiss, 16: 121-128.

Frank P. 1929. Was bedeuten die gegenwartigen physikalischen Theorien fur die allgemeine Erkenntnislehre? Naturwiss, 17: 971-977, 987-994.

French S, Ladyman J. 2003. Remodelling structural realism: quantum physics and the metaphysics of structure. Synthese, 136: 31-56.

French S, Redhead M. 1998. Quantum physics and the identity of indiscernibles. Br. J. Philos. Sci, 39: 233-246.

French S. Ladyman L. 2009. In Defence of Ontic Structural Realism. The First International Symposium on Structural Realism and Philosophy of Quantum Physics. Wuhan University, July 18-20.

Friederich S. 2011. How to spell out the epistemic conception of quantum states. Studies in History and Philosophy of Modern Physics, 42: 149-157.

Ghirardi G C, Rimini A, Weber T. 1986. Unified dynamics of microscopic and macroscopic systems. Physical Review D, 34: 470-491.

Gleason A M. 1957. Measures on closed sudspaces of a hilsert space. Journal Mathematics and Mechanics, 6: 885

Griffiths R B. 1984. Consistent histories and the interpretation of quantum mechanics. Journal of Statistical Physics, 36: 219-272.

Halliwell J J. 1995. A review of the decoherent histories approach to quantum mechanics. Annals of the New York Academy of Science, 755: 726-740.

Haroche, S, et al. 1996. Observing the Progressive Decoherence of the "Meterin" a Quantum Measurement. Physical Review Letters, 77: 4887-4890.

Hartle J. 1968. Quantum mechanics of individual systems. Am. J. Phys, 36: 704-712.

Heisenberg W. 1931a. Kausalgesetz und Quantenmechanik. Erkennmis (Annalen der Philosophie), 2: 172-182.

Heisenberg W. 1931b. Die Rolle der Unbestimmtheitsrelationen in der modernen Physik. Monatshefte fur Mathematik und Physik. 38: 365-372.

Heisenberg W. 1984. Gesammelte Werke//Blum W, Durr H P, Rechenberg H, Colleeted Works, Vol. Cl Physik und Erkenntnis 1927-1955. Munick and Zurich: R. Piper.

Heisenberg W. 1923. The physical content of quantum kinematics and mechanics//Wheeler J A, Zurek W H. Quatnum Theory and Measurement. (Princeton Series in physics) Princeton: Princeton University Press, 1984.

Hilbert D. 1917. Die Grundlagen der Physik. Nachr. Ges. Wiss. Gottingen Math. phys. kl, 53: 53-76.

Hilt S, et al. 2011. Landauer's principle in the quantum regime. Physical Review E, 83: 030102 (R).

Hosoya A, Maruyama K, Shikano Y. 2011. Maxwell's Demon and Data Compression. http://arxiv.org/abs/1110.4732v1 [physics.class-ph] 21 Oct.

Hosten O. 2011. How to catch a wave. Nature, 474: 170-171.

Howard D. 1985. Einstein on Locality and Separability. Stud. Hist. Philos. Sci, 16: 171-201.

Jackson F. 1998. From Metaphysics to Ethics. A Defence of Conceptual Analysis. Oxford: Oxford University Press.

Joos E. 1987. Comment on Unified dynamics for microscopic and macroscopic systems. Physical Review D (36):

3285-3286.

Joos E. 1999. Elements of Environmental Deconherence. arXiv: quant-ph/99080008 v1 2 Aug.

Jozsa R. 1998. Quantum information and its properties//Lo H-K, Popescu S, Spiller T. Introduction to Quantum Computation and Information. Singapore: World Scientific.

Kent A. 1990. Against many worlds interpretations. International Journal of Modern Physics A, 5: 1745.

Kim S W, Sagawa T, De Liberato S, et al. 2011. Quantum szilard engine. Physical Review Letters, 106: 070401.

Kochen S, Specker E P. 1967. The problem of hidden variasles in quantum mechanics. Journal Math. And Mech, 17: 59-87.

Lloyd S. 2008. Quantum information matters. Science, 319: 1209-1211.

Lockwood M. 1996. Many minds interpretation of quantum mechanics, Brit. J. Phil. Sci., 47: 159-188.

Loewer B. 1996. Comment on Lockwood, Brit. J. Phil. Sci., 47: 229-232.

Lundeen1 S, Sutherland B, Patel A, et al. 2011. Direct measurement of the quantum wavefunction. Nature, 474: 188-191.

Marchildon L. 2005. The epistemic view of quantum states and the ether. http://arxiv.org/abs/quant-ph/0510120v1.

Maudlin T. 1994. Quantum Non-Locality and Relativity. Oxford: Blackwell.

Mensky M B. 2000. Quantum Measurements and Decoherence: Models and Phenomenology. Dordrecht/Boston/London: Kluwer Academic Publisher.

Myatt C J, King B E, Wineland D J, et al. 2000. Decoherence of Quantum Superpositions through Coupling to Engineered Reserveoris. Nature, 403: 269-273.

Nielsen M A, Chuang I. 2000. Quantum Computation and Quantum Information. Cambridge: Cambridge University Press.

Norton J D. 2011. Waiting for Landauer. Studies in History and Philosophy of Modern Physics, 42: 184-198.

Omnés R. 1994. The Interpretation of Quantum Mechanics. Princeton: Princeton University Press.

Omnès R. 1999. Understanding Quantum Mechanics. Princeton: Princeton University Press.

Otávio Bueno. 2012. Structural Realism and Structural Empiricism: A Case Study in Quantifier Variance, in The 2nd Wuhan International Symposium on the Philosophy of Science: Reference and Scientific Realism. Wuhan University, Wuhan, China, August 16-17.

Parker D. 2011. Information-Theoretic Statistical Mechanics without Landauer's Principle. British Journal for the Philosophy of Science, 0: 1-26.

Paz J P, Zurek W H. 1993. Environment-induced decoherence, classicality and consistency of quantum histories. Physical Review D, (48): 2728-2738.

Petersen A. 1963. The philosophy of Niels Bohr. Bull. Atomic Scientists, 19 (7): 8-14.

Popescu S, Short A J, Winter A. 2006. Entanglement and the foundortions of statistical mechanics. Nature Physics, 2: 754-758.

Price H. 1996. Time's Arrow and Archimedes' Point. New Directions for the Physics of Time. Oxford: Oxford University Press.

Quine W. 1953. From a Logical Point of View, 2nd edn. Harvard: Harvard University Press.

Quine W. 1960. Word and Object. Cambridge: MIT Press.

Rae A I M. 1990. Can GRW theory be tested by experiments on SQUID? Journal of Physics A, (23): L57-L60.

Redhead M. 1987. Incompleteness, Nonlocality, and Realism. Oxford: Clarendon.

Aberg J, Renner R, Dahlsten O, et al. 2011. The thermodynamic meaning of negative entropy. Nature, 474: 61-63.

Rosenfeld L. 1965. The Measruing Process in Quantum Mechanics. Progress of Theoretical Physics (Supplement): 222-231.

Rosenfeld L. 1979. Selected Papers of Leon Rosenfeld. Reidel: Dordrecht.

Sanz A S, Borondo F. 2003. A Bohmian view on quantum decoherence. http://arxiv.org/abs/quant-ph/0310096

Schilpp P A. 1982. Albert Einstein: Philosopher-Scientist. London: Cambridge University Press.

Schlick M. 1920. Natuphilosophische Betrachtungen zum Kausalitatsprinzip. Naturwiss, 8: 461-474.

Schlick M. 1931. Kausalitat in der gegenwartigen Physik, Naturwiss, 19: 145-162.

Schlick M. 1932. Positivismus and Realitat Erkenntnis. 3: 1-31.

Schlosshauer M. 2004. Decoherence, the measurement problem, and interpretation of quantum mechanics. Reviews of Modern Physics, 766: 1267-1305.

Schottky W. 1921. Das Kausalproblem der Quantenmechanik alseine Grundlage der Modernen Naturauffassung uberhaupt. Naturwiss, 9: 492-496, 506-511.

Schumacher B. 2011. Landauer's principle, Fluctuations and the Second law. Conference: Quantum Information and Foundations of Thermodynamics (QIFTW11). ETH Zurich.

Shimony A. 1993. Search for a Naturalistic World View. Volume 2: Natural Science and Metaphysics. Cambridge: Cambridge University Press.

Shor P W. 1994. Algorithms for quantum computation: discrete logarithms and factoring. In proceedings, 35th Annual Symposium on Foundations of Computer Science. Los Alamitos: IEEE Press.

Spiller T P. 1998. Basic elements of quantum information technology. 1-28//Lo H-K, Popescu S, Spiller T. Introduction to quantum computation and information. Singapore: World Scientific.

Steane A. 1998. Quantum computing. Rep. Prog. Phys, 61: 117-173.

TapsterP R, Rarity J G, Owens P C. 1994. Violation of Bell's inequality over 4 km of optical fiber. Physical Review Letter, 73 (14): 1923-1926.

Tegmark M. 1998. The interpretation of quantum mechanics: many worlds or many words? Fortschritter der physick, (46): 855-862, 855.

Teller P. 1991. Substance, Relations, and Arguments about the Nature of Space-Time, Philos. Rev, 100: 363-397.

Van Fraassen B. 1991. Quatnum Mechanics: An Empiricist View. Oxford: Clarendon Press.

Von Mises R, 1930. Uber kausale and statisische Gesetzmabigkeit in der Physik. Naturwiss, 18: 145-153.

Von Neumann J. 1955. Mathematical Foundations of Quantum Mechanics. Princeton: Princeton University Press.

Westphal. 1952. Physikalische Worterbuch. Berlin-Gottingen-Heidelberg: Springer-Verlag.

Wheeler J A. 1990. Information, physics, quantum: the search for links//Zurek W. Complexity, Entropy and the Physics of Information. Redwood City: Addison-Wesley.

Zeh H D. 1970. On the interpretation of measurement in quantum theory. Foundation of Physics, 1: 69-76

Zeh H D. 1992. The Physical Basis of Direction of Time. Berlin/New York: Springer.

Zeh H D. 1993. There are no quantum jumps, nor are there particles! Physics Letters A, (172): 189-192.

Zeh H D. 2000. Meaning of decoherence. Lecture Notes in physics, 538: 19-42.

Zeilinger A. 1999. A foundational principle for quantum mechanics. Foundations Physical, 29: 631-643.

Zeilinger A. 2005. The message of the quantum. Nature, 438: 743.

Zurek W H. 1990. Complexity, Entropy, and the Physics of Information. RedwoodCity: Addison-Wesley.

Zurek W H. 1998. Decoherence, einselection, and the existential interpretation. Philosophical Transactions of the Royal Society of London, Series A, 356: 1793-1821.

Zurek W H. 2003. Quantum discord and Maxwell's demons. arxiv: quant-ph/0301127v1 23 Jan: 1-7.

后　记

时间对人的历练总在不经意之间。2006年7月我从清华大学博士后出站，来到武汉大学工作，一晃就是7年。7年的最大收获是我有了一个可爱的女儿。这本书可以说是随着女儿的成长而成长的。当然，其孕育期要比女儿早，它是我于2006年12月出版的著作《量子实在与薛定谔猫佯谬》（清华大学出版社）的姊妹篇。后者作为清华大学科技与社会研究所"科技与社会"系列丛书之一，是在我的博士论文的基础上修改出版的。本书是我到武汉大学哲学学院工作以后，一如既往地坚持物理学哲学研究的结果，当然也是2007年国家社会科学基金项目"量子测量问题的哲学研究新进展"（07CZX005）的研究成果。2011~2012年受国家留学基金委员会的资助，我到美国波士顿大学哲学系访学，和曹天予教授一道研究量子信息的哲学问题，部分研究也融入了此书。因此，此书也是国外访学的部分成果。

著名物理学家、诺贝尔物理学奖得主李政道先生特别推崇唐代诗人杜甫的两句诗："细推物理需行乐，何须浮名绊我生。"这两句诗也成了我的工作准则。物理是万物之理，物理学哲学就是万物之理的哲学。无论物理学哲学这个领域多么寂寥，我始终没有放弃，矢志不渝，并从中获得了乐趣。从大学到现在，从物理学到物理学哲学，在我的人生历练中，物理学史和物理学哲学给予我许多人生的思考。最简单的一个道理是：每个个体的人都是物理世界中非常短暂的、思维有限的一个节点，而物理世界的万物之理是永恒的、可以无限探讨下去的存在。

物理学概念和物理学理论作为描述万物之理的概念图式和理论学说，是一代又一代的学人承前启后，对物理世界的万物之理开拓、探究、提炼、综合的结果。它们是可错的、可以修正的，因此是不断发展的，属于人类思维的升华、智慧的结晶。

在物理学和哲学之间进行探询，并非易事，既需要理解物理学的基本概念和理论解释的内涵及其发展史，又需要洞悉哲学的基本问题域和哲学考量问题的方式。对物理学概念和理论解释进行形而上的思考和历史的探讨，是物理学哲学研究的重心之一，这种研究对于深化哲学基本问题非常重要。如果纯哲学的研究完全脱离了现代科学技术发展的前沿成果，就概念而谈概念，难免会陷入文字游戏的漩涡，失去哲学的智识引领功能。在物理学和哲学之间进行探寻，就是要进入纯物理学研究和纯哲学研究都不去关心的中间地带，以一种科学的精神、历史的眼光、批判的态度，对万物之理和万物之理的哲学进行哲学思考。

我有幸研究这一领域，离不开科学技术哲学这一学术共同体的培育和滋养，特别是对物理学、物理学史和物理学哲学深有造诣的国内外学者的影响和帮助。在此，我要特别感谢中国科学院理论物理研究所的何祚庥院士、孙昌璞院士。他们对于我研究量子物理学的基本问题给予了很多教诲和帮助；也特别感谢美国波士顿大学的曹天予教授，他对于物理学史和物理学哲学的研究，特别是对量子场论的概念基础、量子色动力学的历史发展和概念形成所作的系统而深入的研究，为我们展示了一幅物理学家如何探究物理世界的万物之理的生动画卷。并且通过追寻物理学家的历史足迹，对物理实在给出了一种建构结构实在论的解释。这种建构结构实在论与以郭贵春教授为首的山西大学科学技术哲学研究团队倡导的语境实在论有异曲同工之妙。语境实在论同样以现代物理科学和数学等自然科学的前沿发展为基础，倡导科学实在论，为中国的物理学哲学研究作出了重要的贡献。

放眼世界，特别是欧美，物理学哲学是特殊科学哲学研究中一个重要的领域，中国的科学技术哲学研究自然也不能没有物理学哲学研究。事实上，除了山西大学、武汉大学外，中国科学院自然科学史所的郝刘祥教授、高山教授，上海社会科学院的成素梅教授，华中科技大学的万小龙教授，华南理工大学的吴国林教授，武汉钢铁（集团）公司的赵国求研究员等，都孜孜以求地带领着学生潜心于物理学哲学研究，让我们看到了中国的物理学史和物理学哲学研究的希望。

饮水思源，特别感谢武汉大学哲学学院为我提供的良好的科研平台；感谢历任领导的关心和支持,没有学院领导的关心和支持,本书是不可能面世的;特别感谢学院同仁的关心和爱护,你们的鞭策增加了我前行的动力。

特别感谢国家社会科学基金委员会和国家留学基金委员会。特别感谢科学出版社的编辑同志,他们的耐心工作和有建设性的意见让我获益匪浅。

李宏芳

2013 年 11 月 19 日于武汉珞珈山